HB-1908
R39-3188

SCHMIDT · BORGWARD

Georg Schmidt

BORGWARD

Carl F.W. Borgward und seine Autos

Motorbuch Verlag Stuttgart

Umschlag-Zeichnung: Carlo Demand
Einband und Umschlagkonzeption: Siegfried Horn

Bildquellen:
Rosl und Georg Schmidt (143), Archiv Georg Schmidt (48),
Rosemarie Fleischer (1), Leonard Kull (1),
Archiv Lloyd Motoren Werke GmbH (4).

ISBN 3-87943-679-7

4. Auflage 1986

Eine Abteilung des Buch- und Verlagshauses Paul Pietsch GmbH & Co. KG.

Satz und Druck: Druckerei Ernst Uhl, 7760 Radolfzell
Bindung: Spiegel-Buch-GmbH, 7900 Ulm
Printed in Germany.

Inhalts-Übersicht:

Der Mensch
Die Zeit
Das Werk

Dies ist die erstaunliche Lebensgeschichte eines Mannes, der sich aus bescheidensten Verhältnissen hinaufgearbeitet hat zum selbständigen Automobilfabrikanten – vom Schlosserlehrling zum Besitzer von drei Automobilwerken: Carl F. W. Borgward.

Wer sein Lebenswerk näher betrachtet, macht sogar die überraschende Feststellung: Er ist diesen steilen Weg z w e i m a l gegangen – und jedesmal nach einem verlorenen Krieg.

Ihm, dem Sohn eines Kohlenhändlers mit dreizehn Kindern, ist es nach dem Ersten Weltkrieg gelungen, in zielstrebiger Arbeit aus dem Nichts ein Werk zu errichten und Autos nach seinen eigenen Ideen zu bauen – da entbrennt der Zweite Weltkrieg und zerschlägt ihm das gerade mühevoll Erschaffene. Montagehallen, Verwaltungsgebäude, Konstruktionsbüros – Arbeitsplätze für Tausende von Menschen – werden zu Ruinen.

Erneut beginnt er den beschwerlichen Aufstieg, vergleichbar dem Bergsteiger, der den Gipfel bereits kennt und weiß, welche Kraftanstrengung ihm dieser Berg schon einmal abverlangt hat und der nun den Einstieg abermals wagt – als Mann von immerhin schon 58 Jahren.

Und er erreicht sein Ziel. Zum zweiten Mal. Er baut wieder Autos. Bessere und schönere als je zuvor. Als einziger Unternehmer in Deutschland, der eine Automobilfabrik als Alleinbesitzer sein eigen nennt.

Wie konnte er das schaffen? Was für ein Mensch war er?

Wenn es das Wort ›self-made-man‹ noch nicht gäbe, dann müßte es für ihn geschaffen werden.

Er hatte keinen Mäzen, der ihn mit Millionenbeträgen in den Sattel gehoben hätte. Er hatte niemanden, der ihm beigebracht hätte, wie man ein Werk aufbaut, wie man sich Direktoren heranzieht. Wie man mit Untergebenen umgeht und wie mit Bankiers. Ihm wurde nichts geschenkt. Alles hat er sich erarbeiten müssen – Geld, Wissen und Erfahrung. Das einzige, was er in die Waagschale werfen konnte, waren Fleiß und nochmals Fleiß – und Begabung.

Er war allround-begabt. Er war Techniker, Erfinder, Designer, Marktforscher Werbefachmann, Organisator, Kaufmann und Unternehmer in einer Person.

Er war beseelt von einem eisernen Willen, errang seine Erfolge am Verhandlungstisch mit Wagemut, nicht selten auch mit Zähigkeit und Ausdauer, und überraschte seine Partner hinterher mit offenem, trockenem Humor.

Er war ein ›rugged individualist‹, wie ihn Kurt Pritzkoleit nennt, ein ›hemdsärmeliger Individualist, der seine Ellbogen zu gebrauchen wußte‹. Ihn jedoch als einen robusten, rücksichtslosen Managertyp darzustellen, wäre falsch. Niemals hat er kleineren Unternehmen den Todesstoß versetzt, um sie anschließend aufzukaufen, wie das tausendfach in der Wirtschaft beobachtet werden kann. Borgward war genau den umgekehrten Weg gegangen: Er hat sein Augenmerk auf größere Betriebe gerichtet, aus denen er nach seiner Meinung ›mehr‹ machen konnte. Bei derlei Verhandlungen und Operationen wirtschaftlich der Klügere gewesen zu sein, ist kein Grund, ihn dafür zu verurteilen.

Fast könnte man – frei nach Fallada – über ihn sagen: »Ein Mann will nach oben«. Er erlebte ein ähnliches Schicksal wie Falladas Titelfigur. Beiden macht mitten im glänzenden Aufstieg der Krieg einen Strich durch die Rechnung. Beide fangen sich wieder. Doch bei Borgward dreht sich alles immer nur um Automobile. Alles, was er anfaßte, alles, was ihm durch den Kopf ging – es wurde ein Auto!

Er war ein Bastler. Was heute die Menschen sich wünschen und viele schon haben, einen Hobby-Raum – Dr. Borgward, als Fabrikbesitzer, hatte ihn. Und zwar schon zu einer Zeit, als andere noch nicht einmal wußten, was das war. In Borgwards Hobby-Raum gab es alles. Eine Hobelbank fehlte ebensowenig wie eine Drehbank; das Handwerkzeug wurde von Tag zu Tag kompletter. Wenn andere nach des Tages Arbeit, aus der Fabrik kommend, Erholung suchten bei einem Hobby, stieg Carl Borgward, ebenfalls aus der Fabrik kommend, in seinen Hobby-Keller, zog seine alte Trachtenjacke an und bastelte. Und was bastelte er dort bis in die Nächte hinein? Natürlich Autos!

Er war sein eigner ›Stylist‹. Carl Borgward bestimmte das Äußere seiner Wagen bis auf die letzte Chromleiste. (In seinem ganzen Konzern wurde für die Karosserie-Formgebung kein anderer Mann beschäftigt!) So offenbarte sich in ihm zuweilen – für jüngere Mitarbeiter äußerst überraschend! – der Mensch, der Schöpfer, der Künstler, der Spieler. Und sogar der Zweifler, der Selbstkritische, der Unentschlossene.

Beim Automobilbau gibt es Dinge, die durchdacht und vom Verstand entschieden werden müssen. Es gibt aber auch Dinge, über die das Gefühl entscheidet.

Dieser Fall trat regelmäßig dann ein, wenn in Bremen der spärliche Schnee dahinschmolz und letzte Hand an die neuen Frühjahrsmodelle gelegt wurde. Der Frühling ist nun einmal seit eh und je die Zeit, in der man am besten Autos verkaufen kann. Und dabei ist es von größter Wichtigkeit, den lieben Mitmenschen das neue Gefährt so verführerisch wie möglich zu präsentieren. Als ein lack- und chromglitzerndes Wunder, das schon beim bloßen Anschauen Träume und Besitzerwünsche erweckt! Dies gilt besonders für die weiblichen Interessenten, denn bekanntlich besteht die Käuferschicht nicht nur aus Männern, sondern auch aus deren Ehefrauen, die nicht selten sogar das letzte Wort beim Kauf haben. (Borgward: »Der Mann zahlt – die Frau entscheidet!«) Und hier scheiden sich in der Tat die Geister. Die Fragen, die den Mann angehen – Motorstärke, Leistung, Spitzengeschwindigkeit, Verbrauch, Fahreigenschaften, Rentabilität – sind mit nüchternen Überlegungen meist vorweg entschieden. Je mehr aber des Mannes liebstes Kind zum Statussymbol wurde, um so mehr redete beim Kauf die Frau mit. Und genau hier war für den Roboter Borgward der Moment gekommen, wo er vom Verstand auf Gefühl umschalten mußte. Und das tat er auch.

Die kleinen Äußerlichkeiten waren es, auf die er sein Augenmerk richtete. Dinge, die für die Frau beim Kauf den letzten Ausschlag geben konnten: die Gestaltung des Kühlergrills, der Scheinwerfer, der Rücklichter und Bremsleuchten. Diese Blickfänge waren als lange vorausgeplante Glas-, Chrom- und Gummiteile von den Zulieferfirmen (fast!) immer termingerecht zur Stelle. Was aber bis zur letzten Minute offen blieb, waren die Zierleisten. Und hierbei ereignete sich in jedem Vorfrühling in jedem Werk Borgwards das gleiche – das Spiel mit der Chromleiste. Das ging etwa so vor sich:

Carl Borgward erscheint morgens im Goliath-Werk, um die endgültige Ausführung des neuen Modells (in diesem Fall ›Hansa 1100‹, 1958) in Augenschein zu nehmen. Alles ist wie geplant ausgeführt und gefällt ihm. Bis auf die Zierleisten!

»Sollte man nicht statt der Leiste mit dem quadratischen Querschnitt eine mit einem dreieckigen nehmen?«

Werbeleiter Erwin Plog macht ein langes Gesicht und gibt zu bedenken, daß der Wagen heute fotografiert werden sollte und die Druckerei bereits auf die Fotos für die Prospekte warte. Aber Borgward läßt sich nicht aus der Ruhe bringen: »Ich komme morgen wieder!«

Am nächsten Morgen sind die anderen Zierleisten dran. Borgward kommt. Er nickt: »Nicht schlecht! Aber vielleicht sollte man der Zierleiste hinter der Tür noch einen kleinen Schwung nach unten geben? –«

Wieder vergeht ein Tag.

Borgward kommt: »Wissen Sie, die Zierleiste sollte vielleicht ein nach außen abgerundetes Profil haben. Und der Schwung – hinter der Tür – etwas weiter hinten ansetzen –«

Werbeleiter Plog rauft sich die Haare. Fotografen und Fotomodelle warten schon vor der Tür. Das Wetter ist günstig, die Sonne scheint.

Borgward bleibt unerschütterlich. »Macht das mal! Bis morgen dann –!«

So geht es noch mehrmals.

Eines Tages endlich ist es soweit. Borgward nickt zustimmend, zündet sich eine Zigarre an und geht schmunzelnd aus der Halle. Den vielsagenden Blick, den Erwin Plog erlöst zum Himmel wirft, sieht er nicht mehr. Er freut sich, seinen Willen durchgesetzt zu haben und ist nun überzeugt, seinem neuesten Modell den letzten Pfiff gegeben zu haben, der für den Verkauf so wichtig ist.

Er war Verkaufspsychologe. 1956 ließ er durch seine Informationsabteilung bei den Lloyd Motoren Werken 40 000 Käufer nach ihren Wünschen ausfragen. Das Ergebnis war aufschlußreich: Für den Kleinstwagen Lloyd LP 250 (1956–57) entschieden sich 35 % für Lichtgrau, 30 % für Aeroblau, erst mit größerem Abstand folgten Graphitgrau und Nilgrün. Interessant war außerdem, daß man sich nicht nur ein synchronisiertes Getriebe wünschte, sondern auch einen eingebauten Aschenbecher mit Schiebedeckel! Borgward folgerte daraus, daß die Mehrzahl der Käufer – Arbeiter, Angestellte und Beamte – durchaus bereit waren, für einen gewissen ›Luxus‹ und kleinen ›Komfort‹ mehr Geld auszugeben.

Er war Kaufmann mit Gespür. Er wußte, ein Auto bedeutet eine große Ausgabe für den Käufer. Wer ein paar tausend Mark auf den Tisch legen soll, hat Anspruch darauf, für sein Geld das Neueste zu bekommen, was Fortschritt und Technik zu bieten haben. Für Borgward kam es daher bei jedem neu zu erschaffenden Modell darauf an, einerseits als Konstrukteur von allem das Beste zu nehmen, andererseits aber als Kaufmann die Herstellungskosten gering zu halten. Er mußte vorsichtig kalkulieren, aber nicht zu vorsichtig; nicht feige, aber auch nicht leichtsinnig. Dabei den goldenen Mittelweg zu finden, war die ganze Kunst. Dazu brauchte man einen gesunden Menschenverstand. Und eine Spürnase für das ›Machbare‹.

Carl Borgward hatte beides. Er behielt stets eine Ausgewogenheit zwischen den Wünschen und dem Geldbeutel seiner Kunden im Auge, zwischen technischen Raffinessen und dem, was seine Käufer dafür bezahlen konnten. Für die Gemüsefrau vom Markt schuf er ein kleines, billiges Transportfahrzeug, das mit einem 200 ccm-Motor steuer- und führerscheinfrei war. Und als er für anspruchsvollere Käufer größere Wagen baute, rief er gleich eine Finanzierungsgesellschaft (›Boteck‹) mit ins Leben. Er kannte die Finanzierungsnöte gerade dieser Kunden!

Er war ein ausgezeichneter Organisator. Einen nicht unerheblichen Teil seines Lebens verbrachte er, neben der Konstruktion von Automobilen, mit der heute kaum noch vorstellbaren Aufgabe: der Umwandlung eines handwerklichen Kleinbetriebes in einen Automobilkonzern. Daß sich dabei technische und ganz erhebliche wirtschaftliche Probleme ergaben, liegt auf der Hand. Jede neu erklommene Stufe verlangte nicht nur Dispositionen und Geschäfte in größerem Stil, die unversehens eines Tages die Grenze von Millionenbeträgen überschritten, sondern auch ständig neue Betriebsstätten, wenn bei der kontinuierlich wachsenden Zahl der Arbeiter und Angestellten die Räume immer wieder zu eng wurden und neue Arbeitsplätze für sie geschaffen werden mußten. Jedesmal zog dann eine komplette Fabrik um, mit allen Maschinenanlagen! Jeder seiner Betriebsumzüge (fünf allein schon innerhalb der Vorkriegszeit!) stellte eine organisatorische Spitzenleistung dar. Borgward bewältigte derartige Aufgaben, ohne daß die Produktion dadurch auch nur für einen Tag unterbrochen wurde.

Wenn hier von dem Menschen Carl Borgward in so kurzer Form ein Bild entworfen wird, so gehört dazu auch, daß einige zwar weniger gravierende, ihn aber vielleicht nicht minder kennzeichnende Eigenarten aufgezeigt werden.

Er war Zigarrenraucher – was sich sicherlich auch günstig auf manche Verhandlungsatmosphäre auswirkte.

Ob er hinter dem Schreibtisch saß, ob er in den Werkshallen nach dem Rechten sah (wo eigentlich das Rauchen verboten war!), man kennt ihn kaum anders als mit einer schwarzen Brasil im Mund, die er mitunter auch kalt ›rauchte‹. Wen er besonders mochte, den ließ er einen Griff in seine Zigarrenkiste tun. Wenn dann jemand angesichts des hohen Chefs nur bescheiden eine einzelne Zigarre herausnahm, faßte Borgward mit dem ›Oktavgriff‹ hinein und steckte ihm eine Handvoll Glimmstengel in die Brusttasche. Auch das war hemdsärmelig!

Er war ein Sitzriese. Trotz seiner Körpergröße von nur 1,66 m überragte er am Konferenztisch meist seine Widersacher. Für die Konstruktion seiner Autositze mußten daher Personen mit Durchschnittsproportionen ihre Maße hergeben und die Sitzprobe vollziehen. – Kritisch wurde es allerdings trotzdem einmal, und zwar bei seinem berühmtesten Kleinwagen, der nach dem Zweiten Weltkrieg, der Not der Zeit entsprechend, sehr winzig ausgefallen war, dem Lloyd 300, der sich aber trotz aller Mängel und Unzulänglichkeiten großer Beliebtheit erfreute und unter der Bezeichnung ›Leukoplastbomber‹ in die Automobilgeschichte einging. Als im Frühjahr 1950 die ersten kleinen Wagen aus der Stellmacherei kamen und die Ingenieure eine lebensgroße Puppe zur Erprobung der Maße hineinsetzten, stieß diese ›Normalfigur‹ mit dem Kopf an die Decke. Carl Borgward gab der Puppe einen kräftigen Schlag ins Genick, so daß sie zusammensackte: »Soo stolz brauchst du da auch nicht zu sitzen!«

Er war ein passionierter Fußgänger. Jeden Morgen ging er zu Fuß – von seiner Frau und seinen beiden Hunden begleitet – eine Dreiviertelstunde bis zu einer bestimmten Stelle, an der ihn sein Fahrer mit dem Wagen erwartete. Die Leute auf der Straße kannten ihn schon und sagten, er käme stets so pünktlich, daß sie die Uhr danach stellen könnten. Während sein Fahrer den Wagenschlag öffnete, verabschiedete er sich mit einem Kuß von seiner Frau – nie ohne den Hut dabei zu ziehen! – streichelte noch einmal die Hunde und stieg ein. Zuerst fuhr er zum Goliath-Werk am Hastedter Osterdeich, wo ihn Geschäftsführer Albert Doeding erwartete, anschließend ins Stammwerk in Sebaldsbrück, wo zur genau vereinbarten Zeit alle Geschäftsführer bereits angetreten standen. An jedem Mittwoch besuchte er die Lloyd Motoren Werke in der Neustadt, wo ihn nachmittags seine Frau mit dem Chauffeur wieder abholte, um ins Kino zu gehen. Er wußte selten vorher, welcher Film gerade gespielt wurde – –

Er war Konsul von Mexiko und Dr. Ing. e. h. der technischen Hochschule in Hannover. Aber von Titeln und Auszeichnungen hielt er nicht viel.

Er war für seine Person genügsam. Das Wort ›Luxus‹ galt für ihn lediglich als Typenbezeichnung für die ›Isabella‹. Geld interessierte ihn nicht. Sein Wahlspruch: »Mehr als zwei Koteletts am Tage sind ungesund, und mehrere Anzüge kann man auch nicht gleichzeitig tragen«.

›Der Spiegel‹ vom 14. Dezember 1960 berichtet im Heft 51 über ihn: »Private Entnahmen des Inhabers waren zu keiner Zeit die Ursache von finanziellen Schwierigkeiten. Verdiente Gewinne und Abschreibungen hat Borgward regelmäßig wieder investiert. Sein Lebensstil hält sich in einem hausbacken-bürgerlichen Rahmen. In zehn Jahren fuhr der Konzernherr nur einmal zur Erholung auf Auslandsurlaub, an die Costa Brava. Nach zwei Tagen Spanienfahrt schon ranzte er den Chauffeur an: ›Sie fahren in der falschen Richtung; nicht Tarragona – nach Bremen!‹«

So war er!

So war er, als ich ihn 1935 in Bremen kennenlernte und die ersten Werbefotos für ihn machen durfte.

Und so war er auch noch ein Vierteljahrhundert später, als ich ihn an seinem siebzigsten Geburtstag angesichts der Heerscharen von Gratulanten im Bremer Park-Hotel fotografierte.

Derselbe Mann, der Millionen am Reißbrett wagte, war in seinem Privatleben auf äußerste Sparsamkeit bedacht.

*

Wie sah es zu jener Zeit in Deutschland aus, als ein völlig unbekannter junger Mann namens Carl Friedrich Wilhelm Borgward – 1919 mit 29 Jahren gerade noch ein ›twen‹ – es sich in den Kopf setzte, Automobilfabrikant zu werden?

Nach dem verlorenen Krieg und dem Sturz der Monarchie in der Novemberrevolution 1918 war Deutschland zur Republik geworden.

Anhaltende Aufstände, Streiks und unerfüllbare Reparationsforderungen der Siegermächte im Versailler Vertrag erschwerten dem ersten Reichspräsidenten, dem ehemaligen Sattler Friedrich Ebert, den Aufbau des jungen Staatsgebildes. Die Wunden des Krieges waren noch nicht verheilt. In den Straßen sah man Krüppel mit Krücken herumlaufen. Menschen ohne Arme, ohne Beine stellten ihr eigenes Elend als Bettler zur Schau.

Die Geldentwertung schritt unaufhaltsam vorwärts. Kinder sammelten Kupferpfennige und Nickelgroschen und verkauften sie beim nächsten Lumpensammler, weil ihr Metallwert höher im Kurs stand, als die vom Staat darauf eingeprägte Zahl es verhieß. Ehefrauen rissen ihren Männern das Geld, das sie von der Arbeit mitbrachten, aus der Hand, um es sofort beim Kaufmann und beim Bäcker auszugeben, weil es am nächsten Tage schon nichts mehr wert war. Briefmarken erhielten Überdrucke – aus Pfennigen wurden Mark, dann 100 Mark, dann 1 000 Mark, dann 100 000 Mark. Man lernte mit sechsstelligen Zahlen zu rechnen, mit neunstelligen, mit zwölfstelligen. (›Notgeld‹-Umlauf ca. 500 Trillionen Papiermark!)

Der Totentanz der alten Mark endete bei einer Billion. Als am 13. Oktober 1923 eine Billion Papiermark (1 000 000 000 000,–) einer Rentenmark gleichgesetzt wurde, wußten auch die letzten deutschen Sparer, daß ihre alten, sorgsam gehüteten blauen Hundertmarkscheine aus der Kaiserzeit nichts mehr wert waren – bis auf einige verzweifelte Menschen, die das Unfaßbare nicht wahrhaben wollten und immer noch glaubten, daß wenigstens die ›rotgestempelten‹ Tausendmarkscheine mit dem Bild des Kaisers eines Tages eine Aufwertung erfahren würden.

Der sparsame, fleißige Mittelstand hatte sein Geld verloren. Aber das Leben ging weiter, die Menschen faßten langsam wieder Vertrauen, wenn auch Schieber und Spekulanten sich noch breit machten, Schimpfworte wie ›Raffkes‹ und ›Neureiche‹ entstanden und Nachtbars wie Pilze aus dem Boden schossen.

Ein unbezähmbarer Lebenshunger erfaßte die Menschen, als müßten sie nachholen, was sie im Krieg versäumt hatten.

Die ›Nackttänzerin‹ Anita Berber erregt Aufsehen. Der farbige Revuestar Josephine Baker – nur mit einem Bananengürtel bekleidet – begeistert die junge Generation. Jazzmusik löst den Wiener Walzer, den Rheinländer und die Polka ab. Man tanzt ›Shimmy‹ im Schüttelrhythmus, oder ›Charleston‹ und zuckt mit den Beinen nach hinten, die Mode schreibt ›Bubikopf‹ und kurze Röcke vor, und selbst ältere Damen gehen plötzlich ›kniefrei‹ und beginnen Zigaretten aus langen Spitzen zu rauchen – eine noch nie erlebte Turbulenz und Dynamik erfüllt die ›Goldenen Zwanziger Jahre‹.

Die ersten Rundfunkgeräte versetzten die Menschen geradezu in Verzückung. Stundenlang, nächtelang sitzen sie mit ihren Kopfhörern über Detektorempfänger gebeugt, um eine kleine Spiralfeder mit der Spitze auf den ›richtigen‹ Punkt eines Kristalls zu lancieren.

In den Kinos laufen die ersten Sensationsfilme. Stuart Webbs ist (schon 1921!) der Detektiv, der alle Gefahren siegreich besteht. Sogenannte ›Aufklärungsfilme‹ verbergen sich hinter Titeln wie ›Freie Liebe‹, ›Alkohol‹, ›Polygamie‹ und ›Prostitution‹.

Dann aber fangen sich die zwanziger Jahre und werden zu dem, was ihnen später das Attribut ›die goldenen‹ einbringt.

Was für junge Leute heute interessant sein dürfte: Im Film tauchen (heute noch immer unvergeßliche!) Namen auf, wie Asta Nielsen, Henny Porten, Pola Negri, Emil Jannings, Heinrich George, Greta Garbo. Die Technik feiert Triumphe. Das Luftschiff ZR III überquert als erstes Luftfahrzeug der Welt den Atlantik (1924) und wird in New York (Lakehurst) als Reparationsleistung abgeliefert. Der Tonfilm löst den Stummfilm ab, und in Berlin wird 1929 bereits das erste Fernsehen erprobt.

Die erste Weltraumrakete startet (ebenfalls 1929) in Fritz Langs Film ›Die Frau im Mond‹. Fritz Lang engagiert dazu den damals schon berühmten Raketenforscher Hermann Oberth und läßt ihn eine Film-Rakete für die Reise zum Mond konstruieren.

Die breiten Massen trinken zwar noch Malzkaffee (mit Zichorie!), aber die ersten mutigen Damen tragen bereits Herrenschnitt. Die Maler sprechen über Kubismus und Dadaismus, die Musiker über den 12-Ton-Experimentierer Arnold Schönberg. Namen wie Ferdinand Sauerbruch, Albert Einstein, Max Planck, Alexander Fleming und Werner Heisenberg werden zu Begriffen und retten den guten Ruf dieser Epoche.

Welche Chance hatte Borgward damals auf dem Automobilsektor? Welche Marktsituation fand er vor, als er sich mit dem Gedanken trug, endlich damit zu beginnen, seine alte Lieblingsidee zu verwirklichen, ein kleines, billiges Auto zu bauen, mit dem er eine ganz neue Käuferschicht erschließen könnte?

Es gab zu jener Zeit in Deutschland 65 (fünfundsechzig!) Automobilfabrikanten, die insgesamt 90 Autotypen herstellten! Und jeder von ihnen wollte sich nach der endlich überstandenen Inflation und der Einführung der Rentenmark ein möglichst großes Stück aus dem noch dampfenden Kuchen herausschneiden.

Diese ungeheure Konkurrenz mußte entmutigend auf Borgward gewirkt haben, und es dürfte wohl einer gehörigen Portion Selbstvertrauen bedurft haben, den Konkurrenzkampf mit mehr als fünf Dutzend Automobilfabriken aufnehmen zu wollen – mit gerade soviel Geld in der Tasche, um die nächsten vier Wochen damit auskommen zu können. Ohne Erfahrung. Ohne einen Bankier hinter sich zu haben. (Wenn nicht von vornherein feststünde, daß er tatsächlich Automobilfabrikant geworden ist, müßte der Leser dieser Zeilen an dieser Stelle zu dem Schluß kommen, es handele sich um einen schlecht erfundenen Roman!)

Nun, Borgward kannte seine Konkurrenz, gegen die er früher oder später antreten wollte, sehr genau. Er kannte jede einzelne Firma, jedes ihrer 90 Produkte. Und er verfolgte auch aufmerksam und mit wachen Sinnen deren weiteres Schicksal, daß nämlich nach einiger Zeit von 65 Firmen nur noch 23 existierten. Mit 45 Typen. 42 Unternehmen hatten den Betrieb eingestellt oder Konkurs angemeldet – Scheinblüten der Inflation!

Die Stabilisierung der Währung hatte jedoch noch eine andere Entwicklung ausgelöst, die sich nun bei der Automobilindustrie sehr unliebsam bemerkbar machte: Der deutsche Markt wurde plötzlich wieder für das Ausland als Absatzgebiet interessant! Besonders die USA nutzten diese Chance und stiegen groß ins Geschäft ein, zumal eine völlig verfehlte deutsche Zollpolitik es zuließ, daß große Mengen ausländischer Wagen ohne Schwierigkeiten eingeführt und auch verkauft werden konnten. Die einstmals belächelten ›Blechkästen von drüben‹ hatten sich gemausert und waren zu ansehnlichen, begehrten Automobilen geworden, die dem neuesten Stand der Technik entsprachen. Die deutsche Automobilindustrie dagegen, die einstmals einen hervorragenden Ruf in der Welt und auch einen bedeutenden Export gehabt hatte, war durch die lange Dauer des Krieges so stark in der Entwicklung zurückgeworfen worden, daß die ersten Nachkriegsmodelle weder in technischer Hinsicht noch im äußeren Erscheinungsbild den Erwartungen der Käufer entsprachen.

Und noch ein Faktor kam hinzu, vielleicht der wichtigste überhaupt: Die USA hatten die Zeit genutzt und ganz neue Produktionsmethoden eingeführt – das Fließband!

Bei Henry Ford liefen die billigen Serienwagen in Massenanfertigung vom Band. (Bis 1928 fünfzehn Millionen Wagen seines Modells ›T‹.) Man sprach von ›Fordismus‹ und meinte damit seine Neuerungen auf technischem, wirtschaftlichem und sozialpolitischem Gebiet. Ford trat für kürzere Arbeitszeit und höhere Löhne ein – und er hatte Erfolg damit!

Die deutschen Automobilbauer waren darüber erschrocken und beeindruckt zugleich. Es blieb ihnen keine andere Wahl, als die Methoden von Übersee so schnell wie möglich zu übernehmen. Nach amerikanischem Vorbild entstanden so auch in zahlreichen deutschen Werken die ersten Montagebänder. Rationalisierung war schon damals das Gebot der Stunde!

Den ersten großen Erfolg hatte hiermit die Firma Opel, die einst Anno 1862 in einer Schlosserwerkstatt mit dem Bau von Nähmaschinen begonnen hatte und dann über die Herstellung von Fahrrädern vor dem Ersten Weltkrieg schon zum größten Automobilfabrikanten Deutschlands geworden war. Opel stellte seinen Betrieb bereits 1924 auf Serienproduktion um. In großer Stückzahl wurde ein ausgereifter Kleinwagen mit einem Vierzylinder-Motor von 12 PS hergestellt, der wegen seines Äußeren und seiner grünen Farbe im Volksmund ›Laubfrosch‹ genannt wurde. (Eine Nachbildung des französischen Citroën.)

Es ist nicht erwiesen, ob Carl Borgward mit diesem Typ geliebäugelt hat. Sicherlich aber hat er bei sich gedacht: Diesen Wagen hättest du auch bauen können – –

Aber für ihn war die Zeit noch nicht gekommen. Vorerst mußte er sich mit dem Bau von Spitzkühlern begnügen, die er als saubere Handwerksarbeit an eine große und angesehene Automobilfabrik lieferte, ohne zu ahnen, daß er einst in deren geheiligte Hallen selbst als Chef einziehen würde.

In jene ›Goldenen Zwanziger Jahre‹ fallen aber trotz aller Erschwernisse, die die Geldentwertung mit sich brachte, eine Reihe bedeutender technischer Fortschritte. Dazu gehört der mit Heckmotor und Schwingachse ausgerüstete Rumpler-Tropfenwagen (1921), der eine ganz neue Entwicklung einleitete, die über den Benz-Tropfenwagen ›Monza‹ (1922) zu den verblüffenden Versuchen Paul Jarays führte, der erstmals einen Stromlinienwagen im Windkanal erprobte und damit bewies, wie stark sich eine aerodynamische Form auf Leistung und Kraftstoffverbrauch auswirkte.

Völlig unverständlich mag es uns heute erscheinen, daß sich die Vierradbremse Mitte der zwanziger Jahre nur zögernd durchsetzte. Man hielt sie für verkehrsgefährdend. (Auffahrunfälle!)

Ernsthaft wurde darüber beraten, ob sie zugunsten der bisherigen Zweiradbremse, die nur auf die Hinterräder wirkte, verboten werden sollte! Schließlich einigte man sich darauf, daß Autos mit der gefährlichen Vierradbremse an der Rückseite durch ein Warnschild kenntlich gemacht werden müßten.

Die Vielfalt der Typen, die diese Zeit hervorbrachte, würde man heute als erschreckend bezeichnen. Man war allenthalben auf der Suche nach der idealen, zweckmäßigen Form. Dabei waren einige äußerst eigenwillige Modelle gerade unter den Klein- und Kleinstwagen entstanden. Das Straßenbild – mit den ersten Verkehrsampeln in der Leipziger Straße in Berlin! – war belebt von derartigen ausgefallenen Typen.

So schuf der Flieger und Flugzeugkonstrukteur Hans Grade einen Kleinstwagen (1922–1924), der wie ein Flugzeugrumpf ohne Tragflächen anmutete und eher einem Insekt als einem Auto ähnelte, immerhin aber schon erstaunliche 80 km/h schnell war.

Ein weiteres Unikum stellte der vom Volksmund als ›rollendes Kommisbrot‹ bezeichnete Hanomag-Zweisitzer dar, der als erfolgreichster Typ seiner Zeit (1924–1928) nur 2 300,– Goldmark kostete und dafür 65 km/h Spitze fuhr. Sogar als Taxi – für nur einen einzigen Fahrgast – war er beliebt!

Eine Fülle kleinerer und größerer Typen ergänzt das bunte Bild. Hier nur einige Namen: Adler, Aga, Amor, Apollo, Audi, Austro-Daimler, Beckmann, Benz, BMW, Brennabor, BZ, Cyclon (›Cyclonette‹), Daimler, Dixi, DKW, Dürkopp, Dux, Ego, Faun, Fiat, Framo, HAG, Hansa, Hansa-Lloyd, Horch, Mannesmann, Maybach, NAG, NSU, Opel, Pluto, Protos, Röhr, Rumpler, Steiger, Steyr, Stoewer, Tatra, Wanderer.

Es wurden zwar nach wie vor etliche große, schwere Wagen angeboten, doch die Aktivität der Hersteller verlagerte sich immer stärker auf den Kleinwagenbau – auf die Käuferschicht, die Carl Borgward sein Leben lang mit besonderer Aufmerksamkeit beobachtet hat.

Selbst die Mannesmann Automibilwerke KG Remscheid, ursprünglich mit dem Bau von Lastwagen befaßt, begann 1923 vorübergehend mit der Herstellung von Kleinwagen.

Rudolf Caracciola errang den ersten Sieg seiner Rennfahrer-Laufbahn 1923 auf der Berliner Avus mit einem Ego-Kleinwagen. Der Hersteller dieses Autos, die Merkur Flugzeugbau GmbH in Berlin SO 36, ging zwei Jahre später in Konkurs. (Trotz Caracciola!)

In jenen Gründerjahren war das Fabrikantenglück oft nur von kurzer Dauer. Die Bootswerft Zeppelinhafen GmbH in Potsdam-Wildpark, die sich mit einem eigentlich recht manierlich aussehenden ›BZ Kleinwagen 500‹ aus Duralumin unter die Produzenten gewagt hatte, verschwand – kaum bekannt geworden – schon wieder in der Versenkung. Den Herstellern fehlte es, wie so vielen in dieser Zeit, an Kapital für eine rationelle Produktion.

Genau das war es, was den Realisten Borgward davor zurückschrecken ließ, sich zu früh in das Abenteuer ›Automobilbau‹ zu stürzen.

*

Der Mensch, die Zeit, sein Werk – das sind die drei Dinge, die zusammengehören, die miteinander verknüpft sind.

Wäre der Mensch – Carl Borgward – in diesen wirren, turbulenten Jahren nicht so besonnen vorgegangen, wie er es getan hat, nämlich mit aller Vorsicht, aller selbst auferlegten Zurückhaltung, und doch im entscheidenden Augenblick mit blitzschnellem Entschluß, mit Fleiß, Beharrlichkeit und Zähigkeit – er wäre niemals Automobilfabrikant geworden, niemals Herr über einen Automobilkonzern mit drei Werken.

Es hatte vieler bedächtiger Einzelschritte bedurft, dieses Ziel zu erreichen. Sein Wagnis ist dem eines Artisten auf dem Hochseil vergleichbar. Ein einziger falscher Schritt, aus Ungeduld zu hastig getan, hätte alles gefährden können. Seine Firma würde zu den unzähligen kurzlebigen Scheinblüten jener Zeit zählen, deren Namen niemand mehr kennt.

Sein Wahlspruch, den er oft und gern zitierte und der seine vorsichtige Einstellung kennzeichnet, lautete: »Man muß das eine eben tun, um das andere zu erreichen!« Dieser Satz begleitete ihn seit jungen Jahren, seit jener Zeit, als er noch Spitzkühler für andere baute, und er sprach ihn auch noch mit der gleichen Überzeugung aus, als ihn ein Reporter des ›Spiegel‹ an seinem siebzigsten Geburtstag interviewte.

›Ein Leben für das Auto‹ könnte man sein Lebenswerk nennen, das noch ausführlich geschildert werden wird. Für ein selbst gebasteltes Auto erhielt er einstmals Ohrfeigen – als Kind. Und für Autos erhielt er Medaillen, Auszeichnungen und die Doktorwürde – als Mann, der mit beiden Beinen im Leben stand.

Sein Ziel von Jugend an war, Autos zu bauen. »Richtige Autos« – wie er es nannte. Viele Wege und Umwege hatte er gehen müssen, um dorthin zu gelangen, wohin er wollte.

Schon als er Kotflügel und Einzelteile für andere herstellte, schon als er dann sein erstes eigenes motorgetriebenes Gefährt, den ›Blitzkarren‹, baute, ein primitives Transport-Fahrzeug ohne Anlasser, das angeschoben werden mußte, wußte er, daß dies nur die erste von vielen Stufen war, die nach oben führten. Es machte ihm nichts aus, wenn man über ihn lächelte, wenn man ihn und seinen ›Blitzkarren‹ verspottete, wenn die Herren Automobilvertreter sich für zu fein dafür hielten, Vertreter für sein ›komisches Vehikel‹ zu werden. Er biß die Zähne zusammen und verfolgte beharrlich sein Ziel. Oft genug hat er später, als Konzernherr, selber darüber gelächelt. »Wenn die damals gewußt hätten, was eines Tages aus dem Blitzkarren werden würde und was für Autos ich eines Tages bauen würde . . .!«

Die Vorgänger der späteren Borgward-Gruppe, die unter den Namen ›Hansa‹ und ›Lloyd‹ firmierten, sind anonyme Gesellschaften gewesen, an denen die verschiedensten Finanzleute – von Otto Wolff bis zum Großherzog von Oldenburg – beteiligt waren. Borgward verließ diese Anonymität und gab den Werken seinen Namen. Er tat es, ohne viel Aufhebens davon zu machen. Er hat das Schweigen dem Reden immer vorgezogen. Er handelte lieber.

Und er liebte die eigene Entscheidungsfreiheit. Wenn er abseits der eingefahrenen Wege einen noch unbekannten Pfad entdeckte, der technisch oder auch wirtschaftlich neue Möglichkeiten eröffnete, ging ihm nichts schnell genug, seine Gedanken in die Tat umzusetzen. Er rüttelte seine Ingenieure und seine Mitarbeiter wach und setzte ihnen zu, bis sie ihn verstanden hatten und ihm halfen, die zunächst noch vagen Pläne zu verwirklichen.

Sein Prinzip, möglichst alles selber und im eigenen Betrieb zu machen, war nicht etwa nur ›kleinkariert‹, wie kritische Stimmen es nannten. Borgward hatte handfeste Gründe dafür. Es dauerte ihm einfach zu lange, gewisse Teile bei anderen Firmen in Auftrag zu geben, Lieferungsfristen auszuhandeln und dann trotzdem noch auf ein bestimmtes Teil wochenlang warten zu müssen, das er im eigenen Betrieb in zwei, drei Tagen hätte herstellen können.

Schon zu Beginn der dreißiger Jahre verfügte er über eine Schmiede. Die erste eigene Gießerei erwarb er mitten im Zweiten Weltkrieg, am 1. 10. 1943. Und im Sommer 1955 gründete er in Uphusen bei Bremen auf einem 230 000 qm großen Gelände die ›Carl F. W. Borgward Leichtmetallwerke‹ – um die Leichtmetallzylinderblöcke für den geplanten 1100-ccm-Boxermotor des ›Hansa 1100‹ selbst produzieren zu können.

Sein Streben galt zeitlebens dem einen Ziel, das ›ideale Auto‹ zu bauen. Schön, bequem, rentabel, schnell und für breite Schichten erschwinglich. Aber es war ein weiter Weg – vom ersten primitiven ›Blitzkarren‹ bis hin zur ›Isabella‹. Ein steiniger Weg buchstäblich, der durch unwegsames Gelände führte. Und über Betonpisten internationaler Rennbahnen.

Und wieviele Modelle waren auf diesem Wege entstanden! Transportkarren, Dreiradautos, Kleinstwagen, Limousinen, Kettenfahrzeuge, Artillerie-Zugmaschinen, geländegängige Jeeps, Lastwagen, schwere Luxuslimousinen, elegante Coupés, Rennwagen –

Autos, Autos, Autos . . .!

Augenblicke höchster Befriedigung erlebte Borgward bei j e d e m neu geschaffenen Modell – egal welcher Art. Ein erhebender Augenblick war es für ihn jedesmal, wenn der erste Wagen einer Serie vom Band rollte. Oder der zehntausendste einer Produktion gefeiert wurde.

Zu den schönsten Stunden seines Lebens gehörten die Begrüßungszeremonien, wenn seine Rennfahrer aus Mexiko von der Carrera Panamericana oder aus Montléry in Frankreich oder auch nur von einer Rally siegreich zurückkehrten. Die gesamte Belegschaft des Werkes nahm jedesmal Anteil daran.

Seine Starmodelle aber waren das unsterbliche Dreirad, der kleine Lloyd und die formschöne, schnittige Isabella – das ideale Auto. S e i n ideales Auto!

Diese Isabella wirkt ein viertel Jahrhundert nach ihrem ersten Erscheinen noch immer so schick und modern, daß sie mit den neuesten Modellen mithalten kann, ohne etwa als »Oldtimer« angesehen zu werden – zur Freude ihrer Fans, die sich inzwischen in aller Welt zu ›Borgward-Clubs‹ zusammengefunden haben.

Soviel zunächst über den Menschen Carl Borgward, seine Zeit und sein Werk.

Und nun zu seinem Lebensweg.

1890–1905
Ohrfeigen für das erste Auto

Carl Borgward wurde am 10. November 1890 in der Langenfelder Straße im älteren Teil der Stadt Altona geboren.

Zu jener Zeit war es üblich, daß Kinder im elterlichen Hause unter Aufsicht einer Hebamme zur Welt kamen. Der Kindsvater saß währenddessen gewöhnlich (ungeduldig wie alle werdenden Väter) im Nebenzimmer hinter der Tür und wartete auf den erlösenden Augenblick. So war es gang und gäbe, und so auch bei Borgwards.

Die mündliche Überlieferung berichtet über das ›große Ereignis‹ noch etliche Einzelheiten:

Vater Wilhelm Borgward hatte an diesem Tage besonders gut eingeheizt. Kohlen waren das einzige, woran er als Kohlenhändler nicht sonderlich zu sparen brauchte. In der ›guten Stube‹, neben dem hohen schmiedeeisernen Ofen, harrte er der Dinge, die sich nun ereignen würden. Als endlich nebenan der neue Erdenbürger seinen ersten Schrei ausstieß, erfuhr Vater Wilhelm auch Sekunden später schon, daß es ein Junge war, der soeben seine Existenz verkündet hatte.

Ein Mädchen – das wäre nichts Aufregendes gewesen. (Hätte wohl ein Mädchen auch einen Automobilkonzern aufgebaut?) Also ein Junge!

Das erfüllte den Vater mit Stolz, wie es wohl bei allen Vätern der Erde (eigenartigerweise) der Fall ist.

Ganz besonders aber traf dies zu in jenem letzten Jahrzehnt des neunzehnten Jahrhunderts, mit dem eine gemächliche Epoche zu Ende ging, die man auch das Zeitalter der Petroleumlampe nennen könnte. Das ›Licht der Welt‹, das Carl Borgward in Altona erblickte, war denn auch weder eine Glühbirne, noch der Glühstrumpf einer Gaslampe. Bestenfalls ein Zwielicht aus trübem Novemberhimmel und blank geputzter Petroleumlampe.

Die Chronik berichtet weiter:

Nachdem Vater Borgward sah, daß die Hebamme alles Notwendige getan hatte und seine Frau fürs erste versorgt war, hockte er sich wieder neben den schmiedeeisernen Ofen und sann in der wohligen Wärme der strahlenden Glut darüber nach, welche Namen er seinem jüngsten Sprößling geben sollte.

Am nächsten Morgen, auf dem Weg zum Standesamt, steht es für ihn fest: Drei Namen von geschichtlicher Bedeutung soll der Junge bekommen, klingende Namen, die an große Männer erinnern. ›Wilhelm‹ – wie der zur Zeit regierende Monarch und auch er selbst heißt, ›Friedrich‹ – wie der deutsche Kaiser im Drei-Kaiser-Jahr 1888, der zwei Jahre zuvor an Kehlkopfkrebs gestorben war, und ›Carl‹ nach Karl dem Großen. Er schreibt ihn jedoch mit ›C‹.

›Carl Friedrich Wilhelm‹ trägt der Standesbeamte in das Geburtenregister der Stadt Altona ein und unterstreicht den ersten Vornamen, was besagt, daß dieser als Rufname gelten solle.

Über diese Namensgebung hatte volle Übereinstimmung mit seiner Frau geherrscht, mit der er eine harmonische Ehe führte. Wilhelm Borgward und seine Frau Sophie hatten sich Ende der achtziger Jahre zu einer zweiten Ehe zusammengefunden. Beide hatten bereits aus ihrer ersten Ehe eine Schar munterer Kinder mitgebracht, so daß gleich von Anfang an Kinderlärm die Wohnung erfüllte. Carl ist nun ihr erstes gemeinsames Kind.

Der jüngste Sprößling spielt jedoch nicht lange die Rolle des ›Nesthäkchens‹, das im allgemeinen mit besonderer Liebe bedacht wird. Auf Carl Friedrich Wilhelm folgen schon bald weitere Kinder, bis ihre Zahl auf dreizehn Köpfe angewachsen ist.

Vater Borgward hat es nicht leicht, für das leibliche Wohl dieser nunmehr fünfzehnköpfigen Familie zu sorgen. Die Erträgnisse seines Kohlengeschäfts reichen gerade aus, alle leidlich zu ernähren. Angeschafft wird nur das Allernotwendigste. Seine ganze Arbeitskraft muß er einsetzen, um seinen Kundenkreis zufriedenzustellen und nach Möglichkeit noch zu erweitern.

Und das ist keine leichte Arbeit, wenn man von frühmorgens bis zum späten Abend zentnerschwere Kohlensäcke zu liefern hat. Die größeren Aufträge werden mit Pferd und Wagen erledigt, die kleineren mit dem Handwagen.

Aller Fleiß gilt der Sorge um seine Familie. Seine Vorfahren waren größtenteils Bauern gewesen, die einst auf eigener Scholle gesessen hatten, oder auch Dorflehrer, die üblicherweise aber nur schlecht bezahlt wurden und sich darum meist in anderen Berufen, z. B. als Schneider, noch etwas hinzuverdienten. Sophie, die Mutter, stammt aus Mecklenburg. Ihre Eltern und Verwandten kommen überwiegend aus handwerklichen Kreisen.

Wenn man also nachforschen wollte, von wem Carl Friedrich Wilhelm seine schöpferischen und manuellen Fähigkeiten vererbt bekommen haben könnte, müßte man wohl bei der Mutter damit beginnen.

›Carl ist ein Tüftler‹, sagte seine Mutter, als er seine ersten Kinderjahre hinter sich gebracht hatte. Unter den dreizehn Kindern fällt er durch eine ganz besondere Eigentümlichkeit regelrecht auf: Er kennt nicht den Drang des Zerstörens, wie er von Natur aus den meisten Kindern eigen ist. Er schlägt sein Spielzeug nicht kaputt, reißt es nicht mit Gewalt auseinander, um hineinzusehen, er bringt vielmehr die Geduld auf, es so systematisch und sachgerecht zu zerlegen, daß er es – nach eingehender Untersuchung – auch allein wieder zusammensetzen kann, ohne daß etwas dabei beschädigt wird.

Zu Unrecht belächelt man diese eigenwillige Bastelleidenschaft des heranwachsenden Knaben. Niemand erblickt darin die ersten Anzeichen einer besonderen Begabung. Nur selten hat der Vater Zeit, sich um ihn zu kümmern. Und wenn er wirklich einmal, nach Feierabend, Carl zuschaut, dann wundert er sich wohl über die seltsame Art der Beschäftigung, die dieser Junge ›spielen‹ nennt. Aber im nächsten Augenblick ist das im Trubel der großen Familie schon wieder vergessen. Und Carl selbst fühlt sich am wohlsten, wenn man ihn zufrieden läßt und er sich seine eigene Welt aufbauen kann.

»Ich bin eigentlich noch im Pferdezeitalter groß geworden«, sagt später der Konzernchef Carl Borgward über sich selbst. »Sie können sich vorstellen, was es da für einen ungeheuren Eindruck auf mich machte, als ich zum erstenmal ein Auto sah! Als dieses hochrädrige, puffende, knatternde Ungetüm in unserer Straße dicht an mir vorbeifuhr, war ich so verblüfft, daß ich die ganze anschließende Nacht nicht schlafen konnte! Eine Kutsche – ohne Pferde! Das Ding hatte mir maßlos imponiert!«

Zu gern hätte der Knabe Carl so ein Wunderding einmal in seine sämtlichen Teile zerlegt, um festzustellen, worin eigentlich das Geheimnis bestand. Aber er sah ein, daß das wohl immer ein Wunschtraum bleiben würde. Und so mußte er sich damit begnügen, jedesmal schnell auf die Straße zu stürzen, sobald er von Ferne ein Motorengeräusch hörte. Manchmal schaffte er es, aber oft kam er zu spät. Dann sah er es nur noch von hinten und schnupperte dem seltsamen Geruch der blauen Auspuffgase nach.

Die paar Automobile, die um die Jahrhundertwende

so pro Tag durch Altona ratterten, waren gut und gern an den Fingern einer Hand aufzuzählen. Gelegenheiten zum gründlichen Begucken und Bestaunen ergaben sich nur selten.

Auch in der Schule wurden nicht viele Worte darüber verloren. Wenn Carl Fragen stellte, schien der Lehrer regelrecht in Verlegenheit zu kommen und lenkte schnell vom Thema ab, indem er kurzerhand erklärte, diese neuen Benzinkutschen seien zwar ein sensationelles technisches Erzeugnis, dessen Bewährung man aber durchaus erst einmal abwarten müßte. Mehr wußte er auch nicht darüber zu sagen.

Und nach der Meinung des friedsamen Durchschnittsbürgers gar, für den die Pferdebahn und die Eisenbahn als nicht mehr zu überbietende Errungenschaften der Neuzeit galten, waren diese stinkenden Automobile, die jeden Augenblick zu explodieren drohten, nur eine vorübergehende Zeiterscheinung, eine Mode ohne irgendwelche Zukunftschancen. Zugegeben, sie fuhren ja ganz schön schnell – wenn sie fuhren! Aber da gab es Leute, die hatten schon wiederholt solche Kutschen ohne Deichsel am Straßenrand stehen sehen und dann – voller Schadenfreude – beobachten können, wie die feinen Herren mit Zangen und Schraubenschlüsseln daran herumhantierten, um sie erst nach stundenlangen Bemühungen wieder zum Fahren zu bringen. So etwas sprach sich herum. Nein, wenn das der vielgepriesene Fortschritt sein sollte, daß man die durch die Schnelligkeit gewonnene Zeit schon nach wenigen Kilometern Fahrt wieder durch Reparaturen einbüßte, dann wollte man doch lieber die Finger davon lassen.

Die Pferdekraft auf vier Beinen sei sicherer, zuverlässiger und vor allem nicht so gefährlich. (Die ›selbstfahrenden Wagen‹ von Benz erreichten um die Jahrhundertwende Spitzengeschwindigkeiten von 25 bis 30 km/h auf ebener Straße!) Wer sein Leben liebte, täte besser daran, zu Fuß zu gehen!

Die Zahl derer, die glauben, daß das Automobil eine Zukunft habe, ist gering.

Zu den ›Gläubigen‹ gehört der Knabe Carl. Noch versteht er nichts von Kolben, Zylindern und Kurbelwellen. Nur sein kindliches Gespür, seine Leidenschaft zum Basteln, sein Interesse an jeglichem technischen Objekt läßt sein Herz jedesmal höher schlagen, wenn er nur dieses eine Zauberwort hört: Automobil!

Aber für ihn, den Sohn des Kohlenhändlers Wilhelm Borgward, bietet sich keine Möglichkeit, die Bekanntschaft eines so feinen Herrn zu machen, der ein Automobil besitzt, um auf diese Weise einmal etwas Näheres darüber zu erfahren. So richtet sich seine Bastelleidenschaft auf alte Uhren und alle möglichen anderen Dinge.

Beim Herumstreichen in der näheren Umgebung entdeckt er plötzlich ein neues, schier unermeßliches Feld, seine Forschungsleidenschaft zu befriedigen: Die Altwarenhändler! Eine wahre Wunderwelt tut sich da für ihn auf, wenn er nach Herzenslust herumstöbern kann zwischen alten Apparateteilen, Zahnrädern, Uhrwerksfedern, Schrauben und Blechen. Bald ist er bei den Händlern kein Unbekannter mehr. Sie schütteln zwar so manches Mal den Kopf über den schrulligen Jungen mit dem unersättlichen Wissensdrang. Aber, da er sich gesittet benimmt, geben sie ihm Auskunft auf seine Fragen. Schließlich ist Carl ja sogar ein ›Kunde‹! Jedes Taschengeld, jeden ersparten Groschen legt er für die unmöglichsten Dinge an. Einen ganzen Berg alten Krempels hat er zu Hause schon angesammelt.

Eines Tages kommt ihm ein besonders starkes Uhrwerk in die Hände. Wie ein Blitz durchfährt ihn plötzlich ein Gedanke: Daraus baue ich ein Auto! Ein richtiges, feines Modellauto!

Die Idee war ihm so spontan gekommen, daß er vor sich selbst erschrak und erst einmal darüber nachdenken mußte, ob sie sich auch tatsächlich verwirklichen ließe.

Also, sagt er sich, wenn diese Feder einmal eine Uhr zum Gehen bringen konnte, dann müßte sie auch etwas anderes antreiben können. Die Antriebskraft ist schließlich das Wichtigste bei so einem Automobil! Bleibt nur noch die Frage, wie ich diese Kraft auf die Räder übertrage. Das wird bestimmt noch einiges Kopfzerbrechen geben – ist aber nicht schlimm – wird irgendwie gemacht – mit Zahnrädern oder so. Da müßten doch wirklich alle Leute staunen, wenn sie auf einmal sehen, daß so ein richtiges kleines pferdeloses Auto bei uns quer durch die Stube fährt!

Von nun an hat Carl keine ruhige Minute mehr. Nachts wälzt er sich im Bett herum und träumt von seinem Auto. Und er ahnt nicht, daß er mit seiner Idee der Spielzeugindustrie um ein Vierteljahrhundert voraus ist und daß eines Tages einmal Millionen von Spielzeugautos – mit Federn zum Aufziehen! – für Millionen von Kindern in aller Welt gebaut werden würden. –

Das größte Problem, das Carl durch den Kopf geht, ist zunächst dieses: Wo kann ich unbehelligt von den Geschwistern basteln und werken, ohne fürchten zu müssen, gestört zu werden?

Da fällt ihm der alte Schuppen hinter dem Haus ein, in dem sein Vater einmal ausrangierte Sachen und Geräte abgestellt hatte, der aber schon seit etlicher Zeit nicht mehr benutzt wurde. Ohne viel zu fragen, sieht er sich den in Vergessenheit geratenen Raum an und findet, daß er eine ideale Werkstatt abgeben könnte. Ein paar Latten werden festgenagelt, eine halb zerbrochene Scheibe mit Pappe abgedeckt, – die ›Automobilfabrik‹ ist fertig!

Als Zeichen der endgültigen Besitzergreifung bringt er sogar ein verrostetes Vorhängeschloß an der Tür an. Niemand soll Zutritt haben zu seinem Heiligtum. Niemand soll erfahren, was da gebaut wird, bevor das Ergebnis präsentiert werden kann. (Hier sei bemerkt: Ähnlichkeiten seines Gebarens mit der heutigen Automobilindustrie sind rein zufälliger Natur!) Selbst den Eltern bleibt verborgen, was sich dort hinter der Tür tut. (Und wenn der Schuppen noch stünde, würden Borgward-Fans heute eine Bronzetafel daran befestigen!)

Wie er bei der Arbeit vorgehen will, hat er sich nachts im Bett überlegt.

Zunächst einmal wird das neue Uhrwerk restlos auseinandergenommen. Die Feder ist so stark, daß er Mühe hat, sie zu bändigen. Aber es ist ja nicht zum erstenmal, daß er so ein widerspenstiges Ding zähmt! Nachdem er weiß, wie alles funktioniert, setzt er die Einzelteile sorgfältig gereinigt wieder zusammen.

Die ›Karosserie‹ macht nicht allzuviel Mühe. Sie wird aus Zigarrenkistenbrettern zusammengenagelt, die mit der Laubsäge zurechtgeschnitten werden.

Vier Räder hat er schon seit längerer Zeit liegen, zwei größere und zwei kleinere. Weiß der Teufel, wofür die früher einmal gedient haben mögen.

Die Achsen müssen von einer Eisenstange abgetrennt werden, die anscheinend einmal eine Gardinenstange gewesen ist. Mit der Feile ist das eine langwierige, anstrengende Arbeit. Und dann passen die Dinger auch noch nicht in die Räder, weil sie zu dick sind. Wieder muß die Feile ran! Ohne Schraubstock rutschen sie immer wieder weg – Potzsakrament, es ist wahrhaftig ein Kreuz, ein Auto zu bauen!

Doch Carl gibt nicht auf. Das Auto m u ß fertig werden. Sein erstes Auto (von Hunderttausenden, die er noch bauen wird)!

Er schuftet regelrecht. Wie aus einem inneren Zwang heraus. Und jeden Abend, vor dem Einschlafen, rekonstruiert er in Gedanken, was er bereits geschafft hat. Und durchdenkt – zum wievielten Male – wie es weitergeht.

Bevor er morgens seinen Schultornister auf die Schulter schwingt, schaut er noch einmal kurz in seine geheime ›Automobilfabrik‹, um sich an dem Anblick der bereits fertigen Einzelteile zu erfreuen. Daran, daß er ja eigentlich seine Hausaufgaben noch gar nicht gemacht hat, verschwendet er jetzt noch keinen Gedanken. Die werden grundsätzlich in der Schule erledigt!

Der Schulweg gehört noch ganz den Überlegungen des Autobauens.

Aber sobald er auf der Schulbank sitzt, wird er zum gewissenhaften Schüler. Er hat zwar nicht den Ehrgeiz, durch besondere Leistungen aufzufallen, versteht es aber, sich so zu halten, daß er in der Mitte rangiert – der Eltern wegen, denen er keinen Kummer bereiten will. Auch könnten sie ihm sonst vielleicht seine Basteleien verbieten – –

In jenen Tagen zieht es Carl nach dem Mittagessen immer sofort in den Schuppen. Sein ›Auto‹ beginnt langsam Form anzunehmen.

Die letzte Schwierigkeit stellt wahrhaftig die Kraftübertragung der Feder auf die Räder dar. Zwar hat er auch hier alles bis in die letzten Einzelheiten überlegt, zwar ist er sich längst darüber im klaren, wie die Zahnräder ineinandergreifen sollen – aber wird auch in der Praxis schließlich alles so klappen, wie er es sich theoretisch ausgemalt hat? Wird sein Auto wirklich von selbst fahren, richtig fahren, so wie die großen? Mit dem primitiven Handwerkzeug kostet die Ausführung seiner Ideen noch manchen Schweißtropfen.

Doch eines Abends ist es soweit, die erste entscheidende Probefahrt (im Werksgelände!) kann stattfinden.

Vorsichtig zieht er die kräftige Feder auf, geht in den hintersten Winkel des Schuppens, setzt das Auto auf die Erde und hält es fest. Bevor er es freiläßt, sagt er einmal laut vor sich hin: »So, nun enttäusche mich nicht und zeige, was in dir steckt!«

Dann hebt er seine Hand. Schon saust das Ding surrend quer durch den Schuppen und kracht gegenüber gegen die Wand! Schnarrend läuft der Rest der Feder ab, die Räder drehen sich wie rasend und schleifen am Holzfußboden.

Prächtig! Daß die Feder eine so starke Antriebskraft haben würde und das kleine Fahrzeug gleich im ersten Anlauf gegen die Wand knallen würde, hatte er nicht erwartet. (Eine seltsame Gedankenassoziation drängt sich hier auf: Das erste ›richtige‹ Motorfahrzeug, das Carl Borgward rund 25 Jahre später baute, der legendäre ›Blitzkarren‹, begann seine eigentliche Karriere ebenfalls damit, daß er ›gegen die Wand knallte‹!)

Carl hebt den Ausreißer etwas besorgt auf, betrachtet ihn von allen Seiten. Gott sei Dank, es ist alles heil geblieben! (Carl Borgward hat das verständlicherweise später oft erzählt, dann aber ironisch hinzugefügt: »Leider gelingt mir das heute nicht mehr – Autos zu bauen, die gegen die Wand knallen und heil bleiben:!)

Carls Erwartungen jedenfalls waren in jeder Hinsicht erfüllt. Immer wieder zieht er die Feder auf, läßt das Modell losrasen – nunmehr gegen einen vorsorglich vor die Wand gelegten Putzlappen. Und jedesmal zeigt es sich, daß die Federkraft noch längst nicht aufgebraucht ist.

Er setzt sich auf die Kiste und denkt nach.

Schon kommt ihm der entscheidende Einfall: Das Auto müßte im Kreis fahren – solange die Kraft der Feder ausreicht! (Auch diese Idee des kleinen Carl wird noch bis auf den heutigen Tag bei den blechernen Spielzeugautos verwirklicht!)

Carl macht sich an die Arbeit und konstruiert die starre Vorderachse verstellbar. Für das neue Experiment räumt er alle im Wege stehenden Kisten und Kästen so zur Seite, daß eine große freie Fläche entsteht, zieht erneut die Feder auf und – oh Wunder – das Auto fährt im Kreise! Fieberhaft verfolgen seine Augen das faszinierende Schauspiel. (Wenn er damit bereits zu jener Zeit an den richtigen Mann geraten wäre, der sein ›Auto‹ in die Spielzeugproduktion genommen hätte, wäre er vielleicht damals schon Millionär geworden!)

Seine kindliche Freude ist kaum mit Worten zu beschreiben!

Er nimmt sein Auto unter den Arm, um gleich damit zu den Eltern hinüberzulaufen und ihnen das Wunderwerk zu zeigen. Doch dann überlegt er es sich anders. Ein ganz neuer Gedankengang ist ihm plötzlich dazwischengekommen: Bei einer so großen Sache wie dieser müßte man doch alles so einrichten, daß nicht nur fünf Minuten lang darüber gesprochen werden würde. Nein, man müßte Aufsehen damit erregen! Richtig etwas Tolles daraus machen! (Er meinte damit ein ›spektakuläres Ereignis‹, wie es heute ›Public relations‹-Leute nennen würden.)

Da fiel ihm das Kaffeekränzchen seiner Mutter ein. Kaffeekränzchen hatten damals zu Beginn des Jahrhunderts ihre große Blütezeit, und für Mutter Borgward, als Geschäftsfrau, gehörte es einfach zum guten Ton, da keine Ausnahme zu machen. Jede Woche war eine andere ›Kränzchenschwester‹ an der Reihe, mit Kaffee und (selbstgebackenem!) Kuchen die Gastgeberin zu spielen.

Richtig! Das wäre eine großartige Gelegenheit, die Erfindung vorzuführen! Wann war doch gleich immer der Kränzchentag? Mittwochs? Nun gut, so nimmt er eben sein Geheimnis so lange jeden Abend mit ins Bett, bis Mutter dran ist.

An einem Mittwochnachmittag ist endlich die ersehnte Stunde gekommen. Der Duft von Hamburger Klöben erfüllt das Zimmer, aus zierlichen Porzellantäßchen steigt das herrliche Aroma frischen Bohnenkaffees. Zu löblichem Tun versammelt sitzen die Kränzchenschwestern um den großen Tisch mit der schneeweißen Decke herum und plaudern über das, was sich so in der letzten Zeit in der Nachbarschaft ereignet hat.

Vor der Tür steht Carl mit seinem Auto unter dem Arm, klopft zaghaft an und tritt dann mutig ein.

Eigentlich wollte Mutter Borgward ihn gleich wieder hinausschieben. Nach ihrer Meinung hatten Kinder auf so exklusiven Zusammenkünften wie einem Kaffeekränzchen nichts zu suchen.

Ach, wäre sie doch bei ihrem Entschluß geblieben! Doch welches liebende Mutterherz ließe sich nicht durch flehendes Bitten ihres Kindes erweichen!

Die Damen in der Runde horchten auf, und schon beginnt Carl in wohlgesetzten Worten, sich für sein Eindringen zu entschuldigen und den tieferen Grund seines Kommens zu erklären. Bei dem Wort ›Automobil‹ verstummt das Geplapper, und als Carl sein Modell hochhält, so daß alle es sehen können, erntet er Vorschußlorbeeren.

Die Damen sind hingerissen.

Carl, auf dem Höhepunkt seines Vortrags angelangt, verkündet stolz: »Dieses Modell kann laufen wie ein richtiges Automobil, und das will ich jetzt einmal vorführen.«

Eifrig räumt die ahnungslose Mutter den großen Kuchenteller und die Kaffeekanne ein wenig zur Seite. Carl ist überrascht und erfreut zugleich, daß er sein ›Auto‹ auf dem Tisch vorführen darf.

Die Augen der festlich gekleideten Damen sind voll gespannter Erwartung auf das kleine Fahrzeug gerichtet. Gleich würde man Zeuge einer kleinen Sensation werden, die der technisch so begabte Sprößling der Familie Borgward nun im Begriff ist vorzuführen.

In dieser Aufregung vergißt Carl etwas: die Vorderräder einzustellen!

Mit großer Beschleunigung rast das Fahrzeug geradeaus über den Tisch, rammt das Milchkännchen, schleudert, und einige kostbare Porzellantassen fliegen klirrend auf den Boden, nachdem sie ihren Inhalt auf die Schöße der entsetzt aufspringenden Damen ergossen haben.

Noch bevor Carl richtig begriffen hat, was passiert ist, verabfolgt ihm Mutter Borgward für seine ›technische Leistung‹ zwei schallende Ohrfeigen.

Bestürzt schaut Carl auf die Damen. Aber die haben genug damit zu tun, durch eifriges Wischen mit den Taschentüchern den gröbsten Schaden zu beseitigen, den der teure Bohnenkaffee auf den noch teureren Kleidern angerichtet hat.

»Mach, daß du hinauskommst!“ hört er die energische Stimme seiner Mutter.

Nun hat er sein ›spektakuläres Ereignis‹!

Mit Angst und Schrecken eilt er davon, läuft grübelnd durch die Straßen und kehrt erst nach Hause zurück, als er das Abendessen mit ziemlicher Sicherheit beendet weiß.

Verstohlen schleicht er sich zu seiner Bettstatt. Am nächsten Morgen würde alles vergessen sein. Soweit kannte er seine Mutter. Sie hatte eine ›lose Hand‹, war aber nicht nachtragend.

»Bei den Borgwards wurde ein strenges Regiment geführt«, weiß Elisabeth Borgward, die Gattin des einstigen kleinen Pechvogels und späteren Konzernherrn, zu berichten, »bei Tisch zum Beispiel haben nur die Eltern auf zwei Stühlen gesessen, die Kinder mußten stehen und sogar im Stehen essen!«

Vater Wilhem hat nicht viel Zeit, sich um jedes einzelne der dreizehn Kinder zu kümmern. Er weiß nur, daß Carl jeden Groschen seines ohnehin winzigen Taschengeldes spart, um es in den Trödlerläden auszugeben – für Material, und er weiß, daß Carl tagtäglich im Schuppen sitzt und Automobile baut.

Eines Abends, als Carl ihm wieder einmal eine seiner neuesten Schöpfungen vorführt, fragt er ihn erstaunt: »Sag mal, Junge, wie bringst du die Dinger eigentlich zustande?«

Carl zuckt nur die Schultern und meint: »Ich habe eben Lust dazu!«

Für den Vater ist das keine befriedigende Antwort.

Der Junge mußte das doch irgendwo abgeguckt haben. Mit ›Lust‹ allein konnte er doch so etwas Kompliziertes unmöglich schaffen!

Vater Borgward verkannte seinen Sohn.

Hätte er nur ein einziges Mal einen Blick in dessen geheime Werkstatt geworfen, dann hätte er sicherlich erkannt, mit welcher Ordnung und Zweckmäßigkeit hier alles eingerichtet war – trotz bescheidenster Mittel. Und daß dieser Junge das Zeug dazu hatte, es auf seinem Gebiet einmal zu etwas zu bringen.

Carl bleibt auf sich allein gestellt. Und das gefällt ihm sogar sehr gut so. Er geht ganz darin auf, jedes Rätsel aus eigener Kraft zu lösen, sich alles Wissen allein und ohne fremde Hilfe anzueignen. (Diese Grundeinstellung bleibt auch später bestimmend – für sein ganzes Leben)

Mit vierzehn Jahren verläßt Carl Borgward die Schule. Er soll ein ›williger, mittelmäßiger Schüler‹ gewesen sein, heißt es. In den Fächern Mathematik und Physik allerdings habe er Leistungen aufgewiesen, die als weit über dem Durchschnitt liegend, anerkannt wurden.

1905–1912
Schlossergeselle – und studieren?

Für den Vierzehnjährigen steht noch nicht fest, was er einmal werden möchte.

Sein Vater faßt daher einen Entschluß aus praktischen Überlegungen heraus: Der Junge soll erst einmal das Schlosserhandwerk erlernen. Denn ›Handwerk hat goldenen Boden‹!

Nach Ostern tritt sein Sohn die Lehrzeit bei einer Maschinenfabrik in Altona an. Der Bastler Carl erhält eine solide handwerkliche Grundlage.

Damit war der erste entscheidende Schritt getan, der Carl Borgwards Leben bestimmen sollte. (Später wird zu erkennen sein, daß sich alle weiteren Stationen seiner ganz unten beginnenden Karriere aneinanderreihen lassen, wie Glieder einer Kette.)

Nach beendeter Lehre steht für ihn, den Schlossergesellen, fest, wie es weitergehen könnte: Er möchte die Höhere Maschinenbauschule in Hamburg besuchen. Aber das kostet Geld! Und er weiß, wie schwer sein Vater dafür arbeiten muß.

Nur dem Umstand, daß etliche seiner Geschwister bereits berufstätig sind, verdankt er es, daß es ihm dennoch ermöglicht wird.

In vier Semestern erweitert er in Hamburg abermals seinen Gesichtskreis. Mit der Zensur ›gut‹ besteht er das Abschlußexamen und ist mit sich zufrieden. Damit hat er nun das Recht erworben, Vorlesungen an einer Technischen Hochschule zu hören. Sein Traum wäre ein Studium in Karlsruhe. Soviel Geld kann Vater Borgward beim besten Willen nicht aufbringen. So muß er andere Möglichkeiten suchen. Und er findet sie.

In Hannover verschafft er sich eine Anstellung, die es ihm gestattet, gelegentlich nebenbei die dortige Technische Hochschule zu besuchen.

Bei der Firma Louis Eilers, Eisenkonstruktionen, kann er mit Konstruktionsarbeiten und statischen Berechnungen gleichzeitig Lebensunterhalt und Vorlesungen sicherstellen.

Zwei harte Jahre verbringt er in der Welfenstadt. Er hat wiederum viel hinzugelernt, wirkliche Befriedigung aber findet er hier nicht.

Kurz entschlossen kehrt er zurück ins Elternhaus nach Altona, setzt sich hin und schreibt Bewerbungen. Eine Bremer Firma antwortet und schickt ihm einen Anstellungsvertrag. (Firma Schellhaß & Druckenmüller.)

Carl F. W. Borgward, als er von Altona nach Bremen kam – mit einem Koffer und einem Kopf voller Ideen.

1912
Per Zufall nach Bremen

Mit einem Koffer in der Hand trifft er auf dem Bremer Hauptbahnhof ein. Dienstbeflissen herbeieilenden Gepäckträgern winkt er ab. Jeder Pfennig muß gespart werden!

Nachdem er sein Gepäck deponiert hat, schlendert er stadteinwärts, hinüber zum Herdentor.

Bis zum 1. August, an dem er seine neue Stellung anzutreten hat, sind noch ein paar Tage Zeit. So kann er in aller Ruhe diese schöne alte Stadt (in der er ein halbes Jahrhundert verbringen wird!) in Augenschein nehmen.

Am Wall betrachtet er eingehend die alte Windmühle, durchquert die Sögestraße und landet in Bremens ›guter Stube‹, wie man hierzulande den Marktplatz zu nennen pflegt.

Architektur und Kunst sind nie seine bevorzugten Fächer gewesen, aber dieser schöne alte Platz mit seinen historischen Bauten nötigt ihm Respekt ab.

Gegenüber dem Rathaus, am Kaufmanns-Gildehaus, dem ›Schütting‹, entdeckt er etwas, das ihn besonders beeindruckt. Eine kleine Inschrift ist es, die in goldenen Lettern über dem hohen Portal angebracht ist:

BUTEN UN BINNEN
WAGEN UN WINNEN

Ihm fällt es nicht schwer, diese Worte zu deuten: Draußen und drinnen – wagen und gewinnen. ›Draußen‹, das ist das Meer und die weite Welt! Ja, wagen und gewinnen – das wollte auch er hier.

Bremen hat für jedermann den Ruf einer Handels- und Schiffahrtsstadt, genau so wie die Hansestadt Hamburg. Eines aber hat dieses kleine Bremen der großen Schwester an der Elbe voraus: Es hat eine eigene Automobilindustrie! Grund genug, daß sich Carl Borgward an der Weser gleich wohlfühlt!

Nahezu zwei Jahre emsigen Schaffens als ›Konstrukteur‹ gehen ins Land. Alles gefällt ihm, die Stadt, die Menschen, die Arbeit. Nur mit einem Supergehalt könnte man ihn hier noch weglocken – und dieser Fall tritt unerwartet ein: Eines Abends hält er ein Schreiben einer Firma aus der Reichshauptstadt in der Hand, die ihm allen Ernstes eine Anstellung ». . . gegen ein Monatsgehalt von 410 Mark« anbietet.

Vierhundertzehn Mark! Ein warhaft fürstliches Gehalt für einen dreiundzwanzigjährigen jungen Mann!

Dieser Verlockung kann er nicht widerstehen.

Allein – nur wenige Monate bezog er dieses Traumgehalt, da brach der Krieg aus.

Carl Borgward wurde zu den Pionieren nach Hamburg verwiesen und Anfang 1915 als Pionier an der Westfront eingesetzt. Im Mai, knapp fünf Monate an der Front, wurde er verwundet und Ende des Jahres aus dem Militärdienst entlassen.

Er kehrte nicht nach Berlin zurück, auch nicht nach Altona, sondern – nach Bremen! Bei einer Firma Carl Francke fand er bis Kriegsende ein Betätigungsfeld als Ingenieur für die Erstellung von Wasserstoffgaswerken für Luftschiffe.

1919
Der erste Schritt zur Selbständigkeit – Spitzkühler für Hansa-Lloyd

Das große Völkerringen ist beendet. Deutschland hat den Weltkrieg verloren. Demzufolge sind die wirtschaftlichen Aussichten Anfang 1919 alles andere als rosig.

Und trotzdem: Wie stand doch über dem Schütting-Portal in goldenen Buchstaben zu lesen? – ›Wagen un winnen‹!

Carl Borgward faßt einen Entschluß von weittragender Bedeutung. Er will den Sprung in die Selbständigkeit wagen! Er will die tausend Ideen, die ihm durch den Kopf gehen, selbst und in eigener Regie verwirklichen. Doch nichts darf überstürzt geschehen, Schritt für Schritt will er vorgehen. (»Mann muß das eine eben tun, um das andere zu erreichen!«)

Zunächst plant er nur einmal eine Beteiligung an einem kleinen Betrieb. Und schneller als gedacht bietet sich eine Gelegenheit. Der Bremer Kaufmann Oskar Baerold, Inhaber der ›Bremer Reifenindustrie‹, sucht einen Mann, dem er die Führung dieser Firma überlassen kann, während er selbst sich stärker seinem Ex- und Import-Geschäft widmen möchte.

Baerold und Borgward werden sich einig. Am 1. April 1919 tritt Carl Borgward als Teilhaber in die Firma ein. Der erste entscheidende Schritt zur Selbständigkeit ist damit getan, ein weiteres Glied der Kette seiner Karriere angefügt.

›Bremer Reifenindustrie‹ – das war unbestreitbar ein klangvoller Name. Doch er war irreführend. Weder handelte es sich um einen großen Industriebetrieb, noch wurden hier Reifen hergestellt, wie es ursprünglich bei der Gründung 1916 einmal geplant gewesen war. In der kleinen Werkstatt in der Föhrenstraße in Bremen-Hastedt, in der knapp zwanzig Menschen an einem bunt zusammengewürfelten Fabrikationsprogramm wirkten, wurden alle möglichen Dinge produziert, von Küchengeräten bis zu kleinen landwirtschaftlichen Maschinen, die während der Kriegsjahre wohl begehrte Tauschobjekte gegen Lebensmittel gewesen sein mögen, nun aber nicht mehr an den Mann zu bringen waren. Erleichtert atmete Carl Borgward auf, als es ihm eines Tages gelungen war, den Restbestand von 5000 Bohnenschneidemaschinen nach Kopenhagen zu verscherbeln.

Borgward will Automobile bauen.

Ein Zwanzig-Mann-Betrieb aber ist noch keine Automobilfabrik. Was kann man schon anfangen mit so einer kleinen Klitsche, mit so einer Handvoll Leute!?

Er hört sich um, und dabei erfährt er so beiläufig etwas Sonderbares, für ihn sogar höchst Interessantes: Die seriösen, großen Hansa-Lloyd Werke betreiben neben ihrer regulären Automobilproduktion ein recht seltsames Geschäft, das man etwa ›aus Alt mach Neu‹ nennen könnte. Aus dem Krieg zurückgekehrte ramponierte Fahrzeuge werden mit Hilfe einiger neuer Einzelteile so hergerichtet, (genauer gesagt ›aufgemöbelt‹) daß man sie mit Gewinn wieder verkaufen kann! Die Teile, die hierbei am notwendigsten gebraucht werden, sind Kühler und Kotflügel. Wegen der Vielzahl der Typen müssen sie einzeln in Handarbeit hergestellt werden, und genau das tut das große Werk ungern in eigener Regie.

Hier setzt Borgwards Spürsinn ein: Da müßten w i r mit unserer guten handwerklichen Arbeit einspringen können!

Er nimmt Kontakt auf mit der Werksleitung. Einige Probearbeiten finden Beifall, und mit einem kleinen Auftrag in der Tasche kehrt er eines Tages in seinen Betrieb zurück.

Die Belegschaft jubelt. Denn für sie ist der ›kleine‹ Auftrag schon ein ganz ansehnlicher ›großer‹ Auftrag! Und vor allem brauchte man nun nicht mehr darum zu bangen, am nächsten Tag arbeitslos zu sein –

Borgward denkt weiter. Spitzkühler – das sind noch keine Autos. Aber eines Tages, da würde er sie bauen – – und wieder einmal sagt er sich, man muß das eine eben tun, um das andere zu erreichen – –

Zunächst mußte dieser erste Auftrag zur hundertprozentigen Zufriedenheit des Auftraggebers ausgeführt werden, so daß man mit weiteren Bestellungen rechnen konnte. Dann bekäme man allmählich eine schmale Grundlage für weitere Pläne.

Die Belegschaft leistet ihr Bestes. Und der Erfolg bleibt nicht aus: Weitere Aufträge folgen. Sogar Kühler und andere Einzelteile für n e u angefertigte Automobile dürfen sie herstellen, und nach und nach werden die Hansa-Lloyd Werke, diese große renommierte Automobilfabrik, zum Großabnehmer, deren Zahlungen es sogar erlauben, an eine Erweiterung des Betriebes zu denken.

Zunächst sucht Borgward sich sorgfältig zuverlässige Mitarbeiter aus.

Am 1. Oktober 1920 stellt er einen jungen Mann namens Fritz Kynast ein, den alle für einen recht sonderbaren Kauz halten. Nicht nur, daß sein schwarzer Haarschopf wild in die Höhe strebt, er ist auch ganz ausgesprochen wortkarg, um nicht zu sagen maulfaul. Jedes Wort müssen die Kollegen ihm aus der Nase ziehen; jeder belächelt ihn, wenn er seine halb vollendeten Sätze mit seinem »Na ja – schön« unvermittelt beendet und es dem Zuhörer überläßt, sich den Rest des Satzes selbst zu denken.

Besonders sein alter Meister ist darüber verzweifelt: »Wenn der Kynast nur mal richtig das Maul aufmachen würde!« – Aber bezüglich seiner Arbeit lobt er ihn, und selbst Borgward nimmt ihn in Schutz: »Das Wenige, was er sagt, hat Hand und Fuß!« Nach kurzer Zeit ist er, der gerade erst Fünfundzwanzigjährige, neben Borgward die Seele des Betriebes.

Sechs Wochen nach Kynast tritt Wilhelmine Bick als Buchhalterin und Betreuerin der Finanzen in den Betrieb ein. »Geld ist das, was wir niemals hatten«, sagt sie später lächelnd über diese Gründerjahre und meint damit, daß sie höllisch darauf aufpassen mußte, daß ihr Chef nicht jeden verfügbaren Pfennig gleich wieder für neue Maschinen ausgab.

Die dritte wesentliche Neueinstellung ist Dietrich Klie, ein Konstrukteur, den Borgward schon während seiner Tätigkeit bei den Francke-Werken als älteren Obermeister kennengelernt hatte.

›Opa Klie‹, wie er bald allgemein genannt wird, dieser frühere Fahrensmann, der das Maschinistenpatent I. Klasse in der Tasche hat, zählt zwar nicht mehr zu den Jüngsten, aber er versteht etwas von seiner Arbeit, und darauf kommt es an. – (Sie alle, Fritz Kynast, Wilhelmine Bick und Opa Klie, erhielten später in den Borgward-Werken Direktorenposten.)

Die Firma floriert weiter – mit dem Bau von Spitzkühlern. Borgward interessiert dieses ›Nurgeldverdienen‹ nicht. Alles, was im Augenblick geschieht, sieht er nur als Mittel zum Zweck, seine großen Pläne früher oder später verwirklichen zu können.

Wie es in diesem ersten Borgward-Betrieb zuging und welcher Ton zwischen Chef und seinen Angestellten herrschte, darüber kann u. a. der Journalist und spätere Borgward-Werbechef Christian Hilker recht interessante Einzelheiten berichten.

Eines Morgens machte sich Borgwards Ungeduld wieder einmal Luft, indem er Klie und Kynast kurz entschlossen erklärte: »Wir bauen Motorräder!«

Doch die beiden hielten nichts davon.

»Ob das gerade das Richtige ist?« wendete der junge Kynast ein. Auch Opa Klie schüttelte den Kopf.

»Aber bedenken Sie«, versuchte Borgward sie zu überzeugen, »daß wir auf diesem Wege doch einen Schritt dem großen Ziel näherkommen könnten, eines Tages auch richtige Autos zu bauen . . .«

Verlegene Stille.

». . . und bedenken Sie, daß wir dadurch sicherlich auch freier und unabhängiger in unseren Dispositionen werden könnten – –«

Die beiden Männer, die er gerufen hatte, ihre Meinung zu äußern, sahen unschlüssig auf den Boden.

»Also einstimmige Ablehnung?« brach Borgward schließlich das Schweigen.

Klie zuckte nur bedächtig die Schultern, und Kynast sagte einen halben Satz: »Und wenn es dann nichts wird – na ja, schön!"

»Hundertprozentig sind wir also alle nicht überzeugt davon –« stellte Borgward fest. Er ließ das Projekt einschlafen. Weil seine Mitarbeiter nicht überzeugt davon waren. (Mitbestimmung – im Jahre 1921!)

Auch das war Borgward!

1921
„Die Bude hier ist viel zu klein!" – Zum erstenmal eigener Herr im Hause

Zum erstenmal trägt die Firma seinen Namen: ›Bremer Kühlerfabrik Borgward & Co‹.

Sein Teilhaber, Oskar Baerold, wollte sich ganz seinem Ex- und Importgeschäft widmen und trat am 30. April aus der Firma aus. Damit wurde Borgward eigener Herr im Hause!

Aus der anfänglich recht bescheidenen Werkstatt ist ein Betrieb mit 60 Beschäftigten geworden. Und wieder taucht ein neuer Plan auf: Man sollte ein kleines schnittiges Auto bauen, das in Anschaffung und Unterhaltung nicht allzu teuer ist – für eine ganz neue Käuferschicht, die sich bisher noch keinen Wagen leisten konnte.

Unter der Leitung von Fritz Kynast entsteht auch tatsächlich ein kleines zweisitziges, sehr sportlich aussehendes Automobil. Es ist mit einem wassergekühlten Zwei-Zylinder-Zwei-Takt-Motor ausgerüstet, besitzt einen Kardanantrieb und ein Dreiganggetriebe, hat eine Breite von 1,15 m und einen Radstand von 2,10 m. Das Getriebe ist in handwerklicher Einzelanfertigung hergestellt worden; Vorderachse, Hinterachse und Motor müßten bei einer Serienproduktion von anderen Firmen bezogen werden.

Die ersten beiden Versuchsfahrzeuge erfüllen alle Erwartungen. Für 4000,— Mark hätte der Kleinwagen verkauft werden können. wenn – – – ja, wenn man über das notwendige Anfangskapital für die Aufnahme einer Produktion verfügt hätte. Wenn man überhaupt genügend Räume für die Aufstellung von Maschinen gehabt hätte – – –

Borgward erkennt sehr wohl die Begrenzung der Gegebenheiten. Noch wagt er nicht den großen Sprung.

Die Hansa-Lloyd Werke bleiben weiterhin als zufriedene Abnehmer eine sichere Grundlage. Seit dem ersten Probeauftrag haben sie ihre Bestellungen fortgesetzt erweitert. Und das Wichtigste: Sie zahlen gut und pünktlich!

Besonders glücklich darüber ist Wilhelmine Bick. Bisher hatte sie bei ihrer Kassenführung einen stillen aber zähen Kampf geführt, die Zahlungen für neu angeschaffte Maschinen, für Löhne, Gehälter und Mieten wie ein Zauberkünstler unter einen Hut zu bringen. Nun sieht sie erstmals die Möglichkeit, sich finanziell etwas freier zu bewegen.

Nachdem gerade wieder einmal ein größerer Betrag auf dem Bankkonto eingegangen ist, erklärt sie freudestrahlend ihrem Chef: »Wir können jetzt Rechnungen mit Skontoabzug bezahlen, Herr Borgward! Und wir bleiben dann trotzdem noch ganz schön flüssig!«

Borgward schweigt eine Weile, steckt sich eine Zigarre an und erwidert dann seelenruhig: »Ihre Rechnungen können Sie bezahlen, Fräulein Bick. Aber was darüber ist, wird in einem Grundstück angelegt; die Bude hier ist viel zu klein.«

Wilhelmine Bick protestiert und hält ihm vor, er müsse jetzt endlich einmal daran denken, einige Betriebsmittel zu halten und sich Reserven zu schaffen.

Borgward lächelt. »Aber Fräulein Bick, Sie haben uns doch bisher so gut durch die Gegend geschaukelt – das sollte doch auch in Zukunft möglich sein! Wir müssen danach trachten, endlich ein passendes Dach über den Kopf zu bekommen. Sehen Sie sich den Betrieb doch an! Nicht ein einziger Platz ist mehr da, wo noch eine Maschine aufgestellt werden könnte!«

Sie zuckt resigniert die Achseln. Er hat ja recht.

»Und wer sagt uns«, fährt Borgward in gedämpftem Ton fort, »ob unser schönes Geld nicht eines Tages so entwertet sein wird, daß wir vielleicht kaum noch ein Dutzend Schrauben dafür kaufen können. Wir müssen versuchen, Werte zu bekommen, die uns nicht dahinschmelzen wie Butter an der Sonne.«

Wilhelmine nickt einsichtig mit dem Kopf. Auch darin hat er recht.

Ausgeträumt ist der Traum von der schönen Reserve – –

Es sei gar nicht so leicht gewesen, ein geeignetes Grundstück für die geplante Betriebserweiterung ausfindig zu machen und er habe sich förmlich die Hacken ablaufen müssen, bis er das Passende gefunden habe, berichtete Borgward seinen Leuten in der Föhrenstraße.

Aber nun endlich stand es fest: In der Steinstraße 28, drüben in der Neustadt, sollte die Bremer Kühlerfabrik eine neue Heimstatt finden. Borgward entwirft die Pläne für neu auszuführende Bauten und vergißt auch nicht, dem Architekten aufzutragen, genügend Platz für eine möglicherweise eines Tages entstehende ›Versuchsabteilung‹ einzuplanen. (Schon wieder denkt er heimlich an Autos!)

Im April 1922 zieht das junge Unternehmen um. Fritz Kynast wird – fast gegen seinen eigenen Willen! – zum Betriebsleiter ernannt. Alles läuft seinen gewohnten Gang. Selbst die Inflation kann diesem Betrieb nichts anhaben. Kühler und Kotflügel werden immer gebraucht, und die bringen schnelles Geld. Die Währungsumstellung ist daher kein harter Schlag. Nach einer vorübergehenden Verknappung der flüssigen Mittel hat Fräulein Bick bald wieder genügend Reichsmark in der Kasse.

In einer Anzeige aus dieser Zeit preist die Bremer Kühlerfabrik nunmehr folgende Artikel an:

»Kühler für Personen- und Lastkraftwagen, Flugzeuge, Motor-Zugmaschinen, Motor-Straßenwalzen, Stationäre Anlagen usw. in nur erstklassiger Qualitätsarbeit, Spitzkühler, Benzintanks, Automobil-Verkleidung.«

1924
2 PS machen Karriere: Der ‚Blitzkarren'

Das entscheidende Jahr!

›Opa Klie‹ macht eine folgenschwere Feststellung.

»Haben Sie schon einmal darüber nachgedacht«, sagt er zu Kynast, »wie zeitraubend und umständlich diese Fahrerei des Rohmaterials vom Lager zur Werkstatt mit dem Handwagen ist? Da trottet so ein Mann fortwährend mit der Karre über den Hof und schiebt und schiebt – –«

Kynast ist so erstaunt über die energischen Worte des Opas, daß er nicht einmal einen seiner sonst üblichen halben Sätze herausbringt.

Klie aber läßt ihn stehen und eilt mit wuchtigen Schritten hinüber ins Kontor zu Borgward.

Ein Transportfahrzeug müsse her, erklärt er lautstark seinem Chef, ein leicht zu bewegender Karren, der einen kleinen Motor als Antrieb habe. »Glauben Sie mir, Herr Borgward, eine solche Vereinfachung der Materialbeförderung kömmt dem ganzen Betrieb zugute.« (Er sagte wirklich »kömmt«!)

»Hm« machte Borgward gedehnt. Aber er dachte schon wieder weiter. Opas ›Blitz-Idee‹ löste eine ganze Kette von Gedanken bei ihm aus.

Wenn man schon ein solches Klein-Transportfahrzeug für den eigenen Bedarf baute, dann könnte man es doch gleich so konstruieren, daß auch andere Betriebe ganz allgemein daran Interesse hätten. Zwei Fliegen mit einer Klappe! Und noch etwas – vielleicht das Entscheidendste überhaupt: Könnte sich bei der Fabrikation eines derartigen Transportkarrens nicht sogar die Grundlage für den erstrebten Bau von Automobilen ergeben?

Kynast wird herbeigeholt. Ein Vorschlag folgt dem anderen. Borgward greift zum Zeichenstift. In groben Umrissen entsteht die erste Skizze. Man geht davon aus, ein Fahrzeug zu schaffen, das klein aber leistungsfähig ist, sowie billig in der Anschaffung und wirtschaftlich im Verbrauch. Motorenleistung, Eigengewicht und Ladefähigkeit müssen daher peinlich genau aufeinander abgestimmt sein.

»Der Anschaffungspreis m u ß unter 1000 Mark liegen«, kalkuliert Borgward. »Wird er höher, hat es nicht den geringsten Sinn, sich noch mit der Angelegenheit aufzuhalten!«

An den folgenden Tagen stehen die drei Männer unermüdlich am Reißbrett. Was sie antreibt, ist das Bewußtsein, jetzt soll zum erstenmal etwas geschaffen werden, das ihren eigenen Ideen entspringt.

Und was schließlich in zäher Arbeit und nach unzähligen Änderungen und Verbesserungen als Endergebnis entsteht, ist der ›Blitzkarren‹, Deutschlands erster Dreirad-Transportkarren, der unter der Nr. 446 840/630 c zum Patent angemeldet wird.

Ein Vorderlader mit einem kleinen, hintenliegenden Einzylinder-Zweitaktmotor von 120 ccm Hubraum und 2,2 PS Leistung (von DKW, später Ilo). Die Kraft-

Der ›Blitzkarren‹ – das erste Fahrzeug, das Borgward herstellte. Ein zweckmäßiges Gebrauchsfahrzeug für kleine Handeltreibende. Leistung: 2,2 PS!
Das einzige noch erhaltene Original davon steht im Automobil-Museum in Bad Oeynhausen.

übertragung zum Hinterrad erfolgte mittels eines Keilriemens. Aus Kostengründen besaß er weder ein Getriebe noch einen Anlasser und mußte angeschoben werden. Der Fahrer sprang während der Fahrt hinten auf!

Die Tragfähigkeit von 250 kg war allerdings im Verhältnis zu dem bescheidenen Motor beträchtlich. Ein völlig neuer Fahrzeugtyp!

Und vor allem: Der Preis liegt mit 980 Reichsmark tatsächlich unter der Tausend-Mark-Grenze! Damit schließt der ›Blitzkarren‹ eine empfindliche Lücke auf dem deutschen Automobilmarkt!

Eilig werden Prospekte entworfen und gedruckt. Der Verkauf kann beginnen.

Aber das Wichtigste fehlt dem jungen Unternehmen – ein Vertreternetz!

Borgward erkennt, welche Begrenzung der Verkaufsmöglichkeiten in diesem Mangel liegt.

Da fällt ihm sein Kollege aus der Lehrzeit in Altona ein, Adolf Werner. Der hatte ihm seinerzeit geholfen, die letzten Ladenhüter der ›Bremer Reifenindustrie‹, 5000 Bohnenschneidemaschinen, in Kopenhagen an den Mann zu bringen und damit sein Verkaufstalent bewiesen. Werner kommt nach Bremen und erklärt sich sofort zur Übernahme der Vertretung für Hamburg bereit. Als zweite übernimmt die Firma Conrad Urhahn in Hannover eine Vertretung. Doch weitere lassen sich beim besten Willen nicht finden.

Wochen vergehen. Schon stellt der Betrieb täglich sechs bis acht Fahrzeuge her. Auf dem Hof sammeln sich die fertigen Blitzkarren an. Immer enger werden sie zusammengeschoben, jeder freie Platz wird ausgenutzt.

Da faßt Borgward einen Entschluß. Er schwingt sich selbst auf den Sattelsitz seines Blitzkarrens und fährt damit über Land, um Vertreter zu suchen.

An seinem 65. Geburtstag demonstrierte Carl Borgward, wie er einst mit dem ›Blitzkarren‹ über Land fuhr, um Vertreter dafür anzuwerben.
Im Hintergrund sieht man lachend Wilhelm Schindelhauer, die Rennfahrer Hans Hugo Hartmann und August Momberger, daneben Borgwards Tochter Monika (in weißer Bluse).

Erst anschieben . . .

. . . dann aufspringen . . .

. . . und fahren!

Es ist kein Bravourstück, das er vollbringen will – es ist ein Verzweiflungsakt.

Bei Wind und Wetter ist er mit seinem Blitzkarren unterwegs. Unermüdlich hockt er auf seinem Sattelsitz und rumpelt durch Schlaglöcher und Pfützen von Ort zu Ort. Führt vor und redet, redet, redet – klopft an Türen – wird abgewiesen – wird belächelt.

Das Ganze ist eine Demütigung. Geradezu erniedrigend ist es, was er sich tagtäglich anhören muß: Dieser Karren, den man erst einmal anschieben muß, damit er überhaupt fährt, und der stehen bleibt wie ein störrischer Esel, wann es ihm paßt – das soll ein Automobil sein?

Und auch über seine eigene Person muß er sich sagen lassen: Wer ist denn schon dieser Unbekannte, der da von der Wasserkante kommt und so tut, als brächte er einem einen Lotterietreffer ins Haus! Hat es sich nicht in den letzten Jahren erwiesen, daß die Tendenz bei den Transportfahrzeugen zu größeren Lastwagen hinzielt? Und da kommt so ein Spinner, von dem man im ganzen Leben noch nichts gehört hat, mit einem Karren daher und behauptet steif und fest, das Ding würde eine ›Marktlücke schließen‹!

Borgward bringt die Nerven auf, sich das alles anzuhören. Er weiß, aus welchem Milieu in dieser Zeit häufig die gebügelten und geschniegelten ›Automobilverkäufer‹ kommen, die keinerlei Fachkenntnisse besitzen und nur darauf aus sind, ein möglichst müheloses Geschäft zu betreiben.

Er weiß aber auch, daß in Bremen, in der Steinstraße, seine Leute sitzen und ihm die Daumen drücken – –

Als er zurückkehrt, bringt er ganze fünf Vertretungen mit. Keine Händler aus dem Fach – die haben sämtlich abgelehnt – sondern Leute aus den verschiedensten Berufen.

Die neuen ›Vertreter‹ müssen zwar erst noch zurechtgebogen werden, aber nach und nach stellen sich doch kleine Erfolge ein. Im Juli des gleichen Jahres feiert die gesamte Mannschaft in der Steinstraße ein erfreuliches Jubiläum: Der hundertste Blitzkarren hat seine Geburtsstätte verlassen!

1925
Besuch zu später Stunde – Ein Teilhaber bietet sich an

Anfang März ereignet sich ein kleiner Unfall, der zwar nicht der Rede wert ist, aber trotzdem überraschende Folgen hat.

Bei der Auslieferung eines Blitzkarrens fährt ein Angestellter das Fahrzeug aus Ungeschicklichkeit gegen eine Hausmauer.

Blechschaden!

Während der Unglücksrabe verdattert auf die Beulen seines Stahlrosses schaut, sammeln sich Neugierige an, die lamentieren und alle möglichen Ratschläge geben, was nun zu tun sei und ob man nicht sofort die Polizei rufen solle.

Aus einem Fenster gegenüber beobachtet ein Mann, den das Krachen aufgeschreckt hat, die Szene. Seine anfängliche Neugier aber wandelt sich in Interesse, als er das kleine Automobil im Westentaschenformat erblickt.

Er eilt hinunter auf die Straße und bahnt sich einen Weg durch die Menschenansammlung. »Mann Gottes«, ruft er dem jungen Mann zu, »das bißchen Blech läßt sich doch wieder geradebiegen! Fassen Sie lieber mal mit an und helfen Sie mir, das Ding auf die Fahrbahn zu stellen, damit die Leute hier vorbeikönnen!«

Mit vereinten Kräften rücken sie den Blitzkarren zurecht. Dann bittet er den Unglücksfahrer, mit auf sein Büro zu kommen und fragt ihn aus. Was das für ein komisches Gefährt sei, das er da gegen die Wand geknallt habe. In welcher Fabrik es gebaut werde. Und wie der Besitzer heiße.

Der Unglücksfahrer beantwortet alle Fragen und ist froh, als er wieder draußen ist.

Am Abend des gleichen Tages läßt sich ein später Besucher bei Carl Borgward melden. ›Wilhelm Tecklenborg‹ steht auf der unscheinbaren Visitenkarte.

Gemessenen Schrittes tritt ein großer schlanker Herr ein, etliche Jahre älter als Borgward, und entschuldigt sich für sein Kommen zu so später Stunde. Aber, da nach einem alten Bremer Wort ›frische Fische gute Fische‹ seien, habe er sich sofort entschlossen – –

Borgward wittert gleich, daß er einen Geschäftsmann vor sich hat, der mit allen Wassern gewaschen zu sein scheint. Er bietet dem Gast etwas zu rauchen an, und allmählich erfährt er mehr von dem Mann, der ihm da gegenübersitzt und gemächlich den Rauch der Zigarette in kunstgerecht geformten Ringen in den Raum bläst. Er stammt aus begütertem Hause. Von 1914 bis 1915 hielt er sich als Generalvertreter des Norddeutschen Lloyd in Neapel auf. Sein Vater Eduard ist Vorstand der Joh. C. Tecklenborg-Werft (die 1926 in die ›Aktiengesellschaft Weser‹ überging).

Und endlich erfährt Borgward auch, worum es sich dreht. Um den Blitzkarren!

Wilhelm Tecklenborg war der Mann am Fenster gewesen. Und nun sagt er rundweg heraus: »Ich bin der Meinung, daß sich Ihr Blitzkarren leicht verkaufen lassen muß, wenn man es richtig anpackt«, und fügt sogar hinzu, daß er sicher sei, eine ihm befreundete Firma zum Kauf einer Lizenz zum Bau von Blitzkarren bewegen zu können.

Borgward wird hellwach, läßt sich aber nichts anmerken, sondern zieht ruhig an seiner dicken Brasil. Für Sekunden huschen Bilder an ihm vorüber, wie er über Land fuhr und verzweifelt Vertreter suchte – wie er unzählige Türen ohne jeden Erfolg wieder von draußen zumachte – – Und nun sitzt dieser weltgewandte Kaufmann Wilhelm Tecklenborg da vor ihm im Sessel und will offensichtlich etwas von ihm. Wie schnell sich doch im Leben das Blatt wenden kann!

Tecklenborg unterbreitet handfeste Vorschläge: Beim Verkauf einer Baulizenz möchte er am Ertrag prozentual beteiligt sein. Was er dann zusätzlich noch vorbringt, kommt für Borgward so unerwartet wie ein Blitz aus heiterem Himmel: Tecklenborg schlägt vor, Teilhaber bei ihm zu werden!

Das muß Borgward erst einmal verdauen! Eine niemals zuvor erwogene Möglichkeit tut sich plötzlich vor ihm auf, unvermittelt und fast beängstigend.

Er bittet sich Bedenkzeit aus. Aber er hat nichts dagegen, wenn Tecklenborg sofort Verhandlungen wegen des Verkaufs einer Lizenz aufnimmt. In einem schnellen Gedankengang koppelt er sogar diese beiden Dinge miteinander: »Wenn die Sache klappt, Herr Tecklenborg, könnte ich mir denken, daß wir vielleicht zu einer weitergehenden Zusammenarbeit kommen«, beendet er das Gespräch.

Tecklenborg scheint außerordentlich zufrieden zu sein mit dem Ergebnis seines Besuches. Er ahnt nicht im geringsten, wie willkommen Borgward seine Vorschläge waren!

Mit tiefen gegenseitigen Verbeugungen verabschieden sie sich zu später Stunde voneinander.

Wilhelm Tecklenborg sitzt schon am nächsten Morgen dem Direktor der ›Bremer-Aufbau-Industrie‹ gegenüber, der, verschanzt hinter einem breiten Diplomatenschreibtisch, spielerisch sein Zigarettenetui zuschnappen läßt und sich offenbar sehr überlegen vorkommt.

Nicht übel findet er Tecklenborgs Vorschlag. Er könne sich in der Tat denken, daß beim Bau von dreirädrigen Transportfahrzeugen ein Geschäft herausschauen könnte, sagt er gelassen. 60 000 Mark allerdings für eine Lizenz, die noch dazu nur auf einige Bezirke Deutschlands beschränkt sei, ein solcher Betrag erscheine ihm doch zu hoch gegriffen.

Aber Tecklenborg kennt sich auf dem glatten Parkett geschäftlicher Verhandlungen aus. Er weiß, nur unbedingte Selbstsicherheit vermag beim Partner Vertrauen hervorzurufen und Zweifel zu beseitigen. Wenn der Kontrahent die Chance sähe, Geld zu verdienen, würde er nicht zögern, zuzugreifen. Es wäre erstaunlich, wenn sich dieses alte Rezept nicht auch in diesem Falle bewähren würde, mag die Gegenseite auch noch so desinteressiert tun!

Er erklärt dem hohen Herrn Direktor, daß dieses ›Objekt‹, der Blitzkarren, eine Zukunft habe, daß es sich hier nicht um Luftschlösser handle, sondern um eine handfeste Sache, die jeder Prüfung standhalte. Er redet, als spräche er bereits von seinem eigenen Betrieb.

Der Direktor möchte um den Preis zu handeln beginnen. Aber gerade daran erkennt Tecklenborg, daß er äußerst interessiert ist – und bleibt hart.

Am nächsten Morgen ist das Geschäft perfekt. (Es wurde ein schlechtes Geschäft für den Herrn Direktor der ›Bremer Aufbau-Industrie‹. Die Lizenz hatte ihm nicht viel Erfolg gebracht. Seine Firma ging trotzdem am 22. September 1926 in Konkurs.)

»Machen Sie keine Witze!« ist Borgwards erste Reaktion, als Tecklenborg ihn in der Steinstraße aufsucht und lächelnd erklärt, eine Lizenz für 60 000 Mark verkauft zu haben.

Borgward kann es kaum fassen. Für ihn ist das eine schöne Stange Geld, die praktisch mühelos und ohne jede Gegenleistung dem Betrieb zufließt. Dieser Tecklenborg scheint hexen zu können! Einen solchen Mann als Partner zu haben, könnte nichts schaden!

So war auch die Frage der in Aussicht gestellten Teilhaberschaft entschieden. Ein kräftiger Händedruck zwischen beiden besiegelte zwar das gegenseitige Einverständnis, aber damit war es nicht getan. Ein Vertrag mußte erst noch ausgehandelt werden.

Jetzt war Borgward gefordert! Mit diesem alten Fuchs, der alle Schliche kannte, sollte er sich an den Verhandlungstisch setzen! Da würde er die Ohren steifhalten müssen – als junger Hase. Vor allem durfte er nicht merken lassen, was für ein blutiger Anfänger er noch auf diesem Gebiet war.

Borgward ließ sich Zeit und paffte seinem Gegenüber den Qualm seiner Brasilzigarre entgegen.

Was dann am 2. März in dem abgeschlossenen Vertrag stand, damit konnte er mehr als zufrieden sein:

Wilhelm Tecklenborg leistet eine Bareinlage von zehntausend Reichsmark. – Borgward bringt als Stammeinlage zu der neuen GmbH lediglich einige Handbohr-, Schleif- und ähnliche Maschinen ein, von denen die wertvollste eine große Blechbiegemaschine für siebzehnhundert Reichsmark ist. Außerdem gehen alle Urheberrechte am Blitzkarren, sowie zukünftige Verbesserungen ohne Entschädigung an die Gesellschaft über. Alle Aktiva und Passiva und damit auch alle Grundstükke und Gebäude verbleiben im Eigentum Borgwards!

Am 3. April verzeichnet auch das Handelsregister den Kaufmann Wilhelm Tecklenborg als zweiten Gesellschafter der Bremer Kühlerfabrik Borgward & Co GmbH.

Der Verkauf der Lizenz blieb nicht der einzige Erfolg, den Tecklenborg zu verbuchen hatte. Als Borgward ihm eines Morgens eine Anfrage der Deutschen Reichspost bezüglich einer möglichen Verwendung der Blitzkarren auf den Schreibtisch legte, nahm er sich der Sache sofort an. Er war nicht nur ein außerordentlich geschickter Verhandlungspartner mit Standvermögen, er konnte auch schweigen und zuhören, wenn er es für opportun hielt.

Seinen Bemühungen jedenfalls ist es zu danken, daß Ende 1925 Blitzkarren mit der Aufschrift ›Deutsche Reichspost‹ durch Bremens Straßen fahren. Ihr Einsatz erfolgt zur Leerung der Briefkästen. Eine bessere Werbung konnte man sich nicht denken!

Borgward indessen wendet sich technischen Problemen zu. Zusammen mit Opa Klie zieht er sich am liebsten in einen kleinen Raum zurück, der mit bescheidensten Mitteln als ›Konstruktionsbüro‹ eingerichtet ist. Diese Stätte, die ein wenig an den alten Bastel-Schuppen in Altona erinnert, ist ähnlich wie dieser ein Heiligtum, in dem niemand stören darf, und wo Entwürfe und Zeichnungen gehütet werden wie Staatsgeheimnisse. Hier wird oft bis in die Nacht hinein gezeichnet und gerechnet.

Das Ergebnis dieser nächtlichen Anstrengungen gibt Borgward eines kalten Dezembermorgens seinen Leuten bekannt.

›Blitzkarren‹ würde man nicht bis zum Tage des jüngsten Gerichts bauen können. Man müßte sich dem technischen Fortschritt und den Marktverhältnissen anpassen. Aus diesen Erwägungen sei ein ganz neuer Dreiradwagen konstruiert worden für eine Tragfähigkeit von nunmehr zehn Zentnern, mit einem Motor von 200 ccm oder 250 ccm nach Wahl des Kunden. Die ersten Fahrzeuge sollten ohne Getriebe gebaut werden, jedoch eine Kupplung besitzen. Der Antrieb erfolge über eine Kette, das Wichtigste aber sei die Tatsache, daß dieses Fahrzeug mit einer selbstkonstruierten Dreiradbremse ausgestattet werden solle. Und selbstverständlich würde es wieder ein Vorderlader sein!

Seine Vorschläge werden von der gesamten Belegschaft mit Begeisterung aufgenommen. Der Mann geht ran!

Noch bevor überhaupt der erste Wagen gebaut ist, denkt Borgward bereits über den Namen nach, den man diesem neuen Kinde geben könnte, dem ersten kleinen Transporter, der zwar auch noch kein ›richtiges‹ Auto war, dem zumindest aber schon sehr nahe kam.

Wie immer, berät er mit seinen Mitarbeitern darüber.

Kynast schlägt ›Liliput‹ vor, erntet aber damit nur schallendes Gelächter.

Borgward spinnt den Faden weiter und meint, man müßte ihn ganz im Gegenteil ›Goliath‹ nennen.

Ein so kleiner Wagen – und ›Goliath‹? Kynast findet das widersinnig.

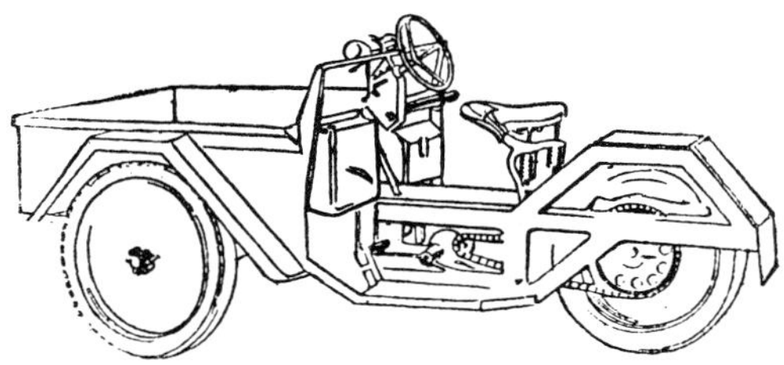

Ein Paradoxon sei das allerdings, bestätigt ihm Tecklenborg, aber immerhin habe gerade dieses Paradoxon etwas für sich: Ein Riese in seinen Leistungen – trotz seiner geringen Ansprüche!

Und so einigt man sich kurzerhand auf den Namen ›Goliath‹.

Damit ist in Minutenschnelle eine Entscheidung getroffen, die dreieinhalb Jahrzehnte überdauern wird! Der Name ›Goliath‹ wird schlechthin zum Begriff für Dreirad-Lieferwagen.

Neben der laufenden Produktion des Blitzkarrens wird von nun an emsig an den neuen Modellen gearbeitet. Schon nach ein paar Wochen stehen die ersten bei-

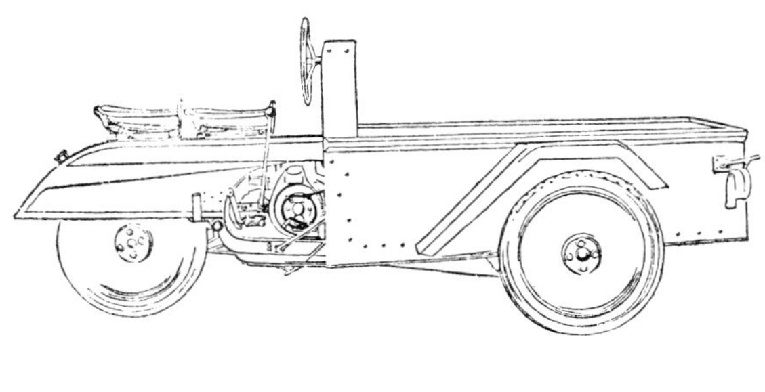

den Exemplare auf dem Hof, sauber gewaschen und poliert. Bisher haben sie nur harmlose Rundfahrten auf dem Werksgelände gemacht, jetzt sollen sie ihre erste Werbefahrt durch Bremen antreten, beladen mit einer Last von zehn Zentnern.

Knatternd verlassen die beiden Fahrzeuge das Fabrikgelände, das eine von Borgward selbst gesteuert, das andere mit Fritz Kynast auf dem Sattel. Kreuz und quer durch ganz Bremen geht die Fahrt.

Als sie nach Stunden zurückkommen, Borgward als erster, schiebt er seinen Hut mit dem Zeigefinger leicht in den Nacken – für die Belegschaft ein untrügliches Zeichen dafür, daß der Chef in bester Stimmung ist. »Die Maschine hat so gut durchgezogen, daß man ihr noch mehr an Gewicht zumuten könnte!« ruft er und holt seine Zigarrenkiste aus dem Büro. Opa Klie langt mit einem ›Oktavgriff‹ hinein, und dann geht sie reihum.

In den jetzigen Fabrikationsstätten ist es jedoch unmöglich, neben dem ›Blitzkarren‹ auch noch die serienmäßige Produktion des ›Goliath‹ aufzunehmen. Für Neubauten ist kein Platz. So bleibt keine andere Lösung übrig, als wieder einmal den ganzen Betrieb zu verlegen!

Tecklenborg graut vor den Umständlichkeiten, die so ein Umzug mit sich bringen wird. Borgward beruhigt ihn: »Nur halb so schlimm!«

Die größte Schwierigkeit besteht vielmehr darin, ein passendes Grundstück zu finden. Dazu braucht man viel Glück.

Und er hat es!

Im Südwesten Bremens, wo die ins Oldenburger Land führende Hauptverkehrsader beginnt, hatten sich bereits einige jüngere Werke der verschiedensten Industriezweige niedergelassen und einer neuen Straße ihren Namen gegeben: Industriestraße. Hier erwirbt Borgward von dem Kaufmann Max Wallheiner ein bebautes Grundstück.

Eine fertige Fabrik, in die man nur einzuziehen braucht, ist das natürlich längst nicht. Es kostet noch viel Kopfzerbrechen und Arbeit, bis alle Probleme gelöst sind. Vorhandene Gebäude müssen umgestaltet werden. Die für die Fabrikation vorgesehene Halle erhält ein neues Fundament. Büro- und Konstruktionsräume werden völlig neu geschaffen.

Endlich, Mitte Dezember 1925, ist es wieder einmal soweit, daß die Übersiedlung des gesamten Betriebes vonstatten gehen kann.

Tecklenborg hat recht behalten. Eine Vergnügungsfahrt ist das nicht.

Als dieser Umzug zu Ende geht, weiß jeder, was er getan hat. Aber die Freude, eine so schöne, geräumige Arbeitsstätte zu besitzen, ist groß – für jeden einzelnen bis hinunter zum jüngsten Lehrling.

1926
Der kleine ‚Goliath' mausert sich

Der kleine ›Goliath‹ wird ein großer Schlager! Seit der serienmäßigen Herstellung häufen sich die Bestellungen derartig, daß der Betrieb auf Monate hinaus mit Arbeit eingedeckt ist.

Eine Reihe neuer Arbeiter kann eingestellt werden, für Opa Klie und Kynast erweitert sich der Wirkungskreis, und auch Wilhelm Tecklenborg, der die kaufmännische Seite überwacht, schmunzelt zufrieden.

Borgward aber denkt voraus.

»Ich glaube, wir können es wagen, in der Größenklasse einen Schritt weiterzugehen und einen ›Goliath‹

zu bauen, der zwölf Zentner tragen kann«, schlägt er Tecklenborg eines Morgens vor.

Der versteht weniger von den technischen Dingen und fragt nur nach dem Kostenpunkt.

Borgward meint, soweit er es übersehen könne, würde der Preis nur um wenige hundert Mark höher liegen, mit Sicherheit aber unter 1 500 Reichsmark bleiben.

Tecklenborg stimmt zu, und schon läuft das Projekt an.

Die Ilo-Werke liefern einen 350 ccm-Motor für den größeren ›Goliath‹, und dieser Typ findet sofort soviel Anklang, daß die Tagesproduktion auf acht Wagen gesteigert werden muß.

Und wie von selbst löst sich plötzlich auch ein Problem, das beim ›Blitzkarren‹ so große Schwierigkeiten bereitet hatte: Das Finden von Vertretungen für Borgward & Co, wie die Firma seit einiger Zeit heißt. Es hat sich schnell herumgesprochen, daß der ›Goliath‹ kein zu belächelndes Objekt mehr ist. Vertreter bieten ihre Dienste nun sogar schon selbst an.

Doch die Euphorie erhält plötzlich einen Dämpfer. Auf Borgwards Schreibtisch flattert eine polizeiliche Verfügung: Die verkehrspolizeilichen Vorschriften fordern den Einbau eines Rückwärtsganges in alle Goliath-Wagen. Auch in die, die bereits ausgeliefert sind.

Eine schöne Bescherung!

Briefe mit entsprechenden Aufforderungen werden eilig an alle Besitzer versandt. Unzählige Arbeitsstunden gehen im Betrieb mit dem Einbau verloren. Aber auch das wird eines Tages überwunden, und dann bringt das kleine Werk wieder Tag für Tag acht ›Goliath‹ und

Ein Goliath-Vorderlader aus dem Jahre 1926 war dreißig Jahre später mit Tannengrün geschmückt als Veteran auf dem Domshof in Bremen zu sehen.

acht ›Blitzkarren‹ auf den Markt.

Sogar eine weitere Neuschöpfung wird nebenbei entwickelt, ein Vierrad-Ketten-Hinterlader. Er sieht etwas eigenartig aus: Dort, wo im allgemeinen ein Auto seinen Kühler hat, befindet sich die Tür für den Fahrer! Aber nur 100 Wagen davon verlassen das Werk.

1928
Vis-à-vis von Hansa-Lloyd, der Traumfabrik

Seit dem 10. Januar 1928 firmiert die ehemalige Bremer Kühlerfabrik unter der Bezeichnung ›Goliath-Werke Borgward & Co GmbH‹.

Der Betrieb wächst und wächst. Die Belegschaft zählt nun schon mehrere hundert Köpfe, und erneut werden die Fabrikationsräume zu klein!

Kaum mehr als zwei Jahre sind seit dem letzten Umzug hierher in die Industriestraße vergangen, und abermals muß man danach trachten, ein neues, noch größeres Dach über den Kopf zu bekommen.

Diesmal kommt Borgward ein ungewöhnlich glücklicher Zufall zu Hilfe, der für die weitere Entwicklung des Unternehmens eine entscheidende Bedeutung erlangen sollte.

Die Aktien der Bremer Carosserie-Werke vormals Louis Gaertner AG stehen zum Verkauf. Die Karosseriefabrik, einstmals als Zulieferfirma für die Hansa-Lloyd Werke gegründet, war in Schwierigkeiten geraten, seit man dort kaum noch Personenwagen, sondern im wesentlichen nur noch Lastkraftwagen in größerer Zahl herstellte. Der Betrieb kränkelte seit langem, und niemand hatte Interesse daran, Geld dafür herzugeben.

Borgward sieht die Dinge indessen ganz anders. Er braucht Platz!

Was ihm so besonders verlockend erscheint an diesem Objekt, sind zwei Dinge: Zum einen die ideale Ausbaumöglichkeit dieses für damalige Verhältnisse großzügig angelegten Werksgebäudes, zum anderen dessen Lage, nämlich genau gegenüber dem riesigen Verwaltungsgebäude der Hansa-Lloyd Werke, für die er einst am Anfang seiner Laufbahn Spitzkühler und Kotflügel gebaut hatte.

Genügend Geld zum Erwerb des Grundstücks war in der Kasse. Warum also sollte er nicht wieder einmal ›wagen und gewinnen‹?

Er erwarb das Karosseriewerk, nachdem die Gesellschaft in Liquidation gegangen war. Die Generalversammlung hatte sich am 25. Juni zu entschließen, ihre Genehmigung zu Kaufverträgen mit den Herren Borgward und Tecklenborg zu geben, wonach der Liquidator 25 % (150 000,– Reichsmark) aus der Liquidationsmasse verteilen könnte. Im September besaßen die beiden Erwerber 75 % des Aktienkapitals der Karosseriefabrik. Ob sie nun die Aktien zum niedrigen Kurs oder die Grundstücke aus der Liquidationsmasse für 150 000,– Reichsmark kauften, bleibt im Endergebnis gleich.

Die Grundstücke in der Föhrenstraße allein standen mit 304 000,– Reichsmark zu Buch, dazu die Gebäude mit 180 000,– Reichsmark. Ihr wirklicher Verkehrswert dürfte also noch erheblich höher gewesen sein!

Die Erfahrungen, die Borgward in seiner Jugendzeit mit Geld gemacht hatte, als er in Altona die Trödlerläden durchstöberte, zahlen sich aus!

Nach erfolgtem Umzug in die Föhrenstraße (dem

dritten!) geht die Produktion des ›Goliath‹ auf vollen Touren weiter.

Neben den kaufmännischen Erfolgen werden aber auch die technischen Weiterentwicklungen nicht vergessen.

Durch einen verstärkten Rahmen, stärkere Achsen und Federung wird die Tragfähigkeit des ›Goliath‹ auf 15 Zentner erhöht. Der neue Typ mit der Bezeichnung ›Goliath-Expreß‹ besitzt einen 600 ccm-Ilo-Motor und beide als Vorderlader, die als erste dreirädrige Fahrzeuge Kardanwellenantrieb und statt des bisherigen Kettenantriebes Tellerradantrieb und Ritzel aufweisen.

Weit über 10 000 Fahrzeuge dieser beiden Typen verlassen im Laufe von anderthalb Jahren das Werk in der Föhrenstraße.

Eine gewaltige Leistung! Aber im stillen denkt Borgward schon manchmal bei sich: Von hier aus wäre es nur noch ein kleiner Sprung bis hin zum großen Nachbarn –

eine Kardanwelle. Als wesentliche technische Neuerung weist die Hinterachse Schneckenantrieb und Differential auf.

Des weiteren werden die Typen ›Goliath-Rapid‹ (200 ccm-Motor, 5 Zentner Last) und ›Goliath-Standard‹ (350 ccm-Motor, 12 Zentner Last) geschaffen,

– dort könnte man Autos bauen – richtige Autos! Und nicht nur Dreiradwagen – wenn auch diese kleinen Dinger ihm mehr Geld einbringen als die schweren Limousinen denen da drüben – –

›Hansa-Lloyd‹, – was verbarg sich hinter diesem klangvollen Doppelnamen?

1905–1928
Die „Hansa-Wurzel" des Borgward-Konzerns

Weit ab vom Getriebe der Großstadt wirken im beschaulichen Städtchen Varel im großherzoglichen Oldenburger Land kurz nach der Jahrhundertwende zwei Männer, die sich, jeder auf seine Weise, dem Automobilbau verschrieben haben: der Buchdruckereibesitzer und Verleger Dr. Robert Allmers und der Ingenieur und spätere Dr. ing. h. c. August Sporkhorst. Und etwa um die gleiche Zeit, als in Altona der Schüler Carl Borgward im Schuppen seine ersten Automobilmodelle bastelte, gelingt Allmers die Erfindung eines Reibradgetriebes mit direktem Eingriff des großen Ganges. Das sofort angemeldete Patent ermutigt ihn, zusammen mit dem Ingenieur Dr. August Sporkhorst und fünf angestellten Arbeitern einen bescheidenen Versuchsbetrieb zu eröffnen. Unbeirrt streben sie dem großen Ziel zu, eine Automobilfabrik zu errichten.

Ihre ersten kleinen Zweisitzer-Wagen, mit Einzylinder-Motoren aus Frankreich ausgerüstet, finden Liebhaber, und bald darauf, im Jahre 1905, gründen sie mit einem Kapital von 30 000,– Mark die ›Hansa-Automobilgesellschaft mbH‹. Der im folgenden Jahr herausgebrachte HAG, Typ 7/9 PS mit einem französischen De Dion-Einzylindermotor, wird zur Sensation der Berliner Automobilausstellung des Jahres 1906.

Automobile galten damals allerdings noch als Luxusobjekte, und nur begüterte Leute konnten sich ein solches Gefährt anschaffen. Zu den ersten, die ein Auto tatsächlich beruflich benötigten, gehörten die Ärzte, die damit schneller ihre Patienten aufsuchen konnten. So kam es, daß die ›Hansa‹ 1908 einen hochbeinigen Zweisitzer für Fahrten ›über Land‹ mit 5/10 PS unter der Bezeichnung ›Doktorcoupé‹ vorstellte. Höchstgeschwindigkeit: 40 km/h. Der Preis betrug immerhin noch um die 3 000,– Mark. (Noch heute gibt es ›Schnauferl‹ davon!)

Während in Deutschland ein Überangebot an großen, teuren Luxusautomobilen herrschte, ohne daß entsprechende Käuferschichten vorhanden waren, blieben die Oldenburger Hansa-Werke bei der Herstellung von kleineren Wagen – nach französischem Vorbild. Sie erweiterten ihr Angebot auf Zwei- und Vierzylindertypen und schufen Modelle, die Spitzengeschwindigkeiten zwischen 60 und 85 km/h erreichten. Lediglich der sportliche Hansa Typ B, 7/20 PS mit einem Vierzylinder-Reihenmotor erreichte schon Geschwindigkeiten über 90 km/h – bei einem Preis von 7 000,– Mark.

Durch die Teilnahme an zahlreichen Zuverlässigkeitsfahrten machten sich die Hansa-Werke einen Namen. Bei der Sternfahrt des Gaues Sachsen der D.M.V. (Deutsche Motorsport-Vereinigung) ging der Herrenfahrer Guido Trost, Bremen, 1910 unter 42 Konkurrenten mit einem 7-PS-Hansa in sechzehneinhalb Stunden über 665 km als Sieger hervor (Stundendurchschnitt 40,3 km). Auf der dreitägigen ADAC-Fahrt 1913 er-

Ein Hansa-Wagen aus Varel, Baujahr 1910. Typ A 16, Vierzylinder-Reihenmotor, Hubraum 1550 ccm, Leistung: 16 PS bei 1800 U/min. Höchstgeschwindigkeit 60–65 km/h.

hielt die ›Hansa‹-Mannschaft sechs goldene Plaketten und den ersten Benzol-Preis.

Im gleichen Jahr 1913 wurde die GmbH in eine Aktiengesellschaft mit 4,4 Millionen Mark umgewandelt.

Weniger gut ›im Rennen‹ als die Vareler Hansa-Werke lag eine fast zur gleichen Zeit in Bremen entstandene Automobilfabrik.

Der Generaldirektor des Norddeutschen Lloyd, Dr. Heinrich Wiegand, war von der Notwendigkeit überzeugt gewesen, die Hansestadt müsse sich in Krisenzeiten außer auf Handel und Schiffahrt auch auf andere Industriezweige stützen können, und so gehen auf seine Initiative verschiedene Gründungen zurück, u. a. die der ›Norddeutsche Automobil- & Motoren-Aktiengesellschaft‹ (Namag) am 17. Mai 1906 in Bremen.

Auf der viel gerühmten und oft zitierten Automobil-Ausstellung von 1906 in Berlin, auf der die ›Hansa-Werke‹ mit ihrem Einzylinder-Zweisitzer Aufsehen erregten, war auch die NAMAG vertreten – mit einem durch Elektromotor angetriebenen Wagen unter der Markenbezeichnung ›Lloyd‹.

Doch das Bremer Werk fand im allgemeinen Konkurrenzkampf nicht den richtigen Anschluß. Im folgenden Jahre 1907 wurden trotz aller Anstrengungen nur 22 Personenwagen produziert – im Vergleich zu 3 491 Automobilen im ganzen Reichsgebiet.

Ein Lloyd-Wagen aus Bremen, Baujahr 1908. Typ ›Prinz Heinrich‹. Hubraum 3685 ccm, Leistung: 35 PS bei 1500 U/min. Höchstgeschwindigkeit: 75 km/h.
Derartige Wagen nahmen bereits an motorsportlichen Wettfahrten teil. Am Steuer Joseph Vollmer, der Konstrukteur des Wagens.

Obwohl die elektrisch angetriebenen Automobile wesentlich ›umweltfreundlicher‹ waren als die mit Benzin angetriebenen – sie verursachten keinen Lärm und stießen keine Abgase aus – blieb der Absatz stockend. Wer dachte damals schon an Umweltschutz!

Es ist nicht überliefert, ob der deutsche Kaiser Wilhelm II. daran gedacht haben mag, als er sich 1908 ein Elektromobil kaufte, aber etwas Außergewöhnliches stellte es immerhin dar: Es fuhr fast geräuschlos über die asphaltierten Straßen Berlins, hatte einen Aktionsradius von 120 Kilometern und erreichte eine Spitzengeschwindigkeit von – man denke! – 36 km/h.

Im Mai des gleichen Jahres wurde auch der erste elektrisch betriebene Lastwagen mit 1,5 t Tragkraft hergestellt, ja sogar Feuerwehrfahrzeuge wurden konstruiert! In Hamburg, Berlin und Düsseldorf, wo sich die Namag an der Gründung von Elektromobil-Droschken-Gesellschaften beteiligte, konnte man elektrische Droschken im Straßenverkehr neben Pferdedroschken bewundern.

Die Produktion von Automobilen mit Benzinmotor in den neu errichteten, modernen Fabrikhallen der Namag in Bremen-Hastedt bereitete jedoch anfangs erhebliches Kopfzerbrechen, weil es in der Hafenstadt an Facharbeitern dieser Branche fehlte. Die Herstellungskosten waren hoch und der Absatz der noch wenig bekannten Marke ›Lloyd‹ schlecht.

Ein Hansa-Sportcabriolet mit Kompressor aus dem Jahre 1924. Ein sportlicher Flitzer aus der Zeit der Goldenen Zwanziger Jahre mit einer Spitzengeschwindigkeit von 150 km/h.

Das blieb auch so, als der mit der Konstruktion einiger moderner Modelle betraute Ingenieur Joseph Vollmer seinen Lloyd-Vierzylinder 15/35 PS der Öffentlichkeit vorstellte: Beim Start zur Prinz-Heinrich-Fahrt 1908 saß er selbst am Steuer und fuhr seinen Wagen über die 2 200 km lange Strecke von Berlin nach Budapest ohne jegliche Pannen und Defekte strafpunktfrei ins Ziel.

Ein eigens für das Heer konstruierter geländegängiger Lastwagen fand die Zustimmung der obersten Heeresverwaltung, – aber trotz aller Erfolge, trotz aller Siege, trotz allen Lobes der Qualität der Bremer Wagen ließ der Absatz zu wünschen übrig.

1914 – acht Jahre nach der Gründung des Werkes – war es nicht möglich gewesen, eine noch so bescheidene Dividende an die Aktionäre zu zahlen.

So haben die Hersteller der Lloyd-Wagen ein offenes Ohr, als die Hansa-Leute aus Varel eines Tages in Bremen an die Tür klopfen, um Gespräche über eine Vereinigung der beiden Werke in Gang zu bringen. Man wollte gerne in die Großstadt!

Ihre ›Hansa‹-Fahrer sind gerade von der schwierigen Österreichischen Alpenfahrt mit der Großen Goldenen Medaille und dem Mannschaftspreis zurückgekehrt. Bei Lloyd nimmt man diesen Erfolg als ein gutes Omen und kommt schnell zu einem Abschluß.

Schnell-Lastwagen von Hansa-Lloyd in der ein bis zwei-Tonnen-Klasse. Dahinter das Turbinen-Schiff ›Bremen‹ des Norddeutschen Lloyd.

Die Vareler Werke verlegen Anfang 1914 ihren Sitz nach Bremen und fusionieren sich mit der NAMAG unter der neuen Firmenbezeichnung ›Hansa-Lloyd Werke A.-G.‹

»... eine glückliche Verbindung zweier für die Entwicklung Deutschlands hochbedeutender Namen«, berichtete die ›Allgemeine Automobil-Zeitung‹ in ihrer Nr. 18 des Jahres 1914.

Diese Hansa-Lloyd Werke waren es, für die Carl Borgward 1919 einst als Teilhaber der ›Bremer Reifenindustrie‹ und 1921 als Inhaber der ›Bremer Kühlerfabrik Borgward & Co‹ Spitzkühler und Kotflügel lieferte.

Sie wurden zur Hansa-Wurzel des späteren Borgward-Konzerns.

1929
Auf zwei Stühlen

Jeden Morgen, wenn Carl Borgward in seinen kleinen Betrieb in der Föhrenstraße ging, schaute er mit einer gewissen Ehrfurcht zu den großen, sauberen Hallen der genau gegenüber auf der anderen Straßenseite stehenden Hansa-Lloyd Werke. Das wäre ein Gebäude, dachte er – daraus könnte man etwas machen – eine Produktion aufziehen – mit Autos, die in die Welt passen!

Der Riese aber, zu dem er aufschaute, kränkelte seit längerer Zeit. Der anfängliche Aufschwung, den das Werk im Ersten Weltkrieg durch Heeresaufträge genommen hatte, war vorüber. Krankenwagen und Feldküchen für die Armee wurden nicht mehr gebraucht. Auch die bitteren Jahre der Inflation hatten ihre Narben hinterlassen. Für den Hansa-Lloyd-Wagen 18/68 PS fand sich kein Käuferkreis, ebensowenig für den 18/100 PS.

Hatte die Käuferschicht, die für derartige schwere Wagen in Frage kam, Vorurteile gegen Automobile aus Bremen? Durchaus möglich! Nur selten waren die potentiellen Käufer in der Lage, die Qualität eines Autos selbst zu beurteilen und griffen daher allzugern auf Klischee-Meinungen zurück: Aus Bremen bezog man Zigarren und Rotwein, aber keine Autos!

Trotzdem war es durch die Einführung der Fließbandarbeit noch einmal zu einer kurzen Scheinblüte gekommen, aber seit 1926 schwankte die Erfolgskurve bedrohlich. Das Geschäftsjahr hatte mit einem Verlust von 2,5 Millionen Reichsmark abgeschlossen.

Ende 1927 waren die Aktien, die an verschiedenen Börsen noch frei gehandelt wurden, auf 51 % gefallen.

Man hatte zu allem Unglück auch falsch spekuliert: Da luxuriös ausgestattete amerikanische Wagen zunehmend den Weg nach Deutschland fanden, hatte man geglaubt, diesem Trend mit dem Bau schwerer 8-Zylinder-Personenwagen folgen zu müssen. Zu große Summen waren dabei für Neuentwicklungen ausgegeben worden.

Mehrmals schon hatte die Generalversammlung daher beschlossen, durch Ausgabe neuer Aktien das Grundkapital zu erhöhen. Wie aber sollte man Käufer finden, die bereit waren, volle 100,– Reichsmark für eine neue Aktie (mit dem Nennwert von 100,– Reichsmark) zu zahlen, wenn man eine alte Aktie mit gleichem Nennwert schon für 51,– RM kaufen konnte?

Allmers versuchte, den Erwerb neuer Aktien dadurch schmackhaft zu machen, daß er das Gerücht verbreiten ließ, die Aktiengesellschaft würde für 1928 eine gute Dividende zahlen. Die vorsichtigen Geldanleger durchschauten aber offenbar das Spiel.

Darauf verfiel der Vorstand auf die Idee, die Bilanz etwas zu ›frisieren‹: man wies bei der Inventur der Ersatzteile und Halbfertigfabrikate das Bilanzkonto ›Warenbestand‹ per 31. 12. 28 mit 8,5 Millionen RM (gegenüber 5 Millionen 1926) überhöht aus. Ein gewagtes finanztechnisches Jongleurstück!

Auch dieser Trick wurde aufgedeckt. Ein als Betriebsratsmitglied in den Aufsichtsrat entsandter ›Sachbearbeiter‹ namens Wilhelm Schindelhauer war besser informiert, als man geglaubt hatte, und ließ sich nicht überreden, über die ›kleinen Unstimmigkeiten‹ hinwegzusehen. Fachleute, die darauf aus Berlin geholt wurden, bestätigten Schindelhauers Feststellungen, der schon damals seiner Stimme als Arbeitnehmer im Aufsichtsrat Gewicht zu verleihen wußte, – Jahrzehnte bevor von einem bundesdeutschen Mitbestimmungsrecht die Rede war. Er fühlte sich mitverantwortlich für 1700 Kollegen.

»Was soll aus dem Werk werden?« fragte er den Bankier Schröder, der nach verschiedenen im Hintergrund vor sich gegangenen Verschiebungen jetzt Aktien für 1,9 Millionen RM vertrat. (Die vorher führende Darmstädter- und Nationalbank nur noch 550 000,– RM)

Schröder antwortete erregt: »Glauben Sie denn, daß wir die Millionen haben, um sie für Ihr Werk zu verpulvern?«

Es sah schlecht aus!

Die Banken sträubten sich hartnäckig, Geld in den Hansa-Lloyd Werken zu investieren. Eine Dividende für die Aktionäre war längst nicht mehr ausgeschüttet worden. Schindelhauer wollte aber trotzdem nichts unversucht lassen und drängte Schröder so lange, bis er ihm endlich eine Gelegenheit zu einer persönlichen Aussprache einräumte.

Es war der 24. Juni 1929, der Tag, an dem die neu erbaute ›Bremen‹ zur ersten Probefahrt auslaufen sollte. Schröder war dazu eingeladen. Als Schindelhauer bei ihm eintraf, empfing er ihn gleich mit den Worten: »Ich habe nur eine halbe Stunde Zeit, dann muß ich zur Probefahrt, fassen Sie sich also kurz!«

Doch es kam ganz anders! Als Schröder begann, sich mit wütenden Vorwürfen gegen den Vorstand der Hansa-Lloyd Werke Luft zu machen, geriet er dabei so sehr in Rage, daß er sogar die Probefahrt darüber vergaß. »Wenn diese Herren vom Vorstand anständige Kerle wären, wären die doch schon längst von selbst gegangen! Um das Werk kümmert sich doch keiner! Der eine (Robert Allmers) sitzt nur noch beim Reichsverband der Automobilindustrie in Berlin und der andere (H. S. Meyer) im Bremer Senat!«

Für Schindelhauer war es klar: Das Schicksal der Hansa-Lloyd Werke war besiegelt.

Auf der Aufsichtsratsitzung vom 26. August 1929 im Saal der Darmstädter- und Nationalbank tauchten plötzlich zwei neue Gesichter auf, die man bisher noch nie bei dergleichen Sitzungen gesehen hatte: Carl Borgward und Wilhelm Tecklenborg. Sie gingen an den herumstehenden Herren des Vorstandes und den Aufsichtsratsmitgliedern vorbei direkt auf die beiden Verteter des Betriebsrats, Schindelhauer und Härlein, zu und kamen schnell mit ihnen in ein lebhaftes Gespräch.

»Es muß und kann ganz etwas anderes aus diesem Werk gemacht werden«, hatte Borgward gerade zu Schindelhauer gesagt, als Bankier Schröder in seiner Eigenschaft als stellvertretender Vorsitzender des Aufsichtsrats (der erste Vorsitzende und Präsident des Norddeutschen Lloyd, Dr. Heineken, war gar nicht erst erschienen!) die Sitzung mit den Worten eröffnete: »Herrn Borgward und Herrn Tecklenborg bitte ich zunächst einmal, den Saal zu verlassen!«

Dann ließ er die Katze aus dem Sack: »Die Herren Borgward und Tecklenborg als Inhaber der Goliath-Werke haben die Aktienmehrheit der Hansa-Lloyd Werke erworben! Ich schlage daher vor, diese beiden Herren zum Vorstand zu wählen, was meinen Sie dazu, Herr Schindelhauer?«

Der war nach den gerade vorher gehörten hoffnungsvollen Worten Borgwards innerlich schon ganz auf dessen Seite und suchte eigentlich nur noch nach einer geschickten Formulierung, wie er es dem Herrn Geheimen Kommerzienrat Dr. Allmers möglichst höflich aber bestimmt beibringen könnte. Schließlich fand er eine elegante Lösung, indem er einerseits mit wohlgesetzten Worten die Verdienste seines langjährigen Chefs bezüglich der guten Entwicklung des Lastkraftwagenbaues herausstrich, andererseits aber sogleich seiner tiefen Überzeugung Ausdruck gab, daß die Herren Borgward

Ein halbes Jahrhundert Automobilgeschichte liegt zwischen diesen beiden Modellen, dem Lloyd von 1908 und der Isabella von 1958. Carl Borgward betrachtete die Hansa-Lloyd Werke als die Wurzel seines Konzerns.

und Tecklenborg mit Sicherheit willens und imstande wären, die Arbeit des bisherigen Vorstandes erfolgreich fortzusetzen.

Der Vorschlag Schröders wurde daraufhin akzeptiert.

Das von dem anwesenden Notar Dr. Bernh. Daniel Danziger unterzeichnete Protokoll vermerkt über das Ende dieser Schnellsitzung in lakonischer Kürze: »Die erschienenen beiden Herren nahmen die Wahl dankend an.«

Damit waren Borgward und sein Teilhaber Tecklenborg die ›neuen Herren‹ im Hause Hansa-Lloyd.

Sie waren billig dazu gekommen. Noch nicht einmal 175 000,– RM hatten sie für die Aktienmajorität (75 %) im Nennwert von 2,7 Millionen RM gezahlt, denn im Freiverkehr an der Börse waren die Aktien nur noch mit 6,5 % des Nennwertes gehandelt worden!

Und trotzdem: Nicht alle Mitarbeiter Borgwards waren von vornherein damit einverstanden gewesen. Sogar Wilhelmine Bick, seine langjährige Betreuerin der Finanzen, hatte Bedenken gehabt: »Ich an Ihrer Stelle würde die Finger davon lassen und mein gutes Geld behalten!«

Borgward hörte sich in solchen Fällen, wenn heiß diskutiert wurde, alles stumm an, steckte sich dann in aller Ruhe eine dicke Zigarre an – und ging! Wo andere ein Risiko sahen, dachte er an die Möglichkeiten, die sich ihm bieten würden, wenn – –

Der gewagte Schritt war also getan. Nun mußte man tatsächlich die Hemdsärmel aufkrempeln, wenn man etwas erreichen wollte! Wirtschaftlich sah es jedenfalls allgemein nicht sehr rosig in Deutschland aus.

Der Bankier Schröder verlor seine Millionen einige Jahre danach, als der Nordwolle-Konzern in der weltweit bekannten ›Lahusen-Affäre‹ mit einem Defizit von über 200 Millionen RM in Konkurs ging und er seine Bank in die Norddeutsche Kreditbank einbringen mußte.

Wilhelm Schindelhauer aber wurde später Direktor der Abteilung ›Verkauf‹ der Borgward-Werke.

Nach Jahren im engsten Freundeskreis auf die entscheidende Aufsichtsratssitzung und seine erste Begegnung mit Carl Borgward angesprochen, bekannte er schmunzelnd: »Als damals die Tür aufging und die beiden hereinkamen – der lange, hagere Tecklenborg und der kleinere, untersetzte Borgward – witzelten wir noch: Die sehen ja aus wie Pat und Patachon! Aber als Borgward dann rundheraus seine Pläne vortrug, was man alles aus dem Werk machen könnte und wie er sich das vorstellte, bekamen wir Respekt vor ihm –«

Am nächsten Morgen setzten Carl Borgward und Wilhelm Tecklenborg ihren Fuß zum erstenmal über die Schwelle der Hansa-Lloyd Werke AG. Geradenwegs steuern sie auf das Zimmer des Direktor H. S. Meyer zu, ziehen Zollstöcke aus der Tasche und beginnen, lebhaft diskutierend, ihr zukünftiges Büro zu vermessen, ohne den an seinem Schreibtisch sitzenden Herrn Senator auch nur eines Blickes zu würdigen. Sogar den Hut behalten sie dabei auf dem Kopf.

Das nennt man ›hemdsärmelig‹!

Borgward und Tecklenborg wissen das sehr wohl. Aber sie wissen auch, welche gewaltige Aufgabe sie sich da aufgeladen haben, welche Verantwortung sie erwartet, diese riesigen Hallen mit Arbeit, mit Leben zu erfüllen. Da muß hart zugepackt werden. Hemdsärmelig.

Die Fachwelt hatte aufgehorcht, als sie erfuhr, daß diese beiden Herren, bei deren Namen man allenfalls an den ›Blitzkarren‹ erinnert wurde, die Aktienmajorität des namhaften Werkes Hansa-Lloyd übernommen hatten. Gewiß, es war nichts Besonderes in jenen Jahren, wenn große Aktienpakete hin- und hergeschoben wurden. In den meisten Fällen war es jedoch so, daß kapitalkräftige Konzerne kleine Unternehmen aufkauften. Hier aber war es umgekehrt!

Möglich gemacht hat dies alles nur ein Dreiradwagen, der ›kleine Goliath‹, der wirtschaftlich inzwischen zu einem Riesen herangewachsen ist.

Borgward sitzt nun auf zwei Stühlen.

Stuhl Nr. 1 steht hinter seinem Schreibtisch bei den

›Goliath-Rapid‹, ein Dreiradwagen mit einem 200-ccm-Ilo-Motor. Tragfähigkeit: 5 Zentner.

Hansa-Lloyd Werken, wo er den Arbeitern und Angestellten bei seinem Einzug versprochen hatte: »Ich werde euch soviel Arbeit schaffen, daß die großen Hallen eines Tages zu klein sein werden!«

Stuhl Nr. 2 steht drüben, auf der anderen Straßenseite, bei den Goliath-Werken. Doch der ist meistenteils unbesetzt. Hier verläßt er sich auf seine alten, erfahrenen Mitarbeiter.

Aber die verfolgen mit kritischen Augen, was sich gegenüber beim ›großen Bruder‹ tut: »Wir hier verdienen, und die da drüben kosten nur Geld«, meint oft etwas verbittert Friedrich Kynast zu Opa Klie. Sie fühlen sich zurückgesetzt. Aber sie wissen, daß von ihnen und ihrem kleinen Goliath die Zukunft aller abhängt.

Dieser breitspurige Dreiradwagen, äußerlich nicht gerade das Idealbild eines Autos und auch technisch nicht einmal in letzter Konsequenz perfekt, erweist sich als krisenfest. In der Wirtschaftlichkeit ist er allen anderen Fahrzeugen dieser Art überlegen. Vielleicht gerade deswegen ist er bei der allgemein schlechten Wirtschaftslage zu einem guten Geschäft geworden. Etwa jedes vierte Nutzfahrzeug, das man auf den deutschen Straßen sieht, stammt aus den Goliath-Werken.

Bei Hansa-Lloyd dagegen wird die Produktion luxuriöser Personenwagen weiterhin gedrosselt. Neue, den Erfordernissen der Zeit entsprechende Typen werden geschaffen. Das gleiche gilt für die Lastwagen.

Es sähe schlimm für Borgward aus, wenn seine ›Goliath Standard‹ und ›Goliath Rapid‹ nicht so gut gingen!

1931
Der Schritt zum Großunternehmer

Die Wirtschaftskrise spitzte sich zu. Es gab bereits Millionen Arbeitslose.

Aber der Goliath lief und lief – und brachte bares Geld ein!

So hatten Borgward und Tecklenborg inzwischen zu einem Spottpreis die Hansa-Werke in Varel (die 1921 wieder ausgegliedert und in eine selbständige AG verwandelt worden waren) übernehmen können, als deren Aktien allmählich ebenso schlecht standen wie einst die der Hansa-Lloyd Werke. Für weitere 150 000,– RM erhielten sie sogar das gesamte Ersatzteillager, Maschinen sowie eine Anzahl noch fertig zu bauender Wagen, die bis Ende 1931 noch mit Gewinn verkauft wurden!

Doch auch die Hansa-Lloyd Werke, in deren Vorstand Borgward und Tecklenborg saßen, wurden in den Strudel der allgemeinen Wirtschaftskrise hineingezogen. Die Absatzstockungen bei der gesamten deutschen Automobilindustrie wurden zusätzlich dadurch noch verstärkt, daß sich die meisten ausländischen Märkte durch hohe Einfuhrzölle abschlossen, während die niedrigen deutschen Zölle ausländischen Fabrikanten die Möglichkeit gaben, ihren Überschuß an Wagen in Deutschland an den Mann zu bringen.

Der Bankenkrach trifft Bremen besonders hart. Die beiden Banken, die einst von größter Bedeutung für die Hansa-Lloyd Werke gewesen waren, werden zutiefst erschüttert. (Die Schröderbank wurde in die neu gegründete Norddeutsche Kreditbank eingebracht, die Darmstädter- und Nationalbank im Frühjahr 1932 von der Dresdner Bank übernommen.)

Die Hansa-Lloyd Werke sind am Ende, heißt es plötzlich eines Tages.

Doch Borgward scheint deswegen gar nicht so verzweifelt zu sein. Er hatte die Entwicklung lange vorausgesehen. Nun schweigt er. Vielleicht, um seine wirklichen Absichten nicht jedermann zu erkennen zu geben? Tecklenborg unterstützt ihn dabei. Auch er schweigt sich aus!

Nur soviel weiß man: Borgward hat keine Hoffnung mehr, das Werk in seiner alten Form zu retten. Er hält die Liquidation für unumgänglich. Doch wie soll es danach weitergehen?

So kommt es zur letzten Handlung, die Bankier Schröder als Aufsichtsratsvorsitzender vornimmt.

Auf der außerordentlichen Generalversammlung am Heiligen Abend des Jahres 1931, 12 Uhr mittags, hält er seine letzte Rede vor den Aktionären der Hansa-Lloyd Werke AG, die hier ihrer großen Bedeutung wegen auszugsweise wiedergegeben sei:

»Meine Herren, . . . die Verwaltung macht Ihnen den Vorschlag eines Verkaufs der Werksanlagen und Materialbestände an eine zu gründende Offene Handelsgesellschaft in Firma ›Hansa-Lloyd und Goliath-Werke Borgward und Tecklenborg‹, weil die Prüfung des Unternehmens ergeben hat, daß auf der bisherigen Basis eine Weiterführung des Betriebes unmöglich ist . . . Die Transaktion bedeutet . . . die Erhaltung eines Instruments und die Beseitigung einer Illiquidität, die auf andere Weise nicht behoben werden kann. Nach Zustimmung durch die Generalversammlung ist es erforderlich, den Namen Hansa-Lloyd Aktiengesellschaft zu ändern, weil das Recht zur Führung des Namens ›Hansa-Lloyd‹ an die Käufer der Anlagen übergehen muß. Wir schlagen daher vor, den Namen in ›Automobilgesellschaft Bremen-Hastedt AG‹ zu ändern . . . Der Aufsichtsrat hat den Verträgen bereits zugestimmt, weil nach dem Sachverständigengutachten die beabsichtigte Transaktion der einzige Weg für die Erhaltung der Produktionsstätten und der damit gegebenen Arbeitsgelegenheit ist . . . Die Verwaltung der Hansa-Lloyd Werke erwartet, daß die Generalversammlung . . . ihre Genehmigung erteilt, so daß die Rekonstruktion sofort wirksam werden kann.«

Die beiden Verträge zwischen den Herren Borgward und Tecklenborg einerseits und der Hansa-Lloyd Werke AG, vertreten durch ihren Aufsichtsrat, andererseits, sahen vor: den Kauf bzw. Verkauf der wesentlichen Grundstücke für eine Million Reichsmark, sowie den Kauf bzw. Verkauf des Vermögens der Hansa-Lloyd Werke für 2,7 Millionen Reichsmark mit dem Recht der Fortführung der Firma.

In bar zu zahlen hatten die Käufer allerdings keinen Pfennig. Sie übernahmen jedoch die Verbindlichkeiten gegenüber den Banken, die gegen den vereinbarten Preis aufgerechnet werden sollten, und verpflichteten sich, nach endgültiger Abrechnung die Differenz in monatlichen Raten von je 20 000,– Reichsmark zu zahlen.

Die Banken, obwohl sie kein bares Geld erhielten, sahen ihren Vorteil darin, von ihrer Verantwortung entbunden zu sein und hatten die persönliche Haftung ihrer Schuldner erstrebt.

Ein am 16. Februar 1932 beim Amtsgericht Bremen von Richter Höver eröffnetes Vergleichsverfahren konnte zwei Monate später nach rechtskräftiger Bestätigung eines Vergleiches aufgehoben werden. Dieser Vergleich aber soll später von manchen Kaufleuten mit einem etwas bitteren Nachgeschmack erwähnt worden sein.

Die Akten über den gesamten Komplex, die laut Beschluß des Amtsgerichts Bremen vom 14. Dezember 1939 bei der Norddeutschen Kreditbank Aktiengesellschaft in Bremen hinterlegt wurden, sollen nach Auskunft der Bank im Kriege verbrannt sein. Und niemand erinnert sich mehr – –!

Eines steht jedenfalls fest: Borgward soll schon sehr früh – aus welchen Gründen, bleibt dahingestellt! – die Liquidation der alten Hansa-Lloyd Werke als die gangbarste Möglichkeit angesehen haben. Er hat sich jedoch gehütet, seine wahren Pläne zu früh preiszugeben.

1932
Ein Dreirad-Personenwagen: ‚Pionier'

Seit dem Silvesterabend des Jahres 1931 ist die Firmenbezeichnung ein Wortungeheuer: ›Hansa-Lloyd und Goliath-Werke Borgward & Tecklenborg‹.

Nun werden die Hansa-Lloyd Werke mit den Goliath-Werken endgültig verschmolzen. Es folgt der vierte Umzug! Diesmal praktisch nur hinüber auf die andere Straßenseite. In die Traumfabrik von einst.

Der Sprung zum Großunternehmer ist getan!

Die Fabrikation des ›Goliath-Rapid‹, bei dem man vom Kardanwellenantrieb wieder zum Kettenantrieb zurückgekehrt ist, erreicht in den neuen Hallen schnell eine Tagesproduktion von 22 Fahrzeugen. Die Produktion der alten Hansa-Lloyd-Typen läßt man ruhen. Dagegen erhält der Bau von Lastwagen mit der Herstellung eines 1,5-t-Lkw, der unter der Bezeichnung ›Superior‹ bereits von den Goliath-Werken entwickelt worden war und jetzt unter dem neuen Namen ›Columbus‹ herausgebracht wird, eine ganz neue Grundlage.

Großes Aufsehen aber erregt der erste Personenwagen, den Borgward baut, der ›Goliath-Pionier‹, ein Dreirad-Personenwagen! Er war bereits 1931 entwikkelt worden.

Auf der Berliner Automobilausstellung von 1932 drängten sich die Besucher in dichten Reihen um den neuen Fahrzeugtyp, der mit seinem Preis von 1 500,– Reichsmark neue Käuferschichten erschließen sollte.

Der Wagen, mit einem 200 ccm-Ilo-Heckmotor, Kardanantrieb, Differential und Dreigang-Getriebe ausgerüstet, besitzt erstmalig auch einen Lichtanlasser, so daß die bisher üblichen Einbauten für Lichtmaschinen und Anlasser fortfallen.

Das Wägelchen bringt eigentlich alle Voraussetzungen mit, hohe Umsatzzahlen zu erzielen, zumal der Preis infolge der erweiterten Fabrikationsanlagen sogar noch etwas gesenkt werden kann. Doch der Verkauf ist stokkend. Die allgemeine schlechte Wirtschaftslage, die zunehmend auch gerade diesen Käuferkreis betrifft, macht sich immer stärker bemerkbar.

Im Werk nützt man die Zeit für einige organisatorische Veränderungen.

Ein neues Gesicht taucht auf: Herbert Scarisbrick wird als Chefkonstrukteur und Spezialist für Kleinwagen nach Bremen geholt. (Sein Vater, Fritz Scarisbrick, zählt zu den Gründern des ersten ›Schnauferl‹-Clubs.)

Kynast, der nun schon seit mehr als zwölf Jahren zum alten Stamm gehört, wächst laufend in neue Aufgaben hinein wie Kinder in neue Anzüge. Bei der arbeitsmäßigen Teilung des Betriebes wird ihm, der einst als ›Twen‹ in der ›Bremer Reifenindustrie‹ als einer von zwei Dutzend Leuten angefangen hatte, die Leitung des Werkes I übertragen (Personenwagen, kleinere Lastwagen).

Die Führung des Werkes II (schwere Lastwagen) übernimmt Dipl.-Ing. Wilhelm Ehlers.

Borgwards erster Personenwagen: Der 1931 entstandene und auf der Berliner Automobil-Ausstellung von 1932 vorgestellte Dreiradwagen ›Goliath Pionier‹. Er ist ausgerüstet mit einem Einzylinder-Zweitaktmotor von 198 ccm Hubraum mit einer Leistung von 5,5 PS. Höchstgeschwindigkeit: 60 km/h.
Stolz posieren daneben Wilhelm Tecklenborg (links) und Carl F. W. Borgward (rechts) in der Föhrenstraße.

Der wortkarge Kynast geht ganz in seiner neuen Verantwortung auf. Er modernisiert die Schmiede. Mit einem Doppelschlag-Gesenkhammer wird sie in die Lage versetzt, 90 Prozent der Werksanforderungen zu befriedigen. Von größter Wichtigkeit scheint es ihm, den Betrieb möglichst weitgehend von fremden Zulieferfirmen freizumachen. Von nun an will er dem Vorrichtungsbau größte Aufmerksamkeit zuwenden.

»Haben Sie dafür denn überhaupt Zeit?« fragt Tecklenborg zweifelnd.

Kynast antwortet in seiner gewohnten Art. »Ob ich nun 10 oder 15 Stunden hier sitze, spielt auch keine Rolle mehr. Hauptsache ist doch, daß eben – na ja, schön.«

»Na ja, schön,« wiederholt Borgward, der dazugekommen ist, »wir werden ja sehen, was dabei herauskommt!«

Und was wirklich dabei herauskam: Mit der Einrichtung eines Werkzeug-Konstruktionsbüros nach seinen Ideen schuf er die Keimzelle für eine ganz neue Abteilung, die in Zukunft die Ausstattung des gesamten Werkes mit präzisen Werkzeugmaschinen sicherstellte. Das entsprach ganz Borgwardscher Art, der stets danach trachtete, alles im eigenen Hause herzustellen.

Nun konnte die Arbeit richtig beginnen!

Borgward ist gerüstet. Das neue große Werk bestens organisiert und bereit, seine Leistungsfähigkeit zu beweisen. Aber wie wird es weitergehen? Die Wirtschaftskrise nimmt beängstigende Formen an.

Der ›Goliath-Pionier‹ erreicht nicht die Umsatzzahlen, die man erwartet hatte.

Die Zahlen der Arbeitslosen klettern in die Millionen. Auch bei Borgward erreicht die Beschäftigtenzahl mit einer Belegschaft von nur 750 Köpfen (gegenüber 2 000 im Jahre 1928 bei Hansa-Lloyd und den Goliath-Werken) einen absoluten Tiefpunkt.

Wo führt das hin, fragt man sich.

Opa Klie scheidet nach Jahren aufopferungsvoller Tätigkeit aus und setzt sich zur wohlverdienten Ruhe. Seine Sorge aber gilt der Zukunft des Werkes, das er mit aufgebaut hat – vom ersten ›Blitzkarren‹ an.

1933
Wie wird die neue Regierung zum Automobil stehen?

Am 30. Januar wird Adolf Hitler Reichskanzler.

Fackelzüge – Marschmusik –

Borgward interessiert Politik und Partei nicht. Was ihn allein interessiert, ist die Frage: Wie steht die neue Regierung zum Automobil? Zur Motorisierung?

Welche Sorgen die deutschen Automobilfabrikanten zu dieser Zeit drückten, brachte in seiner Eröffnungsrede zur ›Autoschau 1933‹ der erste Vorsitzende des Reichsverbandes der Automobilindustrie, Geheimrat Dr. Allmers (jener einstige Buchdruckereibesitzer aus Varel!) zum Ausdruck: »... wir könnten Hunderttausenden Arbeitern mehr Arbeit und Brot geben, wäre in Deutschland das Kraftfahrzeug nicht mit Abgaben belastet, die unerträglich geworden sind und jede gesunde Entwicklung unmöglich machen. Zudem ist bei uns der Kraftverkehr schwer belastet durch – Subvention anderer Erwerbszweige, nicht auf Kosten der Gesamtheit, – nein, auf s e i n e Kosten! Die Kraftverkehrswirtschaft ist das Aschenbrödel der Gesetzgebung, kein Zweig der Wirtschaft ist im letzten Jahrzehnt so ungerecht behandelt worden; wird das nun alles anders, besser werden? ... Gebe die Regierung uns Entwicklungsmöglichkeiten durch Erleichterung der viel zu schweren Lasten ... Herr Reichskanzler ...!«

Nun, sei es, daß die damalige Reichsregierung sofort darauf reagierte oder auch bereits eigene Pläne in dieser Hinsicht hatte, die neu erlassenen Gesetze jedenfalls waren verblüffend: Am 10. April 1933 wurde die Kraftfahrzeugsteuer mit sofortiger Wirkung abgeschafft.

Wenig später wurde auch der Zwang für Anfänger, eine Fahrschule besuchen zu müssen, abgeschafft, ebenso die Gebühren für die Ausstellung von Führerscheinen. Wer selbst fahren gelernt hatte, konnte sich nach einer Prüfung kostenlos einen Führerschein ausstellen lassen.

Der Konkurrenzkampf zwischen Eisenbahn und Automobil wurde beseitigt, indem die Reichsbahn durch Beteiligung am Bau der Reichsautobahn selbst in den Dienst der Motorisierung gestellt wurde.

Auf die Allmers-Rede antwortete im einzelnen Reichsminister Dr. Goebbels ausführlich bei der Eröffnung der ›Internationalen Automobil- und Motorrad-Ausstellung‹ am 20. Februar 1937, worüber noch berichtet werden wird.

Eigentlich war jetzt der Augenblick gekommen, auch in Bremen den Bau von Klein- und Kleinstfahrzeugen allmählich zu drosseln und sich stärker den größeren Typen zuzuwenden, zumal die alte, eingefahrene Produktion von Lastwagen eine gute Grundlage bot und die aufblühende Wirtschaft berechtigte Hoffnungen erweckte.

Allein, Borgward und Kynast hingen an ihren mit viel Liebe erdachten und erschaffenen kleinen Transportfahrzeugen wie Eltern an ihren Kindern. Sie mochten sich nicht von ihnen lossagen, wie vom Mohr, der seine Schuldigkeit getan hatte!

Ganz stolz waren sie daher, als bei einem Kleinstfahrzeug-Wettbewerb über 1000 km der dreirädrige ›Goliath-Pionier‹ als Personenwagen und auch als Transportfahrzeug hervorragend abschnitt, indem zwei goldene und eine silberne Medaille von den drei gestarteten ›Pionieren‹ gewonnen wurden.

Auch hat Borgward sein altes Ziel nicht aufgegeben, einen kleinen, leistungsfähigen Personenwagen zu schaffen, der in weitesten Kreisen den Gedanken der Motorisierung – nunmehr aber auf v i e r Rädern! – volkstümlich machen könnte.

Herbert Scarisbrick, den er speziell damit beauftragt hat, arbeitet seit langem daran. Vielleicht sogar schon z u lange – –

1934
Von jetzt ab ‚richtige' Autos!

Dieses Jahr bringt endlich die entscheidende Wende in Borgwards Anstrengungen, sich als Automobilfabrikant einen Namen zu machen.

Bevor ihm der große Durchbruch im Bau von Personenwagen gelingt, muß er allerdings noch einmal kleinere Fehlschläge in Kauf nehmen, die nicht mehr abzuwenden waren, weil die Planungen dafür schon lange vorher festgelegt worden waren.

So erblickten zunächst zwei Modelle das Licht der Welt, die einfach zu spät kommen und den plötzlich gestiegenen Ansprüchen nicht mehr gerecht werden, der ›Hansa 400‹ und der ›Hansa 500‹, sehr kleine aber doch ganz manierliche Limousinen mit einem schräg abfallenden Heck. Sie sind mit luftgekühlten Ilo-Zweitakt-Heckmotoren ausgerüstet, besitzen zwei Zylinder in einem Block vereinigt mit 11 bis 12 PS, Holzkarosserie mit Kunstleder, zwei Türen und vier Sitze.

Die Wägelchen sind in jeder Beziehung gut durchdacht und konstruiert. Noch vor zwei, drei Jahren, zur Zeit des wirtschaftlichen Tiefs und der Arbeitslosigkeit, als man sich in jeder Hinsicht einschränken mußte, wären derartig bescheidene Fahrzeuge gerade recht gewesen. Doch diese Zeiten sind vorüber.

Jetzt, im zweiten Jahr des Aufstiegs, hat sich die finanzielle Lage der Käufer so gebessert, daß sich auch ihre Vorstellungen in Bezug auf das Auto geändert haben. ›Nuckelpinnen‹ sind nicht mehr gefragt!

Sogar die Zeitschrift ›Auto und Kraftrad‹ kanzelt die vorgestellten Modelle als »herausgemoserte Dreirad-Goliath« herunter. (Aber warten wir's ab! Genau sechzehn Jahre später – nach dem Zweiten Weltkrieg – wird dieser Typ, aus der Not geboren, Triumphe feiern in der neuen Hülle des ›Leukoplastbombers‹, der unter dieser Bezeichnung in die Automobilgeschichte einging.)

Kurze Zeit nach diesen wenig erfolgreichen Typen erscheint überraschend Borgwards erstes ›richtiges‹ Auto: Der ›Hansa 1100‹, der sofort große Begeisterung auslöst.

Wieder hat er das schräg abfallende Heck, jetzt jedoch in einer so gefälligen Form, daß er nicht nur bei den Automobilisten Beifall findet, sondern sogar von anderen Automobilfabrikanten bei einigen ihrer Typen ›nachempfunden‹ wird.

Die ›Allgemeine Automobil-Zeitung‹ bestätigt Borgward sogar (zu seiner größten persönlichen Freude!), daß er mit diesem neuesten Erzeugnis nun »in die richtige Automobilfabrikation« gegangen sei, und in ihrem Testbericht heißt es: »... Wir waren also hinreichend gespannt, als wir den frisch aus der Rotweinstadt (!) Bremen importierten Hansa 1100 in Empfang nahmen. Um unser endgültiges Urteil vorwegzunehmen – wir waren auf das angenehmste überrascht. Der Wagen hat, soweit sich das bei einer zwar nicht sehr ausgedehnten, aber recht strapaziösen Prüfung feststellen ließ, keinen

Ein Typ, der zu spät kam: der ›Hansa 500‹ aus dem Jahre 1934. Heckmotorwagen mit einem Zweizylinder-Zweitaktmotor mit 15 PS bei 3000 U/min.

schwachen Punkt. Das Bestechende an ihm ist der Motor.«

Dazu sei hier bemerkt, daß der Motor erstmals – dank Kynasts Planung – im eigenen Werk hergestellt worden war, sowie auch die Karosserie, für deren Herstellung die erste große Karosserie-Stahlblechpresse Aufstellung gefunden hatte.

Im Prüfungsbericht der ›AAZ‹ heißt es weiter: »... beim Hansa-Motor ist festzustellen, daß er an Laufruhe, vor allem also an mechanischer Geräuschlosigkeit, sämtlichen Motoren dieser Klasse, soweit sie uns bekannt sind, überlegen ist. Diese Laufruhe des Motors geht soweit, daß man gelegentlich das Vorhandensein eines Motors unter der Haube vergessen könnte ... Straßenlage und Fahrkomfort – beides hängt ja doch eng miteinander zusammen – sind wirklich gut.

Zusammenfassend kann man sagen, daß der ›Hansa 1100‹ auf jenen Fahrer zugeschnitten ist, der im Automobilfahren nicht eine aufregende Sensation, sondern eine wohltuende und nervenberuhigende (!) Form der Fortbewegung zu finden wünscht. Wegen des ruhigen und robusten Motors, der gut durchdachten Kraftübertragung und wegen der vernünftigen Anbringung aller Bedienungsorgane machte es Freude, diesen Wagen zu fahren, wie es auch Freude macht, in ihm gesehen zu werden.«

Ein größeres Kompliment als diesen Testbericht der angesehenen ›Allgemeinen Automobil-Zeitung‹ kann man sich kaum denken.

Damit ist Borgward der Durchbruch gelungen!

Der Typ ›Hansa 1100‹ wurde von 1934 bis zum Kriegsbeginn 1939 produziert. Die Aufnahme zeigt ein ›Hansa 1100 Cabriolet‹.

Von nun an baut er ›richtige Autos‹, von denen er schon in seiner Jugendzeit geträumt hat – seit er in Altona den ersten knatternden, pferdelosen Kutschwagen gesehen hatte – –

Kurze Zeit darauf erscheint neben dem ›Hansa 1100‹, der zum Preis von 2 950,– RM verkauft wird, ein ›größerer Bruder‹, der ›Hansa 1700‹ für 3 450,– RM. Mit seinem 6-Zylinder-Motor erreichte er die für damalige Verhältnisse recht respektable Höchstgeschwindigkeit von ›über hundert‹ Stundenkilometern.

Beide Wagen haben Schwingachsen vorn und hinten, wie sie sich bereits beim ganz kleinen Bruder, dem ›Hansa 500‹ bewährt hatten, dessen Bau nun endgültig eingestellt wird.

Auch über den Lastwagenbau ist Erfreuliches zu berichten. Als Hersteller von Lastkraftwagen bis zu einer Tonne Nutzlast steht das Werk an erster Stelle auf der Liste der führenden Firmen. Gegen Ende des Jahres konnte mit den Dreitonnern der zweite Platz erreicht werden.

Diese Erfolge gehen zwar weitgehend auf das Konto Borgwards, der sein Können als Techniker und Konstrukteur, ebenso aber auch als Kaufmann mit Gespür für wirtschaftliche Entwicklungen jetzt erst richtig zu entfalten beginnt. Es darf dabei nicht übersehen werden, daß sich die wirtschaftliche Lage weiter noch wesentlich gebessert hat.

Die bitteren, hoffnungslosen Jahre, in denen selbst beste Facharbeiter zum Nichtstun verurteilt waren, sind überwunden. Kein Werksleiter braucht mehr mit Streiks

Borgwards erstes ›richtiges‹ Auto entsteht: Der ›Hansa 1100‹, der zu einem Preis von 2 950,– RM verkauft wird und in den Fachblättern hervorragende Besprechungen erhält. Erstmals werden Motoren und Karosserien im eigenen Werk hergestellt.

und Störern des Arbeitsfriedens zu rechnen. Der Chef ist wieder Herr im Hause.

Wie speziell Borgward diese ›Macht‹ handhabte, wurde an bereits geschilderten Beispielen sichtbar. Seine vorsichtige Art, vor der Verwirklichung neuer Ideen zunächst einmal die Meinung seiner Betriebsangehörigen zu erforschen, ist in vielen Fällen deutlich geworden. Hat er aber einen Plan einmal endgültig für gut befunden, so setzt er ihn auch mit aller Energie durch.

Angetrieben vom Aufschwung der Wirtschaft, baut er sein Werk systematisch weiter auf.

Der Motorenbau wird mit modernsten Maschinen ausgerüstet, so daß nun die Fabrikation in großem Stil im eigenen Hause aufgenommen werden kann.

Das Vertreternetz von ›Hansa‹ und ›Hansa-Lloyd‹ ist einheitlich ausgerichtet worden. Viele Händler haben neben den Personenwagen und Lastwagen auch den ›Goliath‹-Dreiradwagen in ihr Programm aufgenommen.

Schon im ersten Vierteljahr 1934 hatte man mit Zufriedenheit feststellen können, daß die Auftragsbücher die doppelte Bestellzahl des Vorjahres aufwiesen. Die Entwicklung ging zweifellos aufwärts.

1935
Carl Borgward heiratet

Angesichts der Erfolge, die andere Automobilfirmen mit Sportwagen erzielen, zum Teil wohl auch angespornt durch Artikel in der Fachpresse, entschließt sich Borgward, ebenfalls etwas bei der Entwicklung des deutschen Sportwagengedankens mitzumischen.

Ein zweisitziger rassiger 6-Zylinder-Wagen mit einer 1,7-Liter-Maschine mit Doppelvergaser wird geschaffen. Seine Höchstgeschwindigkeit liegt bei 125 km/h.

Eine Reihe von Sportwagen dieses Typs (meist in roter Farbe!) erringt bei Geländefahrten goldene und silberne Medaillen. Wo sie auftauchen, werden sie bewundert – Stück für Stück ein Erzeugnis sauberster Facharbeit. Eine gute Werbung für das gesamte Werk – aber kein großer Umsatz!

Um so erfreulicher gestaltet sich der Absatz der beiden ›Hansa‹-Typen ›Hansa 1100‹ und ›Hansa 1700‹. Immer häufiger sieht man diese Modelle nun im Straßenbild.

Erfreuliches ist auch aus der privatesten Sphäre des Automobilfabrikanten in diesem Jahr zu berichten: Carl Borgward heiratet!

Nachdem er im Vorjahr von seiner ersten Frau geschieden worden war, lernt er zur Bremer Freimarktszeit im ›Astoria‹ rein zufällig eine junge Dame aus Oberhessen kennen, die der bekannte Bremer Röntgenologe Dr. Kuhlmann wegen besonderer Umstände als Aushilfe in seine Praxis geholt hatte. Borgward ist von schnellem Entschluß. Schon während er in fröhlicher Runde mit ihr beim Wein sitzt, fragt er sie, ob sie seine Frau werden wolle. Und vier Wochen später heiratet er die gelernte Kinderschwester Elisabeth Rühl!

Sie hat sicherlich nicht geahnt, welche Aufgaben einst damit auf sie zukommen würden: Für einen Ehemann da zu sein, dessen Freizeit oft nur auf Minuten bemessen ist, ein großes Haus zu führen, Kinder zu erziehen und bei ungezählten Anlässen zu repräsentieren als ›first Lady‹ des Borgward-Konzerns!

Sie schenkte ihm drei Kinder – Peter, Claus und Monika – und ist als verständnisvolle und fürsorgende Partnerin bis an sein Lebensende an seiner Seite geblieben.

Rassiger Zweisitzer – ein Traumwagen seiner Zeit: Der ›Hansa 1700 Sport‹ mit einem Sechszylinder-Zweivergasermotor von 1640 ccm Inhalt. Seine 50 PS verliehen ihm eine Spitzengeschwindigkeit von 125 km/h.

Baujahr 1936:
›Hansa 1700‹ Cabriolet, Sechszylinder-Reihenmotor, 1640 ccm, 40 PS bei 3800 U/min. Dieser 44 Jahre alte Wagen wurde 1980 von dem Borgward-Fan Gunthard Schiffler, Hamburg, in 3000 Arbeitsstunden wieder fit gemacht!

1936
„Mann Gottes – das ist ja preußisch!"

Zum erstenmal wendet sich Borgward dem Bau von großen luxuriösen Personenwagen zu. Nach eigenen, neuen Ideen, versteht sich.

Er weiß, die Fachwelt wird wieder einmal aufhorchen! Man wird reden und schreiben darüber: Borgward setzt an zum großen Sprung nach oben! Vom Kleinstfahrzeug zur schweren Limousine! Man wird sich die ersten Exemplare sehr genau ansehen, jedes Detail unter die Lupe nehmen. Man wird ihn erbarmungslos herunterreißen, wenn sie der Kritik nicht standhalten. Man wird auf den ›Blitzkarren‹ anspielen, wenn – –

Warum setzt sich Borgward dieser Gefahr aus? Warum will er plötzlich mit seinen Fabrikaten in die höchste Kategorie vorstoßen?

Aus Prestigegründen? Um das Image seines Werkes zu verbessern?

Finanzielle Erfolge hat er mit dieser Klasse nie erzielt – das große Geld haben immer die ›Kleinen‹ gebracht!

Vielleicht zahlt sich dieser Sprung in die höheren Gefilde aber doch irgendwie aus – nämlich indirekt! Durch seinen psychologischen Effekt in der Meinungsbildung: Wer so große, teure Wagen baut für so anspruchsvolle Kunden, zu dem kann man getrost Vertrauen haben, wenn man auch nur ein kleineres Auto kaufen will!

Der Name macht es!

(Zum Vergleich: Daimler-Benz hat sich sein Image zum nicht geringen Teil durch Rennwagen geschaffen, die auf den berühmtesten Rennstrecken der Welt immer wieder siegreich waren.)

Borgward schafft einen ›Herrenwagen‹, dem er einen Namen gibt, der auch einer Sekt-Marke gut zu Gesicht gestanden hätte: ›Hansa-Privat‹.

Mit einer 3,5-Liter-Sechszylindermaschine von 90 PS erreicht er spielend die gleiche Geschwindigkeit wie die viel kleineren roten Sportwagen – und noch dazu mit geringerer Geräuschkulisse: 125 Stundenkilometer.

Der teure Luxuswagen mit seinen liebevoll ausgeklügelten ›Extras‹ und kleinen Bequemlichkeiten am Armaturenbrett und auch im Fonds knüpfte an die Tradition der alten Hansa-Wagen an. Tiefer Schwerpunkt trotz hoher Bodenfreiheit zeichnete ihn aus.

Die Fachpresse zerriß ihn nicht. Man feierte ihn!

Man bestätigte dem ›Direktorenwagen‹ ganz begeistert eine vorzügliche, ruhige Straßenlage, sowie große Kurvensicherheit.

Ein gutes Aushängeschild für Borgward – wenn auch kein großes Geschäft. Jedenfalls nicht direkt in klingender Münze!

Borgwards Entwicklungsweg führt weiter steil nach oben. Die Produktionszahlen der ›Hansa‹-Typen steigen täglich. Daneben werden nicht nur die bewährten ›Goliath‹-Lieferwagen weiter gebaut, sondern die älteren Lastwagentypen, wie der ›Columbus‹ 1,25-Tonner, der Bremen III-D 2-Tonner, der Europa III 3-Tonner, der

Europa D 3-Tonner, der Merkur III 4-Tonner und außerdem sogar noch verschiedene Elektromobile aus der Zeit der ›Hansa-Lloyd Werke‹.

Mit der steigenden Produktion vergrößert sich die Zahl der Arbeiter. Je mehr Arbeiter – um so mehr Maschinen; je mehr Maschinen – um so weniger Platz!

Was hatte Borgward damals bei seinem Einzug in die Hansa-Lloyd Werke den Arbeitern und Angestellten zugerufen: »Ich werde euch soviel Arbeit schaffen, daß die großen Hallen eines Tages zu klein sein werden!«

Das war damals – 1930.

Was niemand ernstgenommen hatte oder überhaupt für möglich gehalten hätte, ist eingetroffen: Nun war es tatsächlich soweit! Die riesigen Hallen der einstigen ›Traumfabrik‹ wurden zu eng!

Man kann nicht jeden Morgen aufs neue gezwungen sein, einen Kragen umzutun, der zu klein geworden ist. Der Betrieb braucht Platz. Borgward hat das seit langem erkannt.

Aber was hatte er nun alles um die Ohren, um wieviele Dinge hatte er sich persönlich an seinem vierzehnstündigen Arbeitstag zu kümmern!

Die Produktion selbst machte noch die geringsten Sorgen, wenn sie erst einmal lief. Aber da waren noch die Neukonstruktionen, die Versuchsabteilung, der Verkauf, der Einkauf, die Werbung, die Presseabteilung, und, und, und – –

Man hätte sich eigentlich vorstellen können, daß jetzt Wilhelm Tecklenborg aktiv geworden wäre, der erfahrene, routinierte Kaufmann, der alte Fuchs, der in früheren Zeiten soviel Geschick bei Verhandlungen bewiesen hatte. Schließlich war er ja Teilhaber und man hätte annehmen können, daß es nun zu einer idealen Arbeitsteilung gekommen wäre, um Borgward zu entlasten und freizustellen für die technischen Dinge.

Dazu aber kam es nicht.

Vielleicht hätte er es Borgward auch gar nicht mehr recht gemacht. Seine Aktivitäten hatten ihren Höhepunkt überschritten, als er erreicht hatte, daß die Reichspost den Blitzkarren zur Briefkastenleerung einsetzte. Nun blieb er mehr und mehr im Hintergrund.

Borgward war inzwischen gewachsen. Er hatte gelernt aus jedem Vorfall und war so aufgegangen in seiner Arbeit, daß er Tecklenborg in jeder Hinsicht überlegen war, wenn er auch seine Briefe nicht druckreif diktierte, sondern die Formulierung stets seinen Mitarbeitern oder seiner Sekretärin überließ.

Mit 46 Jahren strebte er dem ersten Höhepunkt seines Lebens zu. (Dem e r s t e n , da bald der Krieg alles Schaffen unterbrach.)

Jegliche Initiative liegt jetzt bei ihm allein.

Nachdem er feststellt, daß sich die weiten Hallen seiner einstigen ›Traumfabrik‹ als zu klein erweisen, faßt er einen kühnen Entschluß: Eine n e u e ›Traumfabrik‹ soll gebaut werden! Noch größer, noch schöner – und diesmal nach seinen eigenen Ideen!

Spontan unterbreitet er den Plan seinem Teilhaber.

Tecklenborg fällt aus allen Wolken, setzt sich in seinem Sessel aufrecht und fragt erstaunt: »Ja, haben Sie denn überhaupt einen Bauplatz?«

»Bauplatz hin, Bauplatz her!« wehrt Borgward ärgerlich ab, »den werden wir schon noch finden, ohne daß wir nun gerade am entgegengesetzten Ende Bremens suchen müßten.«

Tecklenborg schüttelt den Kopf. »Ich wüßte aber nicht, wo ein solches Gelände aufzutreiben wäre – –«

Borgward zieht an seiner dicken Brasilzigarre, bläst den Rauch bedächtig vor sich hin und tippt mit dem Finger auf die Landkarte: »Wir sollten uns mal an dieser Stelle umsehen!«

»Das da?« fragt Tecklenborg erschrocken, »Mann Gottes, das ist ja preußisch!«

»Na, und?« entgegnet Borgward lässig. »Wenn i c h als halber Hamburger sogar nach Bremen gekommen bin, dann wird wohl ein Bremer Kaufmann auch nach Preußen gehen können! Ist doch ganz egal, wie sich das nennt, Hauptsache ist, es liegt nahe genug beim alten Werk!«

Und schon greift er zum Telefon, läßt sich mit dem Bürgermeister des Ortes verbinden, auf den er vorher so kurz entschlossen den Finger gehalten hatte, und vereinbart eine Zusammenkunft.

Der Ort heißt Hemelingen, und sein Bürgermeister Hermann Passe ist ein umgänglicher, aufgeschlossener Mann. Er ist ohnehin gerade dabei, für seine Gemeinde eine bauliche Planung durchzuführen, bei der unmittelbar an der Weser ein Industriegebiet mit weiteren Hafenanlagen entstehen soll. So kommt ihm Borgward gerade zurecht. Eine Automobilfabrik käme ihm sehr gelegen, läßt er durchblicken.

Borgward horcht auf. Ein Werk – direkt an der Weser? Das würde ja bedeuten, daß er den Wasserweg zur Verfügung hätte! Rohmaterialien könnten per Schiff billig bis ans Werk transportiert werden, und die fertigen Wagen könnten, zum Teil wenigstens, ebenfalls über die Weser zur Auslieferung kommen.

Ein Glücksfall!

Auch Bürgermeister Passe ist begeistert von dem Gedanken, welchen Aufschwung der kleine Agrarort durch eine derartige Industrieansiedlung erhalten würde.

Im besten Einvernehmen trennen sich die beiden mit der Abmachung, schon am nächsten Tage eine eingehende Geländebesichtigung vorzunehmen.

Die Besichtigung verläuft zu voller Zufriedenheit.

Hurtig schreitet man an der Weser entlang bis hin zum Hemelinger Hafen. Das ›Königsland‹ wird dieser Geländestreifen im Volksmund genannt, der dem preußischen Staat gehört.

Borgward ist hell begeistert.

Man will bereits die Kaufverträge ausfertigen, da stellt sich in letzter Minute heraus, daß die Bremer Ratsherren etwas in der Hand haben, die Pläne des rührigen preußischen Bürgermeisters schlagartig zunichte zu machen. Nicht Spitzfindigkeiten oder Quertreibereien sind es, die sie ins Feld führen, sondern handfeste, uralte Verträge: Dieses Marschland im Überschwemmungsgebiet der Weser muß als Auffangbecken für Flutwasser erhalten bleiben, um die Stadt Bremen in jedem Frühjahr und Herbst vor Hochwasser zu schützen.

Damit war das Projekt ins Wasser gefallen – im wahrsten Sinne des Wortes!

Aber Bürgermeister Passe sieht deswegen noch nicht alle seine Felle davonschwimmen. Schnell ist er mit einem neuen Vorschlag bei der Hand.

Wenn man die Bauern der Gemarkung ›Auf dem Bruch‹ dazu bewegen könnte, ihren Roggen und ihre Kartoffeln an anderer Stelle anzubauen, dann könnte Hemelingen doch noch vom Agrar- zum Industrieort umgewandelt werden!

In der Nähe des Bahnhofs, ideal an der Straße gelegen, könnte ein Gelände von 250 000 Quadratmetern genügend Platz für eine Automobilfabrik bieten.

Borgward schöpft neuen Mut. Auch dieser Plan, mit direktem Anschluß an die große Verkehrsader nach Hamburg, gefällt ihm gut.

Mit Windeseile spricht sich seine Absicht, Land zu kaufen, bei den Bauern herum.

Sie verstehen sehr schnell, worum es geht, und erkennen die einmalige Chance. Sie wollen nichts verschenken, ihr seit Generationen vererbtes Land so teuer wie möglich verkaufen. Und sie wissen: Der Automobilfabrikant hat es eilig – sie aber haben Zeit!

Die größeren von ihnen schließen sich zusammen. Johann Sander, Johann Seekamp, Johann Martens wählen Dietrich Osmers zu ihrem Sprecher. So einem Großstadtmenschen gegenüber, der aus Bremen kommt, kann man gar nicht vorsichtig genug sein!

Als dieser ›Großstadtmensch‹ dann eines Tages vor ihnen steht, sind sie überrascht. Der ist ja gar nicht so ein geschniegelter, vornehm tuender Herr Fabrikdirektor, der versteht ja sogar ihre Sprache!

Borgward findet sofort den richtigen Ton, mit ihnen zu reden, er snackt Platt – er spricht Plattdeutsch! Da gibt es kein ›Sie‹, da steht man gleich auf du und du.

»Vör dat Geld, wat ick jo betohl, könnt ji jo fifmol sovel anerswo köpen!« sagt er ihnen. (»Für das Geld, das ich euch zahle, könnt ihr ja fünfmal soviel woanders kaufen!«)

Er macht ihnen klar, daß er ja gar nichts geschenkt haben will, andererseits aber auch keine Phantasiepreise zahlen kann, denn es wird ohnehin noch einen Batzen Geld kosten, bis aus so einem Kartoffelacker ein baureifes Gelände wird – mit Straßen, Kanalnetz, Wasseranschluß, Strom und Gas – –

Auf ›Platt‹ werden sie sich schnell einig, schneller, als jeder noch so gute Rechtsanwalt es auf Hochdeutsch erreicht hätte. Die Bauern sind zufrieden und Borgward ebenso. Diesmal ist das Gelände wirklich groß genug.

Nun wird sein neues Werk zum weitaus größten Teil also doch auf preußischem Boden stehen! (Aber nicht für lange Zeit – am 1. November 1939 wurde die preußische Gemeinde Hemelingen in die Stadt Bremen eingemeindet.)

Die Frage, welcher Architekt mit dem gewaltigen Projekt betraut werden soll, ist für Borgward seit langem entschieden: Rudolf Lodders wird das neue Werk bauen.

Borgward war schon vor Jahren auf ihn aufmerksam geworden, als er seinem Motorenlieferanten Heinrich Christiansen, dem Inhaber der Ilo-Werke, in dem kleinen holsteinischen Rosenstädtchen Pinneberg einen freundschaftlichen Besuch abstattete. Dabei war ihm das neu errichtete Verwaltungsgebäude mit seinen klaren, eindrucksvollen Konturen angenehm aufgefallen. Der Architekt war Lodders und stammte obendrein aus Altona, Borgwards Heimatstadt!

Schon im Sommer 1933 hatte Borgward ihn von der Elbe an die Weser geholt, um die ersten kleinen Aufträge durch ihn ausführen zu lassen. Er baute Borgwards Wohnhaus um und errichtete für ihn in Winkeldorf ein Wochenendhaus. Danach fielen ihm Aufgaben innerhalb des Werkes in Hastedt zu: Er befreite das Werksgelände von einem störenden Überbleibsel, einer alten Siedlungsanlage, die sich mit einem Straßenzug (›Am Rosenberg‹) bis in das Werk hineinzog, und errichtete dort eine neue Montagehalle, die mit einer großzügigen Anlage von Wasch- und Umkleideräumen von sich reden machte und als vorbildlich für ganz Deutschland bezeichnet wurde.

Das von ihm geschaffene Maschinengebäude im Werk II wurde in seiner Gestaltung später maßgebend für das neue Werk ›Sebaldsbrück‹.

Wahrscheinlich, um seine künftigen Pläne und speziell die Errichtung des neuen Werkes finanziell besser abzusichern, hält Borgward es für richtig, die bisherige GmbH in eine Aktiengesellschaft ›Hansa-Lloyd und Goliath-Werke AG‹ umzuwandeln.

Zusammen mit den Kaufleuten Alfred Nehring, Ernst Heinemann, Friedrich Tecklenborg und Dietrich Graue wird von Borgward und seinem Teilhaber Wilhelm Tecklenborg eine Aktiengesellschaft mit einem Kapital von fünf Millionen Reichsmark ins Leben gerufen.

Die beiden Hauptaktionäre, Borgward und Tecklenborg, wurden zum Vorstand ernannt. Sie hatten Sachwerte in die Gesellschaft eingebracht, für die sie jeder zwei Millionen Mark in Stammaktien erhalten hatten. Für die restliche Million Reichsmark waren 500 000,– RM in Stammaktien und 500 000,– RM in Vorzugsaktien mit vierfachem Stimmrecht ausgegeben worden.

War Borgward bei der Abfassung des umfangreichen Vertragswerkes nicht genügend auf der Hut gewesen? Hatte er sich zu sehr auf Tecklenborg verlassen?

Sein Wort galt plötzlich nichts mehr in dem Werk, das er selbst geschaffen hatte, mit dem er Pläne in gigantischen Größenordnungen vorhatte. Über jeden neuen Entschluß war er jetzt dem Aufsichtsrat und den übrigen Aktionären Rechenschaft schuldig, die durch Stammaktien und die Vorzugsaktien mit ihrem vierfachen Stimmrecht mehr Stimmem besaßen als er selbst!

Möglicherweise war hierbei die Initiative (die letzte!) von Tecklenborg ausgegangen, der sich schon seit längerer Zeit isoliert gefühlt haben mochte. Fest steht, daß von nun an das Ende der Partnerschaft zwischen Borgward und Tecklenborg eingeleitet ist – aus ›persönlichen Gründen‹, wie es offiziell heißt.

Während auf dem Neubaugelände die Planierungsarbeiten laufen und bereits mit der Aufstellung der Eisenkonstruktionen für die Hallen begonnen wird, geht die Produktion der ›Hansa 1100‹ und ›Hansa 1700‹ auf vollen Touren weiter. Die Jahresproduktion wird in die Tausende gehen, ebenso wie die Belegschaft inzwischen mehrere tausend Köpfe zählt.

Ein neues großes Absatzgebiet ist erschlossen worden: Der Export. Gegenüber dem Jahr 1932 haben sich die Exportzahlen verfünfzehnfacht!

1937
Goebbels antwortet Allmers – Borgward wird Alleininhaber

Ein turbulentes Jahr für Borgward! Es beginnt mit der Vorstellung zweier großartiger neuer Automobile in Berlin und endet mit der absoluten Selbständigkeit Borgwards als Automobilfabrikant.

Das Jahresereignis, die Eröffnung der Internationalen Automobil- und Motorradausstellung in Berlin, bietet wie immer die Gelegenheit, die neuesten Modelle zu präsentieren.

Der lange schon erwartete ›Hansa 1500‹ mit einem 1,5-Liter-Vierzylinder-Motor fällt nicht nur durch seine stromlinienförmige Karosserie auf, sondern macht auch seinem Namen alle Ehre: ›Windspiel‹.

Nur noch an Kraft überboten wird er vom ›Hansa 2000‹, einem 2-Liter-Wagen mit einem Sechszylinder-Reihenmotor.

Interessant und aufschlußreich an dieser Berliner Ausstellung ist auch die Eröffnungsrede des damaligen Reichsministers Dr. Goebbels, weil darin alle Probleme angesprochen wurden, die zu jener Zeit diejenigen beschäftigten, die als Verbraucher oder als Erzeuger mit dem Auto zu tun hatten. Die Rede, die im Rundfunk übertragen wurde, ist auch gleichzeitig eine Antwort auf die bereits erwähnte Frage, die Dr. Allmers 1933 auf der AA stellte: »Wird das nun alles anders, besser werden?«

Goebbels sagte am 20. Februar 1937 in Berlin:

»... Ohne den Motor wäre der Sieg der nationalsozialistischen Bewegung kaum möglich gewesen. Der Führer hat in der Oppositionszeit selbst Hunderttausende von Kilometern auf deutschen Landstraßen in Kraftwagen zurückgelegt. Dabei hatte er hinreichend Gelegenheit, den damaligen Zustand der deutschen Straßen kennenzulernen. Schon lange vor der Machtübernahme hat er die Pläne der Neugestaltung des deutschen Straßenwesens entworfen.

Bei der Parole ›Motorisierung‹ gingen Sie, mein Führer, von der Erkenntnis aus, daß in Deutschland, dem Geburtsland des Automobils, die Entwicklungsmöglichkeiten für die Kraftfahrt besonders günstig sind und ein neuer Aufbau der Automobilindustrie sich für alle anderen Wirtschaftszweige günstig auswirken würde. Dazu kam die Überlegung, daß Deutschland anderen Ländern gegenüber auf dem Gebiet der Kraftfahrt sehr zurückgeblieben war.

Am 11. Februar 1933, also zwölf Tage nach der Übernahme der Macht, kündigten Sie anläßlich der Automobilausstellung 1933 Ihr Motorisierungsprogramm an. Am 1. Mai 1933 gaben Sie das Programm des deutschen Straßenbaus bekannt.

Folgende Maßnahmen haben Sie im Vollzug der allgemeinen Motorisierung zum Aufbau der deutschen Kraftfahrt getroffen:

Am 10. April 1933 ordneten Sie die Steuerfreiheit für fabrikneue Personenfahrzeuge an; am 31. Mai 1933 schufen Sie die Steuererleichterung für ältere Kraftfahrzeuge; am 1. Juni 1933 gaben Sie Steuerfreiheit für Ersatzbeschaffungen; Sie ordneten die Abzugsfähigkeit des Kaufpreises neuer Last- und Lieferwagen, die als Ersatz für veraltete Modelle angeschafft wurden, von der Einkommensteuer an; Sie schafften den Fahrschulzwang ab; Sie schenkten die Gebühren bei Ausstellung von Kraftfahrtausweisen; Sie förderten den Kraftfahrsport durch Bildung der Obersten Nationalen Sportbehörde für die deutsche Kraftfahrt; Sie unterstützten in großzügigster Weise die Neukonstruktion deutscher Rennwagen; Sie beseitigten den Konkurrenzkampf zwischen Eisenbahn und Kraftwagen dadurch, daß Sie durch Beteiligung der Reichsbahn am Bau der Reichsautobahn diese selbst in den Dienst der Motorisierung stellten; Sie schufen das Gesetz über die Errichtung eines Unternehmens ›Reichsautobahnen‹; Sie setzten einen Generalinspekteur als Oberste Reichsbehörde für das Straßenwesen ein.

Die Zulassung von Kraftfahrzeugen stieg von einhundertviertausend im Jahre 1932 auf vierhundertsiebenundfünfzigtausend im Jahre 1936, die Zahl der in der Autoindustrie beschäftigten Volksgenossen von dreiunddreißigtausend im Jahre 1932 auf einhundertachtzehntausend im Jahre 1936. In den Zubehör- und Lieferindustrien stiegen die Zahlen der Beschäftigten mindestens im gleichen Maße.

Im Jahre 1935 ging in dreizehn von vierzehn großen internationalen Rennen die Fahne des Dritten Reiches am Siegesmast hoch. Im Jahre 1936 zeigten sich deutsche Kraftwagen in zehn großen internationalen Rennen allen anderen überlegen. Auch die neuen deutschen Motorräder errangen herrliche internationale Siege. Der Geländesport mit Kraftfahrzeugen wurde vom NSKK in Verbindung mit der Wehrmacht in stärkster Weise betrieben. Die Förderung der Motorisierung bewirkte ein unaufhaltsames Ansteigen des Kraftfahrzeugsportes.

Die Ausfuhr an Personenkraftwagen stieg von dreitausendsiebenhundertvierzig im Jahre 1930 auf siebenundzwanzigtausend im Jahre 1936. Mitte 1932 befanden sich in Deutschland im Verkehr fast vierhunderttausend Personenkraftwagen, Mitte 1936 neunhunderteinundsechzigtausend, eine Steigerung also um einhundertvierzig von Hundert. 1932 traf in Deutschland ein Kraftfahrzeug auf je hundert Einwohner, 1936 hatte schon jeder vierundfünfzigste Einwohner sein eigenes Automobil.

Am sichtbarsten aber sind die Erfolge auf dem Gebiete des deutschen Straßenbaues in Erscheinung getreten. Heute, am 20. Februar 1937, sind 1 231 Kilometer Reichsautobahnen in Betrieb. Der Ausbau des allgemeinen Straßennetzes in Länge von vierzigtausend Kilometern wurde in die Verwaltung des Reiches übernommen. Hundertdreißigtausend Menschen sind auf den Baustellen der Autobahnen und rund zwölftausend in ihren Lieferbetrieben beschäftigt, im allgemeinen Straßenbau dazu hundertfünfzehntausend.

Einige besonders wichtige Maßnahmen auf diesem Gebiet fallen noch in den neuen Vierjahresplan, so vor allem die Förderung der deutschen Treibstofferzeugung.

In eineinhalb Jahren wird Deutschland unabhängig von fremdem Treibstoff sein.«

Auf diese Goebbels-Rede nimmt ein Jahr später wiederum Dr. Allmers bei seiner Eröffnungsrede Bezug. Er geht darin besonders auf die künftige Entwicklung und Verwendung neuer Werkstoffe ein und preist die zunehmende Unabhängigkeit Deutschlands von fremden Rohstofflieferanten, ohne zu ahnen oder zu erkennen, worauf diese Autarkie letzten Endes hinzielt – auf einen bevorstehenden Krieg!

Abgesehen von ›Ersatzstoffen‹, die aus Mangel an bisher verwendeten Rohstoffen geschaffen wurden, ist seine visionäre Vorausschau bis hin zu geräuschlosen Zahnrädern und Karosserien aus Kunststoff – aus der Sicht von 1938! – manchmal fast unheimlich.

Während in Hastedt die Produktion der ›Hansa 1100‹ und ›Hansa 1700‹ auf vollen Touren weiterläuft, werden auf dem Gelände in Sebaldsbrück die ersten Holzkonstruktionen für die neuen riesigen Hallen errichtet. ▶

Dr. Allmers sagte:

»Mit ganzer Hingabe hat sich die Automobilindustrie Schulter an Schulter mit der Zubehörindustrie besonders der Erprobung, Weiterentwicklung und Verwendung neuer Werkstoffe gewidmet, weil sie bald erkannt hat, daß es sich hier um technische Fortschritte, ja um Errungenschaften von höchster Bedeutung handelt. Sie im Konkurrenzkampf draußen herabzusetzen, wie es geschieht, heißt technische Forschung negieren, ist entweder böswillig oder dumm.

Mit allem Nachdruck muß hier erklärt werden, daß unsere neuen Werkstoffe gleichwertig, ja zum Teil den früheren so überlegen sind, daß unsere ausländische Konkurrenz schon dazu übergegangen ist, manche dieser Materialien, sofern man sie nur hat, ebenfalls zu verwenden.

Bei jeder Ausstellung wird gefragt: Was gibt es Neues? Daß wir es in kurzer Zeit erreicht haben, daß auf den Reichsautobahnen die Wagen jetzt Hundert-Kilometer-Tempo stundenlang ohne Motorenschäden durchhalten, das ist ein Fortschritt – wichtiger als alle Neukonstruktionen. Will jemand Neues sehen, so findet er das in Hülle und Fülle in der Masuren-Halle, wo wir eine umfassende und vergleichende Übersicht über die neuen Werkstoffe bringen, soweit sie das Kraftfahrzeug betreffen.

Da ist zunächst die Umstellung von nickellegierten Baustählen auf Chrom-Molybdän-Stähle, die sich so gut bewährt haben, daß man zu Nickellegierungen nicht mehr zurückkehren wird.

Wie gespart werden kann, zeigt ein kleines Beispiel: Bei der Radbefestigungsmutter wurden durch Umstellung auf Stahl in einem einzigen Werk im Jahre 1937 nicht weniger als fünfhunderttausend Kilogramm Messing eingespart. Für Lagerbuchsen aus Bronze verwendete man mit gutem Erfolg solche aus Preßstoff. Sie bedürfen keiner Schmierung und zeigen sehr geringe Abnutzung.

Zellwollezusatz zu Polsterstoffen, Verdeckbezügen und Teppichen bewährt sich hervorragend. Eine Einbuße an Lebensdauer und Qualität ist nicht festzustellen. Aus Kunstharz und Igeliten wird ein Kunstleder gemacht, das alle Vorurteile gegen die früher unter Verwendung von Gummi hergestellten Kunstleder vergessen läßt. Es wird sich bald einführen, da es von echtem Leder nicht zu unterscheiden ist, prachtvoll aussieht, geruchlos ist und nicht wie Naturleder Wasser aufsaugt. Kunstharz hat ein Gebiet unbegrenzter Möglichkeiten erschlossen. Wir kannten es schon länger in kleineren Gebrauchsgegenständen und als Radiogehäuse. Nun ist es vervollkommnet, und man verwendet es im Kraftfahrzeugbau zu Armaturentafeln, Fensterrahmen und dergleichen, ja zu geräuschlosen Zahnrädern.

Die Zeit ist nicht mehr fern, da man solche Preßstoffe für die Außenhaut der Karosserien an Stelle von Stahlblech verwenden wird, wenn es auch zur Zeit noch keine genügend schweren Heißpressen gibt, um so große Teile mit der ganzen Innenversteifung auf einmal formen zu können. Es wird die Karosserien geräuschlos und um die Hälfte leichter machen, bedarf keiner Lackierung; die glänzende Oberfläche ist nahezu unverwundbar. Wissenschaft und deutsche Werkmannsarbeit zerbrechen Weltmonopole und tragen dazu bei, uns wirtschaftlich freizumachen ...«

Carl Borgward indessen schert sich wenig um derlei Prognosen. Ihn interessiert an dieser Rede eigentlich nur, daß Dr. Allmers sie gehalten hat, der Mann, der vor dreißig Jahren in Varel das Reibradgetriebe erfunden hatte, der vor zehn Jahren noch bei den Hansa-Lloyd Werken im Aufsichtsrat saß.

Borgward hat andere Sorgen.

Der Bau seines neuen Werkes in Sebaldsbrück nimmt ihn fast täglich in Anspruch. Das Verhältnis zu Wilhelm Tecklenborg verschlechtert sich gleichzeitig von einem Tag zum anderen. Aufsichtsratssitzungen mit Leuten, die ihm überall hineinreden wollen, nur um zu zeigen, daß sie auch etwas zu sagen haben, belasten ihn bis an die Grenze des Erträglichen. Und außerdem erwartet seine Frau Elisabeth ein Baby – ihr erstes gemeinsames.

Was ihn aber am meisten bedrückt, ist die Vorstellung, daß dieses neue Werk Sebaldsbrück, das vom ersten Spatenstich bis zum letzten Fließband nach seinen

Ideen entstanden ist, letzten Endes doch nicht *sein* Werk werden sollte, in dem sein Wort galt, sondern bei dem wieder alle möglichen Leute den Ausschlag geben sollten, die im Grunde gar nichts davon verstanden.

Vor allem von Tecklenborg mußte er sich trennen – so schnell wie möglich. Und was Carl Borgward sich in den Kopf setzte, das führte er durch – so oder so.

erinnert sie sich, »aber ich lag ja im Bett! Man stelle sich das einmal vor: Vier Millionen – für eine ursprüngliche Einlage von zehntausend Reichsmark!«

Die Generalversammlung beschloß am 16. September die Umwandlung der Aktiengesellschaft durch Übertragung ihres Vermögens auf den alleinigen Hauptgesellschafter, den Kaufmann Carl Friedrich Wilhelm Borgward in Bremen, der das Geschäft unter der Firmenbezeichnung ›Hansa-Lloyd-Goliath Werke Carl F. W. Borgward‹ mit Sitz in Bremen fortführte. Die alte Firma erlosch als Aktiengesellschaft am 18. September 1937.

Carl Friedrich Wilhelm Borgward. Mit 47 Jahren ist er Alleininhaber der größten in Privatbesitz befindlichen deutschen Automobilfabrik.

Als man ihm die Nachricht übermittelte, daß seine Frau ihm einen Sohn geboren habe, eilte er mit einem Blumenstrauß in die Herder-Klinik und überbrachte ihr auch seinerseits eine Freudennachricht: »Wir sind frei!« rief er ihr zu, »soeben habe ich Tecklenborg abgefunden!«

Noch heute sieht Frau Borgward ihren Mann vor sich, wie er am 4. September 1937 überglücklich bei ihr am Wochenbett stand. »Wieviel hat er bekommen?« habe sie ihn damals lächelnd gefragt. Eine Weile hätte er sie stumm angesehen und dann – ebenfalls lächelnd – den Betrag genannt: »Vier Millionen!«

»Ich wäre glatt umgefallen, als ich die Summe hörte«,

Wilhelm Tecklenborg beschaffte sich innerhalb von 24 Stunden ein neues AUDI-3,3-Liter-Cabriolet von der Firma Schmidt & Koch in Bremen, um zur Unterschreibung des Protokolls nicht in einem Hansa-Wagen zum Amtsgericht fahren zu müssen!

Im übrigen soll er sich mit den vier Millionen sehr schnell über den Verlust seines Gesellschafteranteils getröstet haben.

1938
Das neue Werk: Eine ‚Bilderbuchfabrik'!

›Carl F. W. Borgward‹ steht in riesigen Buchstaben an den Hallen der neuen Werksanlagen in Sebaldsbrück. Weithin leuchtet der Name des Mannes, der vor 26 Jahren mit nichts als einem Kopf voller Ideen in die Hansestadt gekommen war und nun Alleininhaber der größten in Privatbesitz befindlichen deutschen Automobilfabrik ist.

Flaggen wehen vor dem Werkstor und an den Masten links und rechts der breiten Straßen, die in allen Richtungen das Fabrikgelände durchziehen.

In wochenlangen Vorbereitungen ist alles für diesen festlichen Tag hergerichtet und bis in die letzte Einzelheit festgelegt worden – und nun fällt dieser 23. September 1938 in die Zeit der ›Sudetenkrise‹!

Politische Hochspannung und drohende Kriegsgefahr halten die Welt in Atem. Noch weiß an diesem Tage niemand, wie diese Frage der Sudetendeutschen, die ›heim ins Reich‹ wollen, gelöst werden wird – sechs Tage vor dem ›Münchener Abkommen‹, bei dem Hitler, Chamberlain, Daladier und Mussolini zum letztenmal für den Frieden entschieden.

Borgward hatte wie jeder andere in diesen spannungsgeladenen Tagen die Rundfunkmeldungen mit Besorgnis verfolgt. Aber im Grunde interessierte er sich nicht für politische Dinge. Am wenigsten glaubte er, daß es zu kriegerischen Auseinandersetzungen kommen könnte. Von Krieg wollte er nichts wissen – jetzt, wo er auf dem Höhepunkt seines Schaffens als Automobilfabrikant angelangt war.

So hatte sich Borgward und mit ihm seine Belegschaft von mehr als 6000 Mann dafür entschieden, diesen Tag zu feiern – und mit ihnen feierte die ganze Stadt!

170 Journalisten aus ganz Deutschland und dem Ausland sind nach Bremen gekommen. Mehr als 800 Gäste sind eingeladen.

Als die Besucher durch die breiten Werkstore schreiten, bleiben sie verwundert stehen: Frische Grünflächen mit Blumenbeeten und jungen Bäumen lassen eher auf eine parkähnliche, gärtnerische Anlage schließen als auf einen Fabrikhof, den man erwartet hatte.

Keine eintönigen Mauern, keine hohen Gebäude engen den Blick ein. Wahrhaftig, die großzügige Gestaltung des ganzen Komplexes erregt allgemein Bewunderung. Licht, Luft und Sonne haben überall Zutritt.

Auf dem 223 000 Quadratmeter großen Gelände stehen vier langgestreckte, flache Gebäude. Das größte davon ist die Montagehalle, die allein 32 000 Quadratmeter umfaßt.

Das neue Werk in Sebaldsbrück: Serienherstellung von Motoren.

In dieser riesigen Halle wird in den Morgenstunden sogar gearbeitet. Die erstaunten Gäste erfahren, daß sie bereits seit einigen Monaten in Betrieb ist, obwohl sie heute mittag erst eingeweiht werden soll!

Das bringt für die Schaulustigen einen Vorteil mit sich, der freudig begrüßt wird: Bei einem Rundgang kann man die Entstehung eines Automobils verfolgen – vom ersten Einzelteil bis zum fertigen Wagen.

Der Leitgedanke, der der Raumaufteilung zugrunde gelegen hatte, war der gewesen, das gesamte Werk horizontal zu gliedern. Alles muß sich in einer Ebene abspielen, hatte Borgward gefordert.

Alle Arbeitsplätze sind daher so angelegt, daß das per Schiene anrollende Rohmaterial ohne weitere Umwege den verschiedenen Verarbeitungsgängen direkt zugeleitet werden kann. (Ohne Blitzkarren!)

Von einer Ladebühne am Schienenstrang gelangt das noch unbearbeitete Material aus den Eisenbahnwaggons zu den einzelnen Teilefertigungen wie z. B. Rahmenbau, Hinter- und Vorderachsbau, Getriebebau, Motorenbau usw. und wird von dort – nach entsprechender Bearbeitung – jeweils im rechten Winkel auf das Fließband weitergeleitet, auf dem das Fahrwerk nun im Zuge fortschreitender Montage seiner Vollendung entgegengeht.

Zwei Fließbänder, die parallel nebeneinander angeordnet sind, durchlaufen die gesamte Länge der Halle. Während auf dem einen der Zusammenbau des Fahrwerks erfolgt, werden auf dem anderen die Karosserien fertiggestellt. Am Ende vereinigen sich beide miteinander, und die fertigen Wagen können mit eigener Kraft vom Band rollen.

Alles geht so reibungslos, so einfach vonstatten, daß man sich unwillkürlich fragt, warum eigentlich so ein Auto letzten Endes so teuer ist.

Gewiß, dort hinten, an der Stirnwand der Halle, stehen gewaltige Maschinen, 200-Tonnen-Stahlblechpressen, die einiges Geld gekostet haben mögen. Aber was die auch dafür leisten! Alle paar Sekunden werden da ganze Karosserieteile gepreßt – aus einfachen Blechen! Rums – ein Kotflügel ist fertig! Rums – eine Tür! Rums – ein ganzes Wagendach!

Das neue Werk in Sebaldsbrück: Spezialbohrwerk für Teilebearbeitung.

Der Betonboden bebt jedesmal, wenn ein Stück entsteht. Gewiß – ein Spezialfundament aus schwerem Eisenbeton wird wohl nötig gewesen sein für solche Kolosse! Und Spezialwagen, um sie überhaupt hierher zu bringen. Und Spezialkräne, um sie aufzustellen. Und Spezialisten, die sie bedienen – – gewiß, gewiß – aber nun läuft sie doch! Rums – – rums – – rums – –

Die Facharbeiter, die die Bleche einlegen, grinsen die Einweihungsgäste an: »Wie wär's denn? Mal die Fingernägel beschneiden? Einfach reinhalten! Ist unter Garantie alles ab!«

Ganz schön gefährlich – diese Arbeit, denken die Gäste und gehen schmunzelnd weiter.

Etwa in der Mitte der Halle durchläuft das Karosserieband die Spritzkabinen, in denen die Wagen ihre endgültige Lackierung erhalten. Diese ausgedehnten Anlagen sind mit ›umweltfreundlichen‹ Absaugeinrichtungen

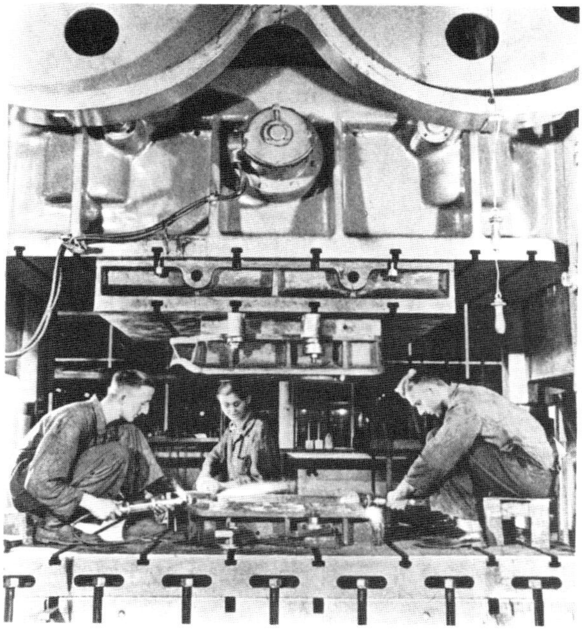

Neben der neuen 200-Tonnen-Stahlblechpresse . . .

. . . liegen in hohen Stapeln die fertigen Karosserieteile.

Elektrische Schweißarbeiten am Wagendach.

Die Lehrlinge haben eigene Werkstätten und Waschräume.

für die dabei entstehenden Gase versehen, was damals durchaus noch nicht allgemein selbstverständlich war.

Am Ende des Werksgeländes befindet sich die Holzbearbeitungshalle, die in der äußeren Gestaltung mit ihren weiten Fensteröffnungen den übrigen Fassaden angepaßt ist.

Ebenfalls dort steht auch die Auslieferungshalle, wohin die vom Band gelaufenen Wagen überführt werden, um eingelagert zu werden, bis sie verkauft sind und zur Ablieferung kommen.

Ursprünglich war dieser Bau aus Platzersparnisgründen als ein mehrstöckiger Speicher geplant gewesen: Mit Hilfe einer raffinierten Fahrstuhlanlage und einer verschiebbaren Bühne sollten die fertigen Fahrzeuge in einzelne Fächer bugsiert werden.

Borgward war von der Überlegung ausgegangen, daß im Winter regelmäßig der Verkauf zurückging, um im Frühjahr wieder emporzuschnellen. Die Produktion dagegen lief zu jeder Jahreszeit gleichbleibend. So war während der flauen Verkaufszeit mit einem Fahrzeugstau zu rechnen. (In der Krisenzeit des Winters 1960/61 hatte nicht einmal das Freigelände aller drei Werke ausgereicht, die gestauten Wagen aufzunehmen.)

Der Bau konnte jedoch nicht in dieser Form durchgeführt werden, weil Einschränkungen auf dem Baumarkt die dafür notwendige Stahlkonstruktion nicht erlaubten. Statt dessen entstand durch Verwendung eines neuartigen Sperrholzbindersystems eine hölzerne ebenerdige Auslieferungshalle.

Im einzigen Turmgebäude, viele Stockwerke hoch über den anderen Werksanlagen, sind die nach den neuesten Gesichtspunkten eingerichteten Lehrlingswerkstätten untergebracht.

Ein ›Bilderbuch-Werk mit tausend Möglichkeiten‹ nennen es die Gäste.

Zusammen mit der gesamten Belegschaft wohnen sie der Feierstunde in der weiten Auslieferungshalle bei. Hier nun hält Carl Borgward seine Einweihungsrede vor den Tausenden von Menschen.

Noch nie zuvor hatte er derartig im Blickpunkt der Öffentlichkeit gestanden. Wer Borgward kannte, mag ermessen, wie ungern er so etwas tat. Unten vor ihm, in der ersten Reihe, saßen Vertreter von ›Partei, Staat und Wehrmacht‹ – jeder von ihnen mit Sicherheit ein zehnmal geschickterer Redner als er – –

Den Schwerpunkt seiner Ausführungen legte er auf die künftige Entwicklung der Motorisierung. Wie bereits Allmers in Berlin, sprach auch er wiederum auffällig viel von ›kommenden, neuen Werkstoffen‹. Er sagte u. a.:

»Ich möchte diese Gelegenheit nicht vorübergehen lassen, ohne noch kurz zu zwei aktuellen Fragen des deutschen Automobilbaues Stellung genommen zu haben. Sie wissen alle, daß die schmale Rohstoffbasis die deutsche Wissenschaft und Technik gezwungen hat, sich nach Stoffen umzusehen, die an die Stelle der früher benutzten gesetzt werden konnten. Für die deutsche Automobilindustrie ist dabei eine ganze Reihe von Werkstoffen erfunden worden. Gewiß sind die Erfahrungen, die wir mit diesen neuen Werkstoffen bislang gemacht haben, noch jung. Aber so jung sie sind, so zufriedenstellend sind sie auch. Wer etwa diese Stoffe geringschätzig als ›Ersatz‹ bezeichnet, tut ihnen Unrecht; denn in vielen Fällen sind unsere neuen Stoffe nicht nur als Ersatz – auch im guten Sinne des Wortes – anzusprechen, sondern es sind durch die Verwendung neuer Stoffe hervorragende Verbesserungen möglich geworden.

Die ständig im Wachsen begriffene Steigerung des Absatzes von Kraftfahrzeugen im In- und besonders auch im Auslande beweist die hervorragende Qualität der deutschen Kraftwagen, die unter teilweiser Verwendung neuer Materialien entstanden sind.

Gestatten Sie mir weiter noch einige Ausführungen über das Kapitel ›Typenbeschränkung‹. Grundsätzlich möchte ich dazu feststellen, daß es nach meiner Auffassung ein wirtschaftlicher Unsinn ist, sich bei der Konstruktion neuer Typen ins Uferlose zu verlieren, nur um vielleicht einmal der Konkurrenz eine Nasenlänge voraus sein zu können. Ein solcher Erfolg ist letzten Endes doch nur problematischer Natur. Er ist es für die Zukunft noch um so mehr, je weiter wir uns in der Konstruktion neuer Fahrzeuge von der Geschmacksrichtung des Publikums als maßgeblichem Faktor entfernen und hinsteuern auf jene, durch die Entwicklung der Autostraßen wesentlich bedingte Zweckmäßigkeit und Wirtschaftlichkeit eines Wagens.

Was unser Werk betrifft, so kann ich mir durchaus denken, daß wir in nicht allzu ferner Zeit nur noch zwei Personenwagentypen, vielleicht sogar nur noch einen Wagentyp bauen werden. Allerdings läßt sich das im Augenblick noch nicht übersehen, wie ein solcher Wagen endgültig aussehen und wie stark die Maschine sein wird; denn die Entwicklung ist derartig im Fluß, daß wir hier sicherlich noch bedeutsame Fortschritte zu erwarten haben. Davon werden naturgemäß viele Bedingungen des Automobilbaues entscheidend beeinflußt.

Wir alle haben heute die Pflicht zum verstärkten Einsatz für unsere Ziele. Dementsprechend habe ich mich bereits vor einiger Zeit entschlossen, einen Sportrennwagen zu bauen und damit in den Kreis der Firmen einzutreten, die sich an autosportlichen Veranstaltungen beteiligen. Es handelt sich dabei um einen 2-Liter-Wagen, mit dem wir die Zweihundert-Kilometergeschwindigkeitsgrenze zu überschreiten hoffen.«

Carl Borgward fühlte sich merklich erleichtert – so berichteten Vertraute aus seiner engsten Umgebung – als er diesen Teil der Feierlichkeiten, die Rede, hinter sich gebracht hatte. Nun konnte man endlich ans Feiern denken!

Während sich die Belegschaft mitsamt ihren Angehörigen in den fünf größten Sälen der Stadt zu Betriebsfeiern zusammenfindet, versammeln sich die 800 geladenen Gäste im Saal der ›Glocke‹ hinter dem Dom.

Hier ergreift auch der Präsident des Reichsverbandes der Deutschen Automobilindustrie, Geheimrat Dr. Allmers, (immer wieder taucht sein Name auf – seit 1905!) das Wort und bringt seine (offensichtlich ehrliche) Bewunderung über das Gesehene zum Ausdruck. Selbst in Amerika habe er das an neuzeitlichen Einrichtungen nicht zu entdecken vermocht, was er in diesem neuen Werk zu sehen bekommen habe.

Borgward benutzt die Gelegenheit, etliche seiner alten, bewährten Mitarbeiter (darunter sogar einige aus der Blitzkarren-Zeit) zu Direktoren zu ernennen:

Fritz Kynast (Werk I und II), Otto Ehlers (Werk II), Hermann Grimberg (Ersatzteilwerk), Bernhard Otte (Einkauf), Wilhelm Schindelhauer (Verkauf), Herbert Scarisbrick (Konstruktionsbüro), August Bode (Boteck-Finanzierungen) und Wilhelmine Bick (Buchhaltung).

Ja, Fräulein Bick!

Einst als Abteilungsleiterin noch ihr eigener Lehrling! Aus den paar tausend Mark, die sie damals ängstlich zusammenzuhalten versuchte, sind inzwischen Millionenbeträge geworden. Jetzt nennt sie die größte kaufmännische Abteilung innerhalb der Verwaltung ihr eigen.

Auch Borgward geht nicht ganz leer aus. Für seine vorbildlichen Lehrlingswerkstätten und für Leistungen auf dem Gebiet der Arbeiterbetreuung erhält er das ›Gau-Diplom für hervorragende Leistungen‹.

Mit 47 Jahren nimmt er in Deutschland den 8. Platz in der Pkw-Herstellung und den 4. Platz in der Lkw-Herstellung ein.

Etwa 20 000 Fahrzeuge baut das Werk im Jahre 1938. (1932: 4 000) Der Export gegenüber dem letzten Jahr vor der ›Machtübernahme‹ verfünfzehnfacht sich.

Borgward hatte in seiner Rede gesagt, er könne sich gut denken, daß seine Werke eines Tages dazu übergehen würden, auf dem Gebiet des Personenwagenbaues nur noch einen einzigen Typ herzustellen.

Dachte er an einen Volkswagen – den *er* bauen könnte?

Das Zeug dazu hätte er gehabt!

Aber er hatte keinen Kontakt zu Hitler. Er suchte ihn auch nicht. Wäre es anders gewesen, hätte Hitler den Auftrag vielleicht nicht Porsche, sondern ihm erteilt.

Nun gut, das VW-Werk mochte ruhig von jemand anders auf Befehl Hitlers gebaut werden. Borgward baute auf Borgwards Initiative! Vielleicht nicht ganz so groß, – aber nach eigenen Vorstellungen. Als eigener Herr im Hause.

Die noch geheimen Pläne des neuen VW müssen

Borgward – als passionierten Konstrukteur und Tüftler – allerdings wohl ungemein interessiert haben: Er ließ sie sich – auf Umwegen – beschaffen, und seine gerade erst neu eingestellte Sekretärin, Frau Elfenbein, erhielt als erste Aufgabe den Auftrag, das rund 200 Seiten starke Manuskript zu vervielfältigen.

Borgward aber wird schon bald danach weder Personenwagen für breite Volksschichten bauen, noch wird er Herr im eigenen Hause bleiben.

Gegen Ende des Jahres 1938, wenige Monate nach der feierlichen Einweihung seines Werkes, wurde Generalmajor von Schell zum Generalbevollmächtigten für das deutsche Kraftfahrwesen ernannt, und kurze Zeit später erfolgte auch schon die Einführung der Typenbegrenzung auf Anordnung des Beauftragten für den Vierjahresplan, des Reichsmarschalls Hermann Göring.

Für Borgward ist es ein Schlag gegen seine eigene Entscheidungsfreiheit. Was er zu tun und zu lassen hat, wird ihm von nun an vorgeschrieben.

In seinem Werk darf in Zukunft nur noch ein schwerer 2 bis 3-Liter-Personenwagen-Typ gebaut werden. Außerdem ist neben der Herstellung von Elektrofahrzeugen und Omnibussen an Lastwagen der Bau eines 1-Tonners, eines 1,5-Tonners sowie eines 3-Tonners gestattet, wobei die beiden letzten mit Benzin- oder mit Dieselmotoren ausgerüstet werden dürfen.

Ab sofort muß die Produktion des ›Hansa 1700‹ eingestellt werden. Das ist allerdings nicht besonders tragisch, da dieser Typ ohnehin zum Auslauftyp erklärt worden war. Schlimmer trifft es Borgward, daß sein Erfolgstyp ›Hansa 1100‹, auf den er so stolz war, nun nicht mehr produziert werden darf.

Die Produktion sämtlicher ›Goliath‹-Fahrzeuge muß einschlafen, weil ›anderen wirtschaftlichen Notwendigkeiten im Interesse der Allgemeinheit‹ Rechnung getragen werden muß. Ebenso kommt ein weiterer, bisher außerordentlich bedeutsamer Produktionsteil in Fortfall: Der Bau von Lastkraftwagen mit einer Tragfähigkeit von mehr als 3 Tonnen.

Borgward muß sich völlig umstellen. Gerade hatte er sich vorgenommen, Sportrennwagen zu bauen, die mehr als 200 km/h schnell sein sollten – –

1939
An Krieg glaubte er nicht

Krieg mit Polen – wegen Danzig?

Borgward glaubt nicht daran. Er hält alle noch so einschneidenden Anordnungen nur für vorsorgliche Maßnahmen. Bald würde alles wieder in normalen Geleisen laufen – –

Sicherlich war hier der Wunsch der Vater des Gedankens: Jetzt, wo er dieses großartige Werk geschaffen hatte, sollte es zu einem Krieg kommen?

Sein Optimismus zeigt sich in seinen Aktivitäten auf einem Gebiet, das er sonst wohl nicht in Angriff genommen hätte: Er trachtet danach, Verkaufsniederlassungen in anderen Großstädten zu errichten.

Im Februar schickt er seinen Prokuristen Artur Technau mit dem Auftrag nach Berlin, dort eine Zweigniederlassung einzurichten. Die Niederlassung entsteht auch tatsächlich kurz darauf.

Danach bahnt er die Gründung einer weiteren in Wien an. Immer noch hofft er auf eine unblutige Lösung der Konflikte.

Im Sommer 1939 verlassen die letzten ›Goliath‹-Fahrzeuge das Fließband. Die Produktion des ›Hansa 1100‹ wird eingestellt.

In der Montagehalle wird nur noch ein einziger Personenwagentyp hergestellt, ein 2,3-Liter-Wagen, in den sich der große ›BORGWARD 2000‹ inzwischen gewandelt hat.

Am 1. September bricht der Krieg aus.

Alle optimistischen Erwartungen Borgwards erwiesen sich als trügerisch.

Etwas, womit niemand in der Welt gerechnet hat, ist eingetreten: Deutschland und Rußland greifen Polen an! Während deutsche Einheiten von Westen her nach Polen hineinstoßen, marschieren sowjetische Truppen kriegsmäßig von Osten in das Land ein. (Sogar die Amerikaner erfahren erst sieben Jahre später im Nürnberger Kriegsverbrecherprozeß, daß es zwischen Hitler und Stalin ein Komplott gegeben hatte, Polen zu vernichten und untereinander aufzuteilen.)

Mit Borgwards stillen Hoffnungen und Plänen ist es vorbei. Von dieser Stunde an wird restlos alles dem Zweck des Krieges unterworfen. Erlaubt ist nur noch, was der Kriegsführung dienlich ist.

Jetzt wird ihm im vollen Umfang klar, was es zu bedeuten hatte, daß er bereits vor anderthalb Jahren, am 8. Februar 1938, zum ›Wehrwirtschaftsführer‹ ernannt worden war: ›Im Zuge der Kriegswirtschaftsordnung hat sein Werk die ihm zugewiesenen wehrwirtschaftlichen Aufgaben zu erfüllen‹.

Der letzte Personenwagen-Typ, der bei Kriegsbeginn noch hergestellt werden darf: Der ›Hansa 2300‹ mit einem Sechszylinder-Reihenmotor, 2247 ccm, 55 PS.

1940–1947
Produktion in Ruinen – Die Engländer lassen mit sich reden

Nach dem Westfeldzug im Frühjahr 1940 gehört Borgward abermals zu den Optimisten. Er glaubt, daß nun der Krieg bald vorüber sei und er in absehbarer Zeit wieder Personenwagen bauen könnte.

Am 14. September gründete er daher die bereits seit längerer Zeit geplante Verkaufsniederlassung in Wien und überträgt die Leitung seinem Prokuristen Franz Robert Baumkirchner. Er hofft, im Südosten Europas ein neues, günstiges Absatzgebiet zu finden –!

Der Bau von Personenwagen – des letzten Typs mit 2,3 Liter – wird indessen von Tag zu Tag stärker gedrosselt. Nur noch wenige Wagen verlassen das Werk.

Dafür werden jetzt Artillerie-Zugmaschinen vom Typ ›HL kl 6‹ gebaut. Die Produktion von Heeres-3-Tonnern läuft auf vollen Touren.

1940 wird auch Kynast zum ›Wehrwirtschaftsführer‹ ernannt. (»Na ja, schön – !«)

Borgward zog sich mehr und mehr zurück und beschäftigte sich mit Neukonstruktionen, die er nach Ende des Krieges zu verwirklichen hoffte.

Trotz schwerster Bombenangriffe und Zerstörungen war die Produktion von Lastwagen den Umständen entsprechend weitergeführt worden. Produktionszahlen und Bilanzen aus diesen Jahren sind nicht vorhanden.

1945 sind 75 % des Werkes zerstört. Von den anfangs 8000 Mann Belegschaft sind am Ende des Krieges noch 400 Arbeiter und Angestellte unter der Leitung des Verkaufsdirektors Schindelhauer in den Trümmern tätig.

Borgward wird von den amerikanischen Besatzungstruppen verhaftet. Gerade seine Zahnbürste kann er noch einstecken, dann nehmen sie ihn mit nach Süddeutschland und stecken ihn in ein Lager bei Ludwigsburg.

Wehrwirtschaftsführer – dieser Titel kommt ihm teuer zu stehen! Man erklärt ihn kurzerhand zum ›Kriegsverbrecher‹.

Da nützt es nichts, daß er den Amerikanern erzählt, wie er Blitzkarren und Dreiradwagen für Marktfrauen und Kohlenhändler gebaut hat, wie er ein Werk errichtet hat, um Personenwagen darin herzustellen und daß man ihn laut Gesetz gezwungen hat, statt eines ›Hansa 1100‹ plötzlich Artillerie-Zugmaschinen zu bauen.

Im Lager kann er darüber sinnieren.

Es ist doch ein verdammter Unsinn, was diese Amis hier mit dir machen, denkt er. Weil du keine Personenwagen mehr bauen durftest, wirst du dafür nun noch eingesperrt. Das ist die Logik der Sieger! Aber die Sieger haben immer recht – –

Zwei Jahre und zehn Monate bleibt er in Haft. (In Erinnerung an diese Zeit sagt er später nur einen Satz: »Meine goldene Uhr habe ich nie wiedergesehen!«)

Noch ehe er 1948 aus der Internierung zurückkehrte, hatte Schindelhauer (1929 Arbeitnehmervertreter bei

Während des Krieges produziert: Artillerie-Zugmaschine vom Typ ›HL kl 6‹.

den Hansa-Lloyd Werken, später Verkaufsdirektor bei Borgward) aus den Trümmern gerettet, was zu retten war und sogar schon wieder eine kleine, bescheidene Produktion angekurbelt.

Ähnlich wie am Ende des Ersten Weltkrieges bei den Hansa-Lloyd Werken, war auch diesmal beim Borgward-Werk noch eine größere Anzahl vorgefertigter Teile vorhanden, aus denen man Lastwagen zusammenbauen konnte. Für die kleine Belegschaft von 400 Mann schien damit die Beschäftigung für die nächsten drei Jahre gesichert. Dazu allerdings mußten jetzt die Besatzungsmächte ihre Zustimmung geben!

Bremen war zwar auf Wunsch der Amerikaner, die einen Nachschubhafen beanspruchten, von einer britischen Zone in eine amerikanische Enklave verwandelt worden, aber wirtschaftlich führten weiterhin die Engländer das Wort: Aus den Borgward-Werken sollte eine Reparaturwerkstatt gemacht werden. Nach der Meinung einiger höherer Besatzungsoffiziere sollte sogar das gesamte Werk als Reparationsgut demontiert werden.

Die Produktion n e u e r Wagen war streng verboten!

Doch Wilhelm Schindelhauer – Gewerkschaftler und altes SPD-Mitglied mit weißer Weste und politisch völ-

Der berühmte 3-Tonnen-Lastwagen Borgward B 3000 Typ D6 M5 (Diesel) mit einem 3,7-Liter-Sechszylindermotor, 78 PS.

lig unbelastet – scherte sich wenig um Verbote, wenn es um Arbeit für seine Leute ging.

Nachdem er mit seinen Arbeitern Schutt und Trümmer beseitigt, Werkstätten mit Notdächern versehen und die Maschinen instandgesetzt hatte, ging er an die Arbeit und baute Lastwagen, die in den zerstörten Städten für Aufräumungsarbeiten dringend benötigt wurden.

Ohne Genehmigung entstanden die ersten 3-t-Lastwagen.

Erst dann begann er, Verhandlungen mit den Besatzern aufzunehmen. Es gelang ihm mit viel Ausdauer sogar, sie davon zu überzeugen, daß es sinnvoller wäre, Lastwagen aus den noch vorhandenen alten Teilen zusammenzubauen, als sie verrotten zu lassen.

Nachdem die Briten die Unsinnigkeit ihrer Verbote eingesehen und ihre Zustimmung zur Verarbeitung der Restposten gegeben hatten, legte Schindelhauer mit seinen Leuten erst richtig los! Wagen auf Wagen verließ das notdürftig geflickte Werk. Was an Teilen fehlte, wurde ohne Genehmigung heimlich neu angefertigt.

Die britischen Wirtschaftsoffiziere schüttelten nur noch die Köpfe und wunderten sich, woher soviel ›vorhandenes‹ Material kam – – !

Unterstützung fand Schindelhauer bald auch durch

den inzwischen in Hannover gegründeten ›Produktionsausschuß für die Automobilindustrie‹, der später in den ›Verband der Autoindustrie e. V.‹ (VDA) Frankfurt/M. überging.

In dem Werk in der Bremer Neustadt, aus dem später die ›Lloyd Motoren Werke GmbH‹ wurde, gelang es ihm, eine regelrechte kleine Produktion anzukurbeln. Die erste Büroeinrichtung hatte aus einer (leeren!) Apfelsinenkiste und einer alten, klapperigen Reiseschreibmaschine bestanden.

1947 waren aus den anfänglichen 400 schon wieder 1800 Mann geworden, und bis zum Stichtag der Währungsreform (20. Juni 1948) waren 2700 Lkw fertig. Eine unglaubliche Leistung angesichts der völlig unzulänglichen und primitiven Arbeitsbedingungen!

In den Ruinen des von Hermann Grimberg geleiteten Werkes in Hastedt wurden alte, aus dem Kriege zurückgekehrte Fahrzeuge notdürftig zusammengeflickt – wie schon einmal, am Ende des Ersten Weltkrieges. Nur mußte es diesmal unter weitaus schwierigeren Voraussetzungen geschehen.

Das während der Kriegsjahre eingerichtete Außenwerk Delmenhorst lieferte Getriebe, Vorder- und Hinterachsen und das Werk Ottersberg die Motoren für den Lastwagen, den 3-Tonner B 3000 S mit 3,7-Liter-Sechszylindermotor, 78 PS, der in Sebaldsbrück in der Ecke einer dreiviertel zerstörten Halle ohne Fensterscheiben zusammengebaut wurde.

Ende des Jahres kam ein zweiter Typ, der ›B 1000‹, hinzu.

Einen besseren Vertreter seiner Sache hätte Borgward nicht finden können, als diesen Generalbevollmächtigten, von der Stadt ernannten Treuhänder und von der Besatzungsmacht bestätigten Custodian Schindelhauer!

1948
Zurück aus der Internierung

Am 13. Juli kehrte Carl Borgward aus der Internierung im Lager Ludwigsburg nach Bremen zurück. Die amerikanischen Besatzungstruppen hatten ihn als Kriegsverbrecher behandelt.

Als er zum erstenmal sein Werkgelände wieder betreten durfte, zeigte ihm Schindelhauer, was er inzwischen alles schon in Gang gebracht hatte. Er tat es mit einem berechtigten Stolz. Unter diesen Verhältnissen war jeder beseitigte Trümmerschutt, jede notdürftig hergerichtete Fensterscheibe ein Fortschritt.

Borgward bewunderte den Einsatz jedes einzelnen Mannes, dem er begegnete. Was hier unter den schwersten Bedingungen geleistet wurde, war großartig. Mit der Hände Arbeit bemühte man sich, aus allem das Beste zu machen.

Von dem 1938 eingeweihten Werk fand er nur noch ein Viertel der 80 000 Quadratmeter großen Hallen vor, verfallen, beschädigt. Reif für den Abbruch.

Borgward sah es als Realist.

Das war nicht sein Werk, sein ›Bilderbuchwerk‹, das er einst geschaffen, für dessen Errichtung er sich aufgeopfert hatte. Was sich ihm hier darbot, war ein Notdienst, ein Behelf. Ein Flickwerk.

Resignierend wandte er sich ab.

»Ich fange nicht mehr an«, waren seine ersten Worte, die er nach Verlassen der Werkanlagen zu den wenigen Freunden sprach, die ihm noch geblieben waren. »Im Leben werde ich keine Automobile mehr bauen.«

Er ist nicht mehr der junge Mann aus der Zeit der ›Goldenen Zwanziger Jahre‹. Die Lagerhaft hat ihn körperlich mitgenommen und seelisch strapaziert. Der letzte Rest an Zuversicht, den er sich in der Gefängniszelle noch mühsam bewahrt hatte, geht unter in der Not, die er rings um sich antrifft. Er findet sich nicht zurecht in dieser Welt voller Trümmer.

Seiner Frau Elisabeth gelingt es, ihn behutsam in seine alte Gedankenwelt zurückzuführen und ihn wieder aufzurichten. Ausländische Freunde helfen ihr dabei. Sie bescheinigen Borgward seine Integrität in politischer Hinsicht. Die von der Militärregierung eingesetzten deutschen Behörden geben ihm die Erlaubnis zur Führung seiner Werke zurück.

Die Bemühungen verfehlen ihre Wirkung nicht.

In Borgward geht eine Wandlung vor. Er, der Tatmensch, erkennt, daß er noch gebraucht wird, daß er noch nicht zum alten Eisen gehört.

Der Gedanke, eines Tages wieder Autos bauen zu können, ist es, der ihn beseelt. Ganz neue, noch formschönere Modelle als je zuvor würde er schaffen können – –

Urplötzlich steht für ihn der Entschluß fest, den schweren Weg des Aufstiegs erneut anzutreten – trotz seiner 58 Jahre.

Er sagt wieder ›ja‹ zum Leben.

Schon am nächsten Tag stürzt er sich in die Arbeit. Mit einem Kopf voller Ideen. Wie einst – –

Als erstes nimmt er den Wiederaufbau des Werkes Sebaldsbrück in Angriff und betraut damit den Mann, der es vor zehn Jahren geschaffen hatte, den Architekten Rudolf Lodders.

In den folgenden vier Jahren verbaut Lodders für ihn in jedem Monat 500 000,– D-Mark.

Viele rätselten daran herum, woher er das Geld dafür nahm. Nun, er hatte noch Guthaben, alle Lieferanten hielten zu ihm, und vor allem brachte sehr bald jeder neue Wagen, der hergestellt wurde, bares Geld. Ein Restkapital bildete mit Sicherheit sein guter Name, zu dem man sehr schnell wieder Vertrauen faßte.

Nach 1948 verbaute Borgward 30 Millionen Kilogramm Zement, 16 Millionen Kilogramm Stahl, 12 Millionen Ziegelsteine und 135 000 Quadratmeter Glas. Auf 307 000 Quadratmeter bebauter Fläche entstanden 22 Werkhallen und Verwaltungsgebäude mit 2,5 Millionen Kubikmeter umbauten Raumes.

Die Maurer zogen noch die Wände hoch, während die Arbeiter schon die ersten Lastwagen montierten, oft noch unter freiem Himmel. Aber nie war die Laune besser!

Aus den paar hundert Mann am Anfang wurden 1949 schon 6700, und statt der anfänglichen paar Laster bauten sie in diesem Jahr schon 13 000 Fahrzeuge, darunter sogar 1200 Personenwagen!

Vom ersten Tage des Wiederaufbaues an muß Borgward seine Vielseitigkeit unter Beweis stellen. Im unteren Geschoß eines wiederhergestellten Gebäudes hat er sein Kontor, im Stockwerk darüber sein Konstruktionsbüro. In dem einen Raum arbeitet er als Techniker, in dem anderen als Kaufmann, sein Kopf wird überall gebraucht. Es wäre schwer zu sagen, wo er länger verweilt. Von der Zahl der Stunden, die er im Werk verbringt, soll hier gar nicht erst die Rede sein. Nur soviel steht fest, es ging wieder so ähnlich zu wie damals – als der Blitzkarren ›geboren‹ wurde. Und seine Geschwisterkinder – –

Wenn man Borgward gefragt hätte, wo er sich lieber aufhielte, hätte er zweifellos nach oben zu dem Geschoß gezeigt, wo er die neuen Typen entwarf, die Formen modellierte, seine Konstrukteure unterwies. Von hier gingen die Blaupausen in die Herstellung, sobald sie mit seinem Signet versehen waren.

Aber auch im Kontor mußte er hundertprozentig wachsam sein. Hier wird mitunter um halbe Pfennige gehandelt. Wenn es gelingt, die 6000 Teile, aus denen ein Auto besteht, durch günstigen Einkauf oder auch durch bessere Ausnützung der Werkanlagen um einen halben Pfennig billiger zu bekommen bezw. herzustellen, so ergibt sich pro Wagen ein Gewinn von 30 Mark. Bei 100 000 Wagen sind das drei Millionen Mark. Am halben Pfennig kann man sogar zugrunde gehen, wenn man nicht aufpaßt – –

Doch zurück zum Unternehmer Carl Borgward und seinen mit großer Entschlossenheit, aber auch mit Bedacht ausgeführten Plänen zum kaufmännischen Wiederaufbau seines Werkes.

Seine Ziele stehen klar vor ihm: Eine Anzahl von Gesellschaften mit beschränkter Haftung wird er gründen. Drei vollkommen selbständige Firmen.

Neben privaten, familiären Gründen war dafür auch ein anderer ausschlaggebend, der allerdings heute kaum noch verständlich ist: In dieser Zeit der Rohstoffbewirtschaftung durch die Besatzungsmächte wurde jeder deutschen Automobilfabrik das gleiche Rohstoff-Kontingent zugeteilt, und d r e i Firmen erhielten somit dreimal soviel wie eine!

So entstanden nacheinander die drei Automobilwerke, die später die sogenannte ›Borgward-Gruppe‹ repräsentierten: Goliath, Lloyd und Borgward. (Das war etwa der umgekehrte Entstehungsweg wie v o r dem Kriege.)

Zuerst wurde die Goliath-Werk GmbH am Osterdeich gegründet. (Gesellschaftsvertrag vom 10. 8. 1948). Das Stammkapital von 100 000,– Deutsche Mark setzte sich zusammen aus den Stammeinlagen von Carl Friedrich Wilhelm Borgward mit 50 000,– DM, seiner Frau Elisabeth mit 40 000,– DM und Friedrich Kynast mit 10 000,– DM.

Kynast wurde Geschäftsführer. (Mit an Sicherheit grenzender Wahrscheinlichkeit hat er auch hierzu »Na ja, schön –« gesagt!) Einen Monat später wurde der Kaufmann Albert Doeding zum zweiten Geschäftsführer bestellt.

Wie der Name dieses ersten Werkes sagt, sah Borgward für den schon einmal in Notzeiten bewährten ›Goliath‹-Dreiradwagen eine Chance.

Genau wie bei der Inflation 1923 waren auch bei der ›Währungsreform‹ von 1948 die kleinen Sparer und Gewerbetreibenden besonders hart betroffen. Hinzu kamen noch die meist völlig mittellosen Vertriebenen und Flüchtlinge aus den ehemaligen deutschen Ostgebieten.

Borgwards erster und der Zeit entsprechend richtiger Entschluß lautete: Dreiräder bauen! Noch dazu stand ihm auch jetzt wieder der altbewährte Dreirad-Spezialist Friedrich Kynast dafür zur Verfügung.

Warum also noch lange überlegen?

Vom Chef bis zum letzten Arbeiter waren alle begeistert vom neuen Start. Alle packten mit an. Während in der einen Ecke noch die Trümmer beseitigt wurden, entstanden in der anderen schon die ersten Autos!

Die größte Schwierigkeit für die Käufer aber war, daß das Benzin noch immer rationiert war! Manchmal wurden die seltsamsten Ringtauschgeschäfte – über Feuerzeugsteine, Kartoffeln, Preßkohlen und gebrauchte Schuhe – durchgeführt, um zu dem benötigten Treibstoff zu kommen.

In ihrer Werbung betonte die Goliath-Werk GmbH daher besonders, daß der Dreiradwagen durch seine Anspruchslosigkeit seinem Besitzer helfe, mit der geringen Brennstoffzuteilung auszukommen. Handfeste Argumente, die in die Zeit paßten!

1949
Drei neue Werke sollen es sein

Der Wiederaufbau geht in einem atemberaubenden Tempo vor sich.

Als zweite Gesellschaft wurde am 2. Februar 1949 die Lloyd Maschinenfabrik GmbH gegründet. Die Stammeinlagen betrugen: 50 000,– DM von Carl Friedrich Wilhelm Borgward, 40 000,– DM von seiner Ehefrau Elisabeth Borgward, und 10 000,– DM von dem Ingenieur Wilhelm Lathwesen.

Ein Jahr später wurde aus der anfänglichen Maschinenfabrik die ›Lloyd Motoren Werke GmbH‹, und am 25. 11. 1949 wurde die Carl F. W. Borgward GmbH als dritte und letzte der drei nach dem Kriege neu gegründeten Automobilfabriken in das Handelsregister eingetragen.

Das Stammkapital von zehn Millionen D-Mark teilt sich in eine Einlage von 9,9 Millionen DM von Carl F. W. Borgward und eine weitere von 100 000 DM von Frau Elisabeth Borgward.

Das Vermögen der alten Firma aus dem Jahre 1938 war nicht auf die Neugründung übertragen worden. Von den rund 22 Millionen DM Bilanzkapital (30. September 1949) verblieben Grundstücke, Gebäude und Fabrikeinrichtungen im Buchwert von über 12 Millionen DM bei Carl Borgward, so daß das neue Unternehmen wie auch die beiden Schwesterfirmen Goliath und Lloyd nicht auf eigenem Grund und Boden wohnten.

Neben Carl Borgward wurden die Kaufleute Otto Carstens und Wilhelm Schindelhauer zu stellvertretenden Geschäftsführern ernannt.

So waren drei juristisch vollkommen selbständige Firmen geschaffen worden, die nicht nur ihre eigene Planung und Produktion hatten, sondern auch eine eigene Verkaufsabteilung, Werbeabteilung und einen Kundendienst.

Ebenso war es in der Händlerorganisation. Im Normalfall vertrat ein Händler nur jeweils eine der drei Firmen; nur ganz wenige Borgward-Vertretungen handelten gleichzeitig auch mit Lloyd- oder Goliath-Erzeugnissen.

Viel Glück beim neuen Start hatte die Goliath-Werk GmbH: Hier konnte eine Reihe von Automobiltechnikern eingestellt werden, die vor dem Einmarsch der sowjetischen Truppen aus den Werken der Autounion bei Chemnitz geflüchtet waren. Man hatte sie mit offenen Armen in Bremen empfangen, denn diese Leute waren auf den Zweitakt-Motor eingeschworen. So bekamen Zweitakt-Fans in West-Deutschland einen Zweitakter mit Frontantrieb, bevor DKW hier eine Produktion ins Leben rufen konnte.

Als erster Wagen entstand bei Goliath zunächst ein Dreiradwagen Typ GD 750, der nicht etwa eine Neuauflage der Modelle der zwanziger Jahre darstellte, sondern tatsächlich in jeder Beziehung dem neuesten Stand

Der Goliath-Dreiradwagen GD 750 findet großen Anklang bei den kleineren Gewerbetreibenden. Der tüchtige Wagen hat das Pferd abgelöst und schenkt seinen Besitzern jeden Morgen ein paar Stunden Schlaf mehr. Marktfrauen wissen das zu schätzen.

der Technik angepaßt war.

Da die Kleingewerbetreibenden sehr schnell zu Geld kamen, (Handwerk hat wirklich goldenen Boden!) bestand die erste größere Investition meist in der Anschaffung eines kleinen, rentablen Transportfahrzeugs.

Der Absatz der Dreiradwagen GD 750 nahm daher so rapide zu, daß im April 1949 der Preis infolge der großen Auflage in Serienproduktion auf 3 425,- DM gesenkt werden konnte. Günstig wirkte sich außerdem aus, daß die Ausgabe von Benzin-Scheinen nach und nach großzügiger gehandhabt wurde.

Was von nun an und in den folgenden Jahren geschieht, grenzt an Zauberei.

Am 5. August lief bei Borgward der 10 000ste Lastwagen vom Fließband. Und nur 10 Wochen später, am 13. Oktober 1949, konnte die Presseabteilung melden:

23-8076

Am 5. August lief bereits der 10 000ste Lastwagen vom Band, ein B 3000 Drei-Tonner Diesel Kipplader.

»Nunmehr ist die serienmäßige Herstellung der ersten deutschen Pkw-Neukonstruktion nach dem Kriege, des Borgward ›Hansa 1500‹, angelaufen.«

Als der Wagen auf dem ›Genfer Salon‹ und auf der Exportmesse in Hannover vorgeführt wurde, erregte er durch seine Formschönheit Aufsehen. Die erstmalig in Deutschland angewandte ›Pontonform‹ – man sprach vom ›new look‹ aus Bremen – fand Bewunderer, aber auch Kritiker. Vielleicht durch aufgeschreckte Konkurrenzunternehmen alarmiert, warfen sie Borgward vor, er habe damit eine ›amerikanische Linienführung‹ importiert.

Spielte man damit auf seine Internierungszeit bei den Amerikanern an?

Wie Borgward dazu selbst sagte, hat er tatsächlich diese Zeit im Lager Ludwigsburg benutzt, sich über den Automobilbau in den USA zu informieren. Von den Wachmannschaften lieh er sich die neuesten Auto-Zeitschriften aus und war beeindruckt von den Fotos, auf denen vorherrschend Modelle mit Pontonform abgebil-

◀ **Bei vielen Handwerkern bestand die erste Investition nach der Währungsreform in der Anschaffung eines kleinen, rentablen Transportfahrzeugs.**

Die erste deutsche Pkw-Neukonstruktion, der ›Hansa 1500‹, läuft am 13. 10. 1949 vom Band. Carl F. W. Borgward – mit Zigarre in der Hand – lächelt zufrieden zu den Pressefotografen und Kameramännern hinüber.

Rechts: Carl F. W. Borgward auf dem Werkgelände, umringt von seinen Mitarbeitern. Links von Borgward Dr. Hans Krämer (ohne Hut).

Rechte Seite:
Oben: Blick in die Montagehalle des ›Hansa 1500‹.

Unten: ›New look‹ aus Bremen:
Der neue ›Hansa 1500‹ präsentiert sich in der zum erstenmal in Deutschland angewandten Pontonform.

det waren.

Andererseits hatte Borgward schon Anfang 1940, also im ersten Kriegsjahr, seinen ›Hansa 1700‹ mit ähnlicher Linienführung fertig. Bevor er aber in die Serienproduktion gehen konnte, hatten die Pläne – durch die Kriegsumstände bedingt – wieder in der Schublade verschwinden müssen.

Ungeachtet allen Geredes, ob amerikanisch oder nicht, setzte sich der ›new look‹ durch und wurde von nun an bei allen drei Borgward-Werken zur Selbstverständlichkeit – zu einer Zeit, als alle anderen deutschen Fabriken noch im alten Stil die hohen Karossen produzierten. Erst allmählich stellten auch sie sich auf die neue Form um, die heute nicht mehr wegzudenken ist.

Der ›Hansa 1500‹, im Jahre 1949 der geräumigste deutsche Personenwagen, ausgerüstet mit einem 1,5-Liter-4-Zylinder-Motor mit einer Leistung von 48 PS (bei 4000 U/min) kostete 1949/50 zweitürig 7 600–, DM (viertürig 8 200,–) und als Cabriolet (Hebmüller) 10 500,– DM.

Die Kosten, die durch neue Anlagen für die Herstellung der Ganzstahlkarosserie entstanden waren, brachte der schnell steigende Umsatz sehr bald wieder ein. Besonders das Exportgeschäft, das vor dem Kriege bereits eine bedeutende Rolle gespielt hatte, entwickelte sich außerordentlich gut. Hauptabnehmer waren zunächst Brasilien, Uruguay und Australien.

Aus diesem ersten Nachkriegsmodell entwickelte sich im Laufe der Zeit die spätere ›Isabella‹ – mit Pontonform!

1950
Der ‚Leukoplastbomber' – die Kutsche für die ganze Familie

Die Zeit der großen selbständigen Unternehmerpersönlichkeiten sei vorüber, sagte man schon damals. Größere Unternehmen könnten nur noch durch Kapitalgesellschaften gegründet oder aufrechterhalten werden.

In der Tat hat es den Anschein, daß die vielen bedeutenden Firmen, die in der Form von Aktiengesellschaften bekannt sind, die Richtigkeit dieser These bestätigen.

Doch da gibt es in Bremen einen Mann namens Carl F. W. Borgward, der erst vor anderthalb Jahren aus der Gefangenschaft entlassen wurde, der ganz neu hatte beginnen müssen und der alle Theorie zunichte macht. Seine Werke entwickeln sich offenbar allen Gesetzen zuwider. Sie wachsen zusehends – unter seiner Führung als Alleinunternehmer. Wie ein Schneeball, den man im frischen Schnee wälzt. Je größer er wird, um so schneller wächst er!

Fast möchte man sogar sagen, daß das schnelle Wachstum seiner Werke, das noch dazu von einem minimalen Anfangskapital ausging, in der Form einer anonymen Gesellschaft gar nicht möglich gewesen wäre. Zuviel Zeit wäre wahrscheinlich draufgegangen, wenn jede neue Idee, jeder spontane Entschluß erst einen zeitraubenden Instanzenweg bis zur Genehmigung durch den Aufsichtsrat hätte durchlaufen müssen. Ganz abgesehen von der Finanzierungsfrage, die Carl Borgward jedesmal nach kurzer Rücksprache mit seinen Finanzleuten aus dem Stegreif entschied.

Wer Borgward damals fragte, worin das Geheimnis seines schnellen Erfolges bestünde, erhielt von ihm die gleiche Antwort, die er vor zwanzig Jahren schon gab: »Wir haben nie viel vom Geld gehalten. Alles was wir verdient haben, wurde sofort wieder in der Produktion angelegt!«

Seine ganze Zauberei bestand also darin, daß er keine Gewinne entnahm. Jeden Pfennig, den er erübrigen konnte, investierte er. Das war schon zu Zeiten des Blitzkarrens so, als Fräulein Wilhelmine Bick verzweifelte aber meist vergebliche Anstrengungen unternahm, etwas Geld in der Kasse zu halten. Einmal soll sie sogar ihr privates Tafelsilber verpfändet haben, damit am Freitag pünktlich die Löhne gezahlt werden konnten! Borgward hatte gar nichts davon gewußt. Er erfuhr es erst, als sie schon tot war.

›Tante Minna‹, wie man sie im Werk allgemein nannte, sollte den Neubeginn nicht mehr erleben. Sie starb während des Krieges.

Vor dieser resoluten kleinen Frau mit Herz hatten schon in den dreißiger Jahren alle Respekt gehabt. Selbst ehemalige hochdekorierte Offiziere, die nach dem verlorenen Ersten Weltkrieg als Vertreter oder Händler tätig geworden waren, sollen vor ihr gezittert haben, wenn sie wegen Provisionen oder anderer finanzieller Dinge mit ihr zu verhandeln hatten.

Borgward vermißte sie sehr.

Der Lloyd LP 300 – genannt ›Leukoplastbomber‹: Karosserie aus Sperrholz, mit elastischem Kunstleder überzogen. Für so manchen war er das erste fahrbare Dach über dem Kopf nach dem Kriege.

Einen Menschen wie sie hätte er beim Wiederaufbau gern an seiner Seite gehabt. Und ganz besonders auch später, nach weiteren zehn Jahren, als es kritisch wurde.

Alle nach ihr folgenden Verantwortlichen für die Buchhaltung hatten es nicht leicht gehabt, sich zunächst erst einmal mit den eigenwilligen Prinzipien der Borgwardschen Geschäftsführung vertraut zu machen.

Denn trotz aller gelegentlichen Schwierigkeiten während der Nachkriegsjahre hielt Borgward sich fest an seinen Grundsatz, sich nicht in die Hände von Banken zu begeben. Er wahrte seine Selbständigkeit – und investierte. Die laufenden Erfolge bestätigten die Richtigkeit des Prinzips. Der Schneeball rollt und rollt, und einmal

So sollte ursprünglich der Kühlergrill des Goliath-Personenwagens aussehen.

1950 vorgestellt: Der Goliath-Personenwagen GP 700, ein Wagen der Mittelklasse. – Senatspräsident Bürgermeister Kaisen und Werbeleiter Erwin Plog begutachten das erste lackglitzernde Modell.

größer geworden, wächst er in der Proportion!

Ein Musterbeispiel dafür sind die erst ein Jahr zuvor gegründeten Lloyd Motoren Werke.

Borgward baute nun zwar schon wieder ›richtige‹ Autos, aber sein kaufmännischer Spürsinn sagte ihm – wie ebenfalls schon einmal vor zwanzig Jahren! – da müßte in dieser schweren Zeit eigentlich eine Käuferschicht zu erschließen sein, die sich einen ›richtigen‹ Wagen, einen ›Hansa 1500‹ für rund 8 000,– DM, einfach noch nicht leisten kann. (Gebrauchtwagen gab es noch nicht!)

Er hatte recht. Da klaffte eine Marktlücke!

Einen Kleinwagen müßte man bauen, ein Wägelchen, das noch keine dreieinhalbtausend Mark in der Anschaffung kosten dürfte, das sparsam im Brennstoffverbrauch wäre, aber für vier Personen Platz hätte. Kurz gesagt: eine bescheidene kleine Familienkutsche!

Gesagt, getan. Im April war das erste rundliche kleine Auto fertig.

Auf dem Reißbrett hatte es ganz adrett ausgesehen. Als Borgward dann aber den Wagen in voller Größe (besser gesagt: in voller ›Kleine‹) vor sich stehen sah, kamen ihm doch gewisse Bedenken wegen der Platzverhältnisse.

»Setzen wir uns mal rein«, sagte er zu seiner Sekretärin, »ich bin kurz und dick, und Sie sind groß und haben lange Beine, und wenn wir beide da hineinpassen, dann ist das Auto in Ordnung!«

Rita Elfenbein stieg mit eingezogenem Kopf vorsichtig von rechts ein, Borgward setzte sich ans Lenkrad.

»Paßt!« rief er nur.

Mit dieser Sitzprobe hatte das neue Auto seine schwerste Prüfung bestanden.

Der Lloyd LP 300 war zwar gerade kein Wagen, mit dem man großen Eindruck machen konnte. Aber er war ein Wagen.

Wen scherte es, daß der luftgekühlte 300-ccm-Zweitaktmotor mit seinen zwei Zylindern ein bißchen laut knatterte, was machte es, daß sein Ventilator heulte und sein Getriebe sang, die Hauptsache war, er fuhr. Und das tat er – mit seinen runden 10 PS. Wenn man ihn gut behandelte, konnte man ihm sogar Spitzengeschwindigkeiten von fast 75 km/h entlocken. Was wollte man mehr – für 3 334,– DM!

Von dem Fahrlärm hörte der Fahrer selbst übrigens weniger als seine Umwelt. Er saß in einer schalldämpfenden Holzkarosserie, die mit Kunstleder überzogen war.

Das wiederum brachte dem wackeren Gefährt im Volksmund die weniger schmeichelhafte Bezeichnung ›Leukoplastbomber‹ ein. Borgward soll erschrocken gewesen sein, als er hörte, welchen Spitznamen man seinem jüngsten Erzeugnis angehängt hatte. Aber mit diesem Namen sollte es dafür auch in die Automobilgeschichte eingehen!

Trotz aller Witze, die über den LP 300 gemacht wurden, sicherte er sich sofort einen guten Marktanteil, und für so manchen war er das erste fahrbare Dach über dem Kopf nach dem Kriege.

Die Produktion hatte mit 17 Fahrzeugen pro Tag begonnen und mußte schnell gesteigert werden – der Schneeball war ins Rollen gekommen!

Der Wiener Diplom-Ingenieur Hans Krämer (vorher im Konstruktionsbüro bei Opel) wurde am 27. Juni als weiterer Geschäftsführer bestellt und bemühte sich besonders um die gesamte Technische Leitung. Die Stelle von Wilhelm Lathwesen nahm am 10. November der Kaufmann Johann Klee ein, und anschließend erhöhten Borgward und seine Frau Elisabeth, die nunmehr alleinigen Gesellschafter, das Stammkapital auf 800 000,– Deutsche Mark.

Und wieder einmal platzte der Betrieb aus allen Nähten. Noch waren die Lloyd Motoren Werke nur Gast auf dem Gelände der Goliath-Werk GmbH in Bremen-Hastedt.

Borgward erkannte die Notwendigkeit, seinem kleinen ›Bestseller‹ eine neue, eigene Fabrik zu errichten. Auf der anderen Seite der Weser, in der Neustadt, erwarb er ein Industriegrundstück von 200 000 Quadratmetern.

Es war höchste Zeit dafür geworden, denn auch die Goliath-Leute hatten nicht geschlafen und benötigten ihr Werkgelände dringend selber.

Eine viersitzige Limousine, Goliath GP 700, hatte hier das Licht der Welt erblickt. Selbstverständlich mit Pontonform! Besondere Merkmale: ›Windschlüpfigkeit‹ der Linienführung, tiefe Schwerpunktlage, elegante Ausstattung, gute Steuerungsmöglichkeit durch Einzelaufhängung der Räder.

Die ›Kölnische Rundschau‹ vom 5. Oktober nennt ihn schlicht ›ein Gedicht‹!

Zur Überraschung aller an Transportfahrzeugen interessierten Kunden rollen auch erstmals Goliath-Vierrad-Lieferwagen vom Band.

Und in der Nachbarhalle wird zur gleichen Zeit bereits der 10 000ste Goliath-Dreiradwagen fertiggestellt.

Friedrich Kynast erlebte den kommenden Aufstieg nicht mehr. Er starb im Spätsommer. Sein Nachfolger wurde Oberingenieur August Momberger, der mit wertvollen Zweitakt-Erfahrungen aus Chemnitz (von der Auto-Union) nach Bremen gekommen war, wo Borgward bereits viele andere Flüchtlinge aus dem Osten willkommen geheißen hatte.

Als Carl Borgward am 10. November seinen 60. Geburtstag feierte, erhielt er als erster Bürger der Freien Hansestadt Bremen die Senatsmedaille für hervorragende Leistungen im Wiederaufbau. Senatspräsident Bürgermeister Wilhelm Kaisen fuhr extra nach Sebalds-

Die ersten Goliath-Vierrad-Lieferwagen finden sofort großen Anklang: Der GV 800 als Pritschenwagen.

Der Chef verabfolgt Zigarren – doch stets nur aus seinem schwarzen Lederetui. Hier bedient sich der Fahrer des 10 000sten Eineinviertel-Tonner-Lkw, der am 28. 3. 1950 vom Band gelaufen ist.

Prominentester Besucher des Jahres 1950 ist Bundespräsident Theodor Heuß, der sich am Modell die ausgedehnten Werkanlagen erläutern läßt.

Dr. E. h. Carl F. W. Borgward 60 Jahre alt. Jeden Morgen geht er zu Fuß über den Osterdeich zum Goliath-Werk in Hastedt, begleitet von seiner Frau und einem seiner drei Hunde.

An seinem 60. Geburtstag: Die Technische Hochschule Hannover verleiht ihm den Titel eines Dr. Ing. E. h. Weil man ihn damit als Konstrukteur würdigte, hat er sich darüber besonders gefreut.

Senatspräsident Bürgermeister Wilhelm Kaisen verleiht Dr. E. h. Carl F. W. Borgward als erstem Bremer Bürger die Senatsmedaille für hervorragende Verdienste um den Wiederaufbau.

Typ Inka

BORGWARD
Hansa 1500
Typ Inka

brück, um sie ihm persönlich zu überreichen.

Dort standen schon wieder Hallen mit einer Gesamtfläche von 110 000 Quadratmetern – 30 000 mehr als vor dem Kriege! 8000 Beschäftigte hatten hier ihren Arbeitsplatz gefunden. Die Bremer hatten allen Grund, sich darüber zu freuen, daß trotz der verheerenden Kriegsauswirkungen ihre Automobilindustrie erhalten geblieben war.

Die Technische Hochschule in Hannover verlieh Carl Borgward, der den ›Hansa 1500‹ praktisch allein konstruiert hatte, den Titel eines Dr. Ing. e. h.

Er war erfreut über alles, aber viel Zeit zum Feiern hatte er nicht. Das erste Jahr des ›Wirtschaftswunders‹ hatte begonnen!

Der 10 000ste Eineinviertel-Tonner-Lkw war vom Band gelaufen, und 2000 Wagen ›Hansa 1500‹ sind ins Ausland exportiert worden. Die hohen Produktionsziffern hatten auch hier wieder einmal Preissenkungen erlaubt, die für die einzelnen Typen zwischen 300,– und 1 800,– DM betrugen und prozentual größer waren als die aller anderen Konkurrenzfirmen.

Bundespräsident Theodor Heuß, der prominenteste Besucher der Borgward-Werke in diesem Jahr, war voller Bewunderung über die Leistungen, die in der kurzen Zeitspanne seit der Währungsreform vollbracht worden waren.

Trotz aller Erfolge hieß es für Borgward, wachsam zu sein. Denn auch die Konkurrenz schlief nicht!

Um dem Namen seines Werkes ein besseres Image zu geben, stieg er schon früh in den Rennsport ein. Zur plausibelsten Werbung in der Automobilbranche gehören nun einmal Siege und Rekorde – seit es Wagen ohne Deichsel gibt.

Aber Autorennen und Rekordfahrten kosten Geld. Viel Geld! Und sie tragen ein gewisses Risiko in sich, wenn es schief geht.

Rennbeteiligungen sind am teuersten – und der Sieg ungewiß. Rekorde zu fahren ist dagegen weniger risikoreich: Zunächst einmal läßt man sich von der Internationalen Sportkommission in Paris die Listen kommen, in denen die bereits bestehenden Rekorde aufgeführt sind. Dann überlegt man sich, was das eigene Fahrzeug leisten könnte und probiert es aus. Ist man sich seiner Sache sicher, meldet man die Rekordversuche an. Die Sportkommissare kommen zur Rennbahn, nehmen die Fahrzeuge ab und stoppen die Zeiten. Fertig!

Das hört sich alles sehr einfach an. Aber es erfordert eine Unmenge an gewissenhaften Vorbereitungen, die Zeit und Geld kosten, denn im Endeffekt kommt es auf Sekunden an. Auf Bruchteile von Sekunden!

Borgward stieg zunächst vorsichtig – und vor allem billig! – in den Rennsport ein: Er förderte die Deutschlandfahrten des ADAC. Da fuhren Amateure, die nichts kosteten! Dann organisierte ihm August Momberger, der bei den Wanderer-Werken Sportleiter gewesen war, die ersten Rekordfahrten. Auf der Rennstrecke von Linas-Monthléry bei Paris stellte er zwölf neue Rekorde auf mit einem Borgward Hansa 1500, der sich ›Typ Inka‹ nannte. Borgward hatte – als Neuling auf diesem Gebiet – das Risiko mindern wollen, falls es nicht geklappt hätte, und darum den Zusatz ›Typ Inka‹ verlangt, um im Falle eines Mißerfolges den Namen Borgward weniger zu belasten.

Aber es hatte geklappt!

Die hervorragendsten Ergebnisse sind der Rekord über 1000 Meilen mit einer Durchschnittsgeschwindigkeit von 172 km/h, sowie der über 48 Stunden mit einem Schnitt von 147,94 km/h. Als Fahrer waren dabei: August Momberger, Adolf Brudes, Heinz Meier und Karl Heinz Schäufele. Sie lösten sich untereinander im Fahren ab.

Die Presse hatte groß darüber berichtet. August Momberger hatte Carl Borgward damit schmackhaft gemacht, daß man auch mit sportlichen Erfolgen den Namen seines Werkes populär machen konnte.

◀ **Oben: Empfang der Rekordfahrer an der Stadtgrenze nach ihrer Rückkehr mit dem Borgward Hansa 1500 Typ ›Inka‹ aus Linas-Monthléry bei Paris. – Links August Momberger, in der Mitte Adolf Brudes, rechts Hans Hugo Hartmann. Unten: Jugend umringt den ersten Borgward-Rennwagen bei der Rückkehr nach Bremen.**

1951
38 Weltrekorde mit einem ‚Goliath'

Bei der Carl F. W. Borgward GmbH in Sebaldsbrück hatte das Jahr gut angefangen: Am 2. Januar war der 10 000ste Pkw vom Band gelaufen.

Drei Wochen später holte sich Heinz Rühmann, der damals gerade ›im Kommen‹ war, als einer der ersten Borgward-Fans seinen ›Hansa 1500‹.

Und Anfang Februar flatterte Carl Borgward die wohl seltsamste Bestellung auf den Tisch, die er jemals erhalten hat. Sie kam aus Afrika – von einem Kaiser!

Seine Majestät Kaiser Haile Selassie von Abessinien bestellte drei Wagen. Aber nicht etwa schwere, luxuriöse in Handarbeit gefertigte Personenwagen, sondern – Leichenwagen!

Dem Schreiben, das der Kaiser persönlich unterzeichnet hatte, waren genaue Zeichnungen beigefügt, wie die Leichenwagen auszusehen hätten. Als Gläubiger der koptischen Kirche hatte er drei Kreuze (Tatzenkreuze, wie sie vom ›Eisernen Kreuz‹ her bekannt sind) für die Seitenwände der Wagen vorgesehen. Das Dach sollte von hohen schwarzen Säulen getragen werden.

Carl Borgward war sich klar darüber, daß nur Lastwagen für die Fahrgestelle in Frage kamen. Aber wer sollte die Karosserie bauen? Im eigenen Werk war das nicht möglich. Es hätte zuviel Umstände gemacht, weil man auf Leichenwagen der koptischen Kirche nun einmal nicht vorbereitet war.

Auf der Suche nach einem geeigneten Betrieb stieß er auf die Bremer Karosseriebaufirma Wilhelm Thiele.

Wilhelm Thiele nahm sich der Sache persönlich an und schuf drei prächtige, lackglitzernde offene Leichenwagen mit schweren schwarzen Samtvorhängen und einem großen kastenförmigen Behälter zur Aufnahme der Zinksärge. Als die drei Leichenwagen seinen Werkhof verließen, fiel der Blick der Gäste, die dem feierlichen Augenblick beiwohnten, auf die Rückseite des Torbogens. Darauf standen – wie es häufig bei Betrieben üblich ist – die sinnvollen Worte »Auf Wiedersehen!«

Alles schmunzelte.

Ein Wiedersehen mit den Wagen gab es Gott sei Dank für niemanden. Sie erfüllten ihre Aufgabe im schwarzen Erdteil, und seine Majestät soll sehr zufrieden damit gewesen sein.

Die Lloyd Motoren Werke GmbH (sie schrieb sich tatsächlich ohne Bindestriche!) hatte glücklich ihren Umzug in die neuen Hallen auf der anderen Seite der Weser hinter sich gebracht und konnte am Jahresende melden, daß 6849 Wagen (vom Typ ›Leukoplastbomber‹) fertiggestellt und verkauft worden waren. Und das, obwohl die Konkurrenz nichts unversucht gelassen hatte, den mißliebigen Nebenbuhler herabzuwürdigen, wo immer sich eine Gelegenheit dazu bot. Selbst vor makabren Anti-Werbeslogans schreckte man nicht zurück: »Wer den Tod nicht scheut, fährt Lloyd!«

Drei Leichenwagen – bestellt von seiner Majestät, dem Kaiser Haile Selassie von Abessinien. Die Aufbauten schuf nach genauen Angaben die Bremer Karosseriefabrik Wilhelm Thiele.

Lloyd-Parade in Istanbul im Jahre 1951. Neben der Limousine sieht man auch bereits den Kombi, Typ Lloyd LS 300.

Ein Wunschtraum der Deutschen beginnt in Erfüllung zu gehen: Reisen im eigenen Auto!
Links: Zwei Goliath-Wagen aus Bremen mit dem Kennzeichen AE (Amerikanische Enclave) im Teutoburger Wald. – Rechts: Das erste Sport-Coupé des Goliath 700 verursacht einen Menschenauflauf auf dem Domshof in Bremen.

Der Konkurrenzkampf hatte in diesem Jahr 1951 einen einmaligen Höhepunkt erreicht.

Während es im Jahre 1948 in der Bundesrepublik ganze fünf Automobilhersteller gegeben hatte, war ihre Zahl innerhalb von drei Jahren emporgeschnellt auf 39 Firmen! Das war der Höchststand bezüglich der Anzahl von Automobilfirmen nach dem Kriege!

Doch: Von nun an ging's bergab!

Zehn Jahre später existierten davon nur noch zwanzig. (Eine interessante Parallele zu den ›Goldenen Zwanziger Jahren‹!)

In diesem Jahr 1951 mit seinem ›Boom‹ an Automobilfabrikanten war jeder darauf bedacht, möglichst viel von sich reden zu machen.

Auch Borgward war selbstverständlich darum bemüht, die Namen seiner drei Werke im Gespräch zu halten und ins Licht der Öffentlichkeit zu rücken.

Zu den wirksamsten Mitteln in dieser Hinsicht gehören nach alter Erfahrung Pressemeldungen. Der gutwilligste Redakteur aber kann keine Meldung bringen, wenn sie nicht wirklich eine echte Nachricht oder Neuigkeit enthält. Besser natürlich sogar eine kleine Sensation.

Wie aber fabriziert man ›Neuigkeiten‹? – Indem man Rekorde fährt!

Nach den erfolgreichen Rekordfahrten des Borgward-Teams im vergangenen Jahr in Linas-Monthléry mit dem ›Hansa 1500‹ hatte man gute Rückschlüsse ziehen können auf die ›Public Relations‹-Wirksamkeit derartiger Unternehmen. Es hatte Pressemeldungen nur so gehagelt – und der Name Borgward war in aller Munde gewesen.

Doch dieses Rennen war gelaufen.

Und was konnte man nun noch tun?

Mit einem Lloyd LP 300 würde man auf einer Rennbahn wohl kaum Eindruck machen!

Somit sind die Goliath-Werke an der Reihe, Schlagzeilen zu machen!

Das war 1951: Mit dem Dreiradwagen und der ganzen Familie ins Grüne! Ein Goliath GD 750, der wochentags dem Broterwerb und am Wochenende der Erholung diente.

Albert Doeding, Geschäftsführer der Goliath-Werke GmbH und August Momberger (im Rennwagen).

Welchen Wagen aber sollte man aus der Goliath-Familie zum Rennwagen hochjubeln? Den Goliath GP 700?

Zur Not könnte man das gerade erst neugeschaffene zweisitzige Sport-Coupé mit Benzineinspritzung hochzüchten.

Momberger hatte eine bessere Idee: Mit einem Drei-

Ein Fahrzeug wie eine Rakete! »Ein Dreirad-Fahrzeug – aber kein Rennwagen!« So entschieden die Sportkommissare aus Paris vor Beginn der Rekordversuche.

Das dreirädrige Goliath-Weltrekord-Fahrzeug mit Hugo Steiner am Steuer.

Fünf Rennfahrer lösten sich untereinander ab, um 38 Weltrekorde aufzustellen – ein halsbrecherisches Unternehmen auf drei Rädern.

radwagen sollte man auf die Rennbahn gehen. Mit einem eigens für Rekordfahrten konstruierten Dreirad!

So etwas hatte es noch nicht gegeben!

Borgward gab sofort seine Zustimmung.

Ein schnittiger Goliath-Rennwagen mit einem 700-ccm-Zweitaktmotor wurde gebaut, und schon ging's ab nach Frankreich. Mit von der Partie waren diesmal fünf Rennfahrer: Hugo Steiner, Adolf Brudes, Hans Hugo Hartmann, Otto Koch-Bodes und Helmut Polensky.

Insgesamt 38 Weltrekorde stellten sie auf! Die bedeutendsten davon waren die über zwei Stunden mit einem Schnitt von 155 km/h und über 2000 Meilen mit einem Schnitt von 130 km/h.

»Es war ein halsbrecherisches Unternehmen – auf drei Rädern!« erinnert sich der achtzigjährige Adolf Brudes noch mit Schaudern daran. »Tag und Nacht

Hugo Steiner. Nach den Weltrekorden in Monthléry verunglückte er mit dem dreirädrigen Fahrzeug auf dem Hokkenheim-Ring tödlich.

GOLIATH

mußte gefahren werden. Etwa alle 300 Kilometer, wenn getankt wurde, wechselten wir uns ab. Die Zeit aber lief währenddessen weiter. An Schlaf war nicht zu denken!«

Gleich am Anfang, bei der Abnahme des Fahrzeugs durch die Sportkommissare, hatte es ein Spektakel gegeben, das allen Beteiligten einen gehörigen Schreck in die Glieder jagte: Die Kommissare sagten, dieser Goliath sei kein Rennwagen. Weil er nur drei Räder hätte! Es gäbe kein Auto mit drei Rädern. Der Goliath sei daher nur als ein ›»Dreirad-Fahrzeug‹ zu bezeichnen!

Nachdem sich die Bremer von dem anfänglichen Schock erholt hatten, stellten sie plötzlich fest, daß sich durch diese unverhoffte Sprachregelung die Lage für sie sogar noch erheblich verbessert hatte. Denn damit wurde jetzt jeder Rekord zu einem echten ›absoluten Weltrekord‹, weil es noch nie zuvor Dreiradfahrzeuge gegeben hatte, die schneller gewesen wären!

Gefahren wurde übrigens nur 19 mal. Die Rechnung sah dann so aus: Einmal wurde die Klasse bis 750 ccm gewertet und einmal die bis 1200 ccm. Das ergab zusammen 38!

Die Werbeabteilung der Goliath-Werke, mit Erwin Plog an der Spitze, schlachtete die Ergebnisse nach allen Regeln der Kunst aus und rührte doppelt so laut die Werbetrommel. Die Fotos des Goliath-Rekordfahrzeugs gingen durch die Weltpresse.

Ein schreckliches Ereignis aber trübte sehr bald die Freude der Rekordfahrer von Linas-Monthléry.

Aus Frankreich zurückgekehrt, faßte Hugo Steiner einen verhängnisvollen Entschluß. Auf dem Hockenheim-Ring wollte er versuchen, einige der bereits aufgestellten Weltrekorde nochmals zu verbessern.

Alle rieten ihm ab. Es sei eine mörderische Strecke. Sie sei für dieses Fahrzeug, das nur ein Vorderrad habe, völlig ungeeignet. Die Kurven seien zu eng. Der Rennfahrer Hugo Steiner ließ sich nicht abhalten.

In der berüchtigten ›Friedhofskurve‹ (sie führte tatsächlich an einem Friedhof vorbei) überschlug sich sein Wagen. Hugo Steiner war sofort tot.

1952
Dampfblasen und Benzineinspritzung

Erneut nimmt Borgward einen Anlauf, in die schwere Wagenklasse vorzustoßen. Wie schon 1936, als er den luxuriösen Direktorenwagen ›Hansa Privat‹ mit seiner 3,5-Liter-Sechszylindermaschine schuf, geht es ihm diesmal mit den neuen Modellen hauptsächlich auch wieder ums Prestige.

Auf der Internationalen Automobilausstellung in Frankfurt am Main stellt er sie vor: den ›Borgward Hansa 1800‹ und den ›Borgward Hansa 2400‹. Beide sind als Fortentwicklungen des ›Hansa 1500‹ anzusehen. Der ›Borgward Hansa 1800‹ mit seinem 1,8-Liter-60-PS-Motor war jedoch mit einem Drei- statt mit einem Vierganggetriebe ausgestattet, im übrigen unterschied er sich äußerlich nur wenig von seinem Vorgänger, wenn man von der Zierleiste unter den Seitenfenstern absieht. Der Preis betrug 8 880,– DM (zweitürig), also nur genau 400,– DM mehr als der des ›Hansa 1500‹. Der geringe Unterschied ist in keiner Weise gerechtfertigt gewesen, aber vielleicht sollte er einen Anreiz für die Käufer darstellen.

Den großen ›Borgward Hansa 2400‹ für 13 000,– DM hatte Borgward sich offensichtlich als Gegenstück zu der Konkurrenz von Daimler-Benz (›Mercedes 220‹) und Opel (›Kapitän‹) gedacht.

Seine eigenwillige Form mit dem durchgezogenen Dach fand jedoch bei den Käufern dieser Gruppe keinen Anklang, sie wurde daher ein Jahr später geändert. Der ›Buckel‹ verschwand wieder.

In Fachkreisen hatten sich zudem Mängel herumgesprochen: Das Strömungsgetriebe war störungsanfällig, die Bremsen zu schwach.

Nur 1032 Wagen wurden ab Oktober 1952 (ab März 1953 die ›Pullmann‹-Limousine) bis zum Sommer 1955, also innerhalb von fast drei Jahren, davon gebaut. (Und mit Not verkauft.)

Der Preis für die ›Pullmann‹-Ausführung betrug 15 450,– DM. Das von Borgward erstmalig in Europa eingeführte automatische Getriebe ›Hansa-Matic‹ kostete 850,– DM extra.

Der Absatz besserte sich auch nicht, als der Preis für die Limousine nach drei Jahren um 650,– DM und der für die Pullmann-Limousine sogar um 3 000,– DM gesenkt wurde, obwohl diese Wagen nicht in Serienherstellung produziert wurden, sondern praktisch Stück für Stück Handarbeit darstellten!

Der versuchte Einbruch in die begüterten Käuferschichten war damit wieder einmal gescheitert.

Borgward wollte nicht aufgeben und brachte später (1953) den ›Borgward Hansa 1800 Diesel‹ heraus, der mit dem gleichen Dieselmotor wie der 1,5-Tonner Lastwagen ausgerüstet war, sich aber äußerlich von dem ersten 1800-Modell nicht unterschied. Auch er hatte nicht den erhofften Erfolg.

Alfred Fischer, Pressechef der Carl F. W. Borgward

Der große ›Borgward Hansa 2400‹ mit dem durchgezogenen ›Fließheck‹, das keinen großen Anklang fand. Sechszylinder-Motor mit 82 PS bei 4500 U/min.

GmbH, dazu: »Wir haben eben eine andere Käuferschicht!«

Als Renommier-Aushängeschild machten sich diese Wagen recht gut und erfüllten so doch noch ihren Zweck. Ein gutes Geschäft sind sie nie geworden. Das große Geld brachten immer nur die Kleinen.

Wahrhaftig!

Während Borgward mit soviel Trara und Werbeaufwand seine ›Großen‹ vorgestellt und zu verkaufen versucht hatte, war ohne viel Aufhebens die kleine Familienkutsche LP 300 eifrig weitergebaut worden. Bis zum Ende eben dieses Jahres 1952 wurden insgesamt 18 087 Wagen abgeliefert! Seit 1950 als Limousine, ab 1951 der Kombi und das Coupé, ab Januar eine verbesserte Ausführung mit breiterer Motorhaube und mit Zierleisten versehen.

Im Gegensatz zu den ›Großen‹, bei denen die Preise herabgesetzt wurden, konnten beim ›Kleinen‹ die Preise erhöht werden. Von 3 334,– DM 1950 auf 3 664,– DM im Jahre 1952. Das waren 330,– DM mehr oder umgerechnet ganze zehn Prozent! Trotz rationeller Serienproduktion.

Der LP 300 war ein guter Wurf gewesen. Den damaligen Zeitverhältnissen entsprechend eine geradezu sensationelle Lösung des Kleinwagenproblems. Und es schadete ihm nicht im geringsten, daß man ihn ›Leukoplastbomber‹ nannte.

Wir werden noch mehr von ihm hören!

Bei der Goliath-Werk GmbH gab es etwas ganz Neues: Die Benzineinspritzpumpe.

In enger Zusammenarbeit mit der Robert Bosch

Schon frühzeitig gehörten zu den Borgward-Fans Heinz Rühmann . . .

. . . und Olga Tschechowa, die hier gerade ihren ›Hansa 2400‹ in Empfang nimmt.

GmbH wurde für den Otto-Zweitaktmotor eine direkte Benzineinspritzung entwickelt.

In der Werbung wurde insbesondere die Wirtschaftlichkeit gepriesen. So hieß es in halbseitigen Anzeigen beispielsweise: »Ein Goliath mit Benzineinspritzpumpe spart in einem Jahr soviel Kraftstoff, daß Sie die Urlaubsreise gratis haben! Bitte rechnen Sie mit: Sie fahren im Jahr etwa 20 000 km. Die Einspritzpumpe spart dabei rund 20 % Kraftstoff, also für etwa 4 000 km Fahrstrecke. Das reicht gut für eine Fahrt Hamburg – Neapel und zurück!«

Das stimmte zwar, dafür traten aber in der Praxis gleich bei den ersten Wagen oft unerwünschte Nebeneffekte auf. Bei kurzem Halten nach längerem Fahren mit hoher Geschwindigkeit setzte plötzlich der Motor aus und war zunächst nicht wieder in Gang zu bringen. Erst, wenn man die Motorhaube öffnete und ihn einige Zeit abkühlen ließ, konnte man ihn auf einmal wieder anlassen, als sei nichts gewesen!

Schuld daran wäre eine Dampfblasenbildung in der Benzinzuleitung, sagte man unzufriedenen Kunden im Werk.

Der Motor verbrauchte übrigens kein ›Gemisch‹ mehr, wie es sonst bei Zweitaktern üblich ist, sondern reines Benzin und reines, unverbrauchtes Öl.

Nachdem man die anfänglichen Mängel, die bei den ersten seit Dezember 1952 serienmäßig hergestellten Personenwagen (Produktionsanteil zunächst 20 %, später 50 %) behoben hatte, wurden die neu durchkonstruierten Vierrad-Lieferwagen, die unter der Bezeichnung ›Expreß‹ herauskamen, sowie die Kombiwagen und der Luxusbus mit Einspritzmotoren ausgerüstet.

10000.
LLOYD - WAGEN
10000

A E 29-4178

Lloyd-Ballett auf den Stufen vor dem Bremer Dom: Kombi-Modelle und Limousinen mit Schiebedach sind auch dabei.

Für Liebhaber sportlicher Modelle war sogar ein Cabriolet und das bereits erwähnte Sportcoupé mit Benzineinspritzung geschaffen worden.

Der Preis des letzteren, von dem nur wenige Exemplare hergestellt wurden, betrug dann auch 9 700,– DM. (Für die Limousine dagegen nur 6 420,– DM.)

Die Goliath-Werk GmbH konnte Ende des Jahres ansehnliche Zahlen vorweisen: Produziert wurden 12 609 Fahrzeuge, darunter 3 473 Pkw und 4 447 Dreiradwagen. Den Rest bildeten Vierrad-Lieferwagen.

◀ **Oben: Der kleine Lloyd ist ein großer Schlager geworden! Den 10 000sten Wagen fährt Carl Borgward selbst vom Band.**

Unten: Klein – aber oho!
Lloyd-Fahrer nehmen an winterlichen Sternfahrten teil. Am Kontrollpunkt wird schnell ein Blick in die Karte geworfen (11. 1. 52 in Brinkum).

Inwieweit die Werbeabteilung an diesem Erfolg beteiligt war, ist natürlich niemals zu sagen. Fest steht jedoch, daß sie außerordentlich rührig war.

In der Gestaltung von Anzeigen für die Illustrierten entwickelte Erwin Plog einen ganz neuen Stil: Regulär bezahlte Anzeigen wurden in der Art aktueller ›Reportagen‹ veröffentlicht. Und jedesmal spielte dabei ›zufällig‹ ein Fabrikat der Goliath-Werk GmbH die Hauptrolle. Die ›Verpackung‹ war so raffiniert, daß der Leser meist überhaupt nicht dahinterkam, daß er es mit einer gezielten Werbung zu tun hatte. Wenn er es am Ende doch noch bemerkte, hatte er zumindest alles schon gesehen und gelesen – was er bei einer offen als Reklame erkennbaren Anzeige vielleicht nicht unbedingt getan hätte. (Und womöglich schmunzelte er dann noch obendrein über seine eigene Findigkeit!)

In allen großen Illustrierten wurden ab Januar 1952 auf halben Seiten solche ›getarnten‹ Anzeigen veröffentlicht.

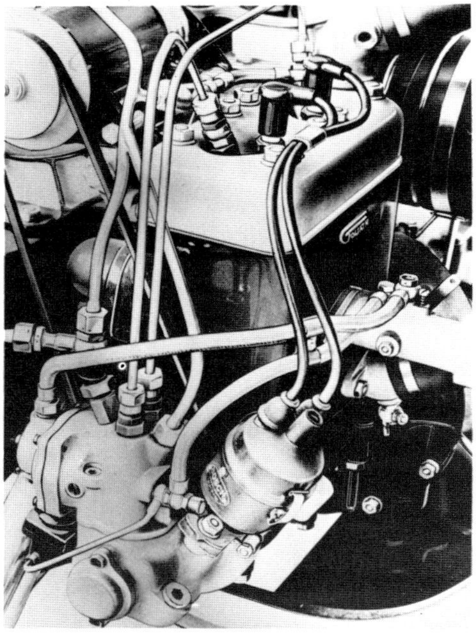

Bestechend in seiner Form: Das Goliath-Coupé, Typ GP 700 Sport, mit Bosch-Benzin-Einspritzpumpe ausgerüstet.

Links: Teilansicht des Goliath-700-Motors mit Bosch-Benzin-Einspritzpumpe.

Rechte Seite:
Oben: Goliath-Dreiradwagen im Dienste der Landwirtschaft.

Unten: Auch mit Dreirad-Fahrzeugen kann man seine Fahrkünste unter Beweis stellen. Geschicklichkeitsfahren in St. Andreasberg im Harz.

BR 59-7128

Hans Hugo Hartmann wird von Herrn und Frau Borgward nach seiner Rückkehr aus Linas-Monthléry begrüßt. – Im Hintergrund der neue 1,5-Liter-Borgward-Rennsportwagen, mit dem fünf Klassenrekorde aufgestellt wurden.

Dabei ging es beispielsweise um ›Die gute Tat‹: Ein kleiner Schulbub hatte seinen Schulranzen in der Straßenbahn liegengelassen. In seiner Not lief er zum Onkel Schupo. Der stoppte den ersten besten Wagen – es war tatsächlich der ›beste‹, nämlich ein nagelneuer Goliath-Pkw! Der Fahrer hatte Verständnis, lud den Jungen in seinen Goliath und holte die Straßenbahn in wenigen Minuten ein – –

Eine hübsche Bilderstory. Und jedesmal ist der Goliath der Star auf den Fotos!

Oder: Die Flüchtlingsfrau Vera H. aus Pommern, die jetzt in Emden eine Taxe fährt. Natürlich einen Goliath!

Oder: Die jüngste Autofahrerin Ursula Diestelhorst aus Bremerhaven-Speckenbüttel, die als Sechszehnjährige jeden Morgen um sechs mit ihrem Dreiradwagen – einem Goliath – die Brötchentour fährt und in einer Stunde für ihren Vater 1 800 Brötchen ausliefert. (Weil der Wagen so schnell ist!)

Sogar der Bremer Senatspräsident, Bürgermeister Wilhelm Kaisen, stellte sich für eine ›Reportage‹ zur Verfügung. Schließlich handelte es sich ja bei dem Goliath um ein Erzeugnis ›seiner‹ Stadt, für die er buchstäblich alles tat, wenn es ihr diente.

Als ›Moorbauer‹ (in Holzpantinen und eines seiner Schafe kraulend) und als ›Präsident‹ (im dunklen Anzug, die neuesten technischen Errungenschaften an einem Goliath betrachtend) ließ er sich fotografieren.

Die Werbeagenturen, die sich hierbei ausgeschaltet fühlten, liefen Sturm gegen Plogs neue ›Masche‹, denn sie waren zwar (mehr oder weniger gute) Werbefachleute, aber eben keine Journalisten. Plog jedoch hatte einen freischaffenden Bildjournalisten damit beauftragt!

Die Sache wirbelte Staub auf.

Lautstarke Proteste, die nicht zuletzt auch von der Konkurrenz innerhalb der Automobilbranche ausgingen, bewirkten schließlich, daß die als Reportagen getarnten Anzeigen ab sofort durch Hinzufügen des Wortes ›Anzeige‹ gekennzeichnet werden mußten.

Immerhin – der kleine Goliath hatte auch auf diesem Gebiet ›Pionierarbeit‹ geleistet! Denn der neue Stil hatte bald auch bei Firmen anderer Branchen Eingang gefunden, und noch heute sieht man in der Presse gelegentlich redaktionell getarnte Werbung mit dem kleinen Wörtchen ›Anzeige‹.

Im Rennsport setzte die Carl F. W. Borgward GmbH die Erfolgsserie fort.

Ein ganz neuer 1,5-l-Borgward-Rennsportwagen war geschaffen worden.

Damit löste Borgward sein Versprechen ein, das er am 23. September 1938 bei seiner Rede anläßlich der Einweihung des Werkes Sebaldsbrück gegeben hatte: »... einen Rennwagen zu bauen und damit in den Kreis der Firmen einzutreten, die sich an autosportlichen Veranstaltungen beteiligen. Es handelt sich dabei um einen 2-Liter-Wagen, mit dem wir die Zweihundert-Kilometer-Geschwindigkeitsgrenze zu überschreiten hoffen ...«

Borgward war jedoch bei 1,5-Liter-Wagen geblieben, deren Motor dem der serienmäßigen nahekam. Das hatte den Vorteil, daß die Rennerfahrungen dem Serienbau zugute kommen konnten.

Nachdem Hans Hugo Hartmann mit dem neuen Rennwagen das Berliner Avus-Rennen und das Grenzlandring-Rennen gewonnen hatte, machte er sich zusammen mit Adolf Brudes auf den Weg nach Paris, wo sie gemeinsam auf der Rennbahn von Linas-Monthléry fünf international anerkannte Klassenrekorde in der Klasse bis 1,5 Liter aufstellen konnten:

Von Adolf Brudes:
über 50 km
mit einem Schnitt von 214,5 km/h
über 50 Meilen
mit einem Schnitt von 215,5 km/h
über 100 km
mit einem Schnitt von 215,5 km/h

Von Hans Hugo Hartmann:
über 200 Meilen
mit einem Schnitt von 203 km/h
über 500 km
mit einem Schnitt von 193 km/h

Aus Sicherheitsgründen hatten diese Rekordversuche abgebrochen werden müssen, weil die Materialbeanspruchung zu groß war.

Die von Borgward einst erstrebte Überschreitung der Geschwindigkeitsgrenze von 200 km/h aber war bereits Wirklichkeit geworden – und dies sogar mit einem Motor von nur 1,5 Liter!

Auf der zweieinhalb Kilometer langen Rennstrecke, der einzigen in Europa, auf der Schnelligkeitsrekorde bis an die Grenzen der Leistungsfähigkeit von Mensch und Maschine ausgefahren werden konnten, hatte der Borgward-Rennsportwagen sogar eine Rundengeschwindigkeit von 223 km/h erreicht!

1953
Rennen in Mexiko – Lloyd im neuen Gewande

Rennerfolge – Siege – Siege – Siege!

Borgward ist ernsthaft in den Rennsport eingestiegen. Mit eigenen, ausgezeichneten Rennfahrern und neuen Wagen beginnt er bei seinen Konkurrenten am Lack zu kratzen, die den Rennsport bisher für ihre alleinige Domäne gehalten hatten – Daimler-Benz und Porsche.

Borgward-Fahrer tauchen mit ihren schnellen Wagen überall auf und holen sich Siege, mit denen noch vor Jahresfrist niemand gerechnet hätte.

Im Mai stellte eine Mannschaft, bestehend aus Brudes, Hartmann, Schäufele, Nathan und den beiden Franzosen Poch und Mouche mit einem Borgward-Coupé, das mit einem 1800-ccm-Dieselmotor ausgerüstet ist, 12 internationale Klassenrekorde auf. Darunter die über

50 km
mit einem Schnitt von 135,55 km/h
2000 Meilen
mit einem Schnitt von 139,21 km/h
Außerdem zwei Weltrekorde:
5000 km
mit einem Schnitt von 130,72 km/h
48 Std
mit einem Schnitt von 123,53 km/h

Im Juni wird Adolf Brudes mit seinem 1500-ccm-Borgward-Rennsportwagen um eine Nasenlänge Zweiter beim Eifel-Rennen auf dem Nürburg-Ring.

Am 12. Juli 1953 siegt Hans Klenk mit dem gleichen Wagen mit einem Schnitt von 183,5 km/h vor dem Porsche-Fahrer Hermann beim Avus-Rennen in Berlin.

Im September gewinnt Brudes das erste Rennen ›Tausend Kilometer auf dem Nürburg-Ring‹. Brudes, Bechem und Helferich werden Klassensieger und belegen im Gesamtklassement den dritten Platz hinter dem Weltmeister Ascari auf dem 4,5-Liter-Ferrari und Stewart auf dem 3,5-Liter-Jaguar.

Den Höhepunkt der rennsportlichen Ereignisse in diesem Jahr bildete für Borgward aber die Carrera Panamericana, die vom 19. bis 23. November in Mexiko ausgetragen wurde.

Hartmann und Brudes waren jeder mit einem Rennsportwagen über den Atlantik gekommen, aus Ersparnisgründen ohne Monteure. Sie wußten, was ihnen bevorstand: Ein für Fahrer und Zuschauer gleichermaßen nervenzerreißendes Rennen in Etappen an fünf Tagen durch ganz Mexiko, von Tuxtla-Gutierrez im Süden bis an die Grenze im Norden bei Juarez, rund 3100 km. Auf Straßen mit Staub und Sand und Löchern. Bergauf und bergab über Gebirgspässe. Durch Kurven, die für hakenschlagende Hasen geeignet gewesen wären, aber nicht für Rennwagen.

Die Starts waren ausgezeichnet vonstatten gegangen. Doch dann verließ das Glück die Bremer.

Brudes, der eine Minute hinter Hartmann gestartet

Oben: 19. November 1953: Start zur ersten Etappe der mörderischen Carrera Panamericana in Tuxtla-Gutierrez, im Süden von Mexiko. Hans Hugo Hartmann im 1500-ccm-Borgward-Rennsportwagen, gefolgt von Adolf Brudes, der eine Minute später gestartet wurde.

Mitte: Der Wagen mit Adolf Brudes geriet in einer engen Kurve infolge Rollsplitts ins Schleudern und überschlug sich. Adolf Brudes wurde durch die Luft geschleudert und landete in einem Baum.

Links: Der Unglückswagen mit der Start-Nummer 156. »Wenn ich angeschnallt gewesen wäre, hätte ich das nicht überlebt!« sagte Adolf Brudes hinterher.

Rückkehr der Borgward-Rennfahrer aus Mexiko. Auf dem Bremer Flughafen werden sie von ihren Frauen stürmisch begrüßt. Links Hans Hugo Hartmann, rechts Adolf Brudes.

war, wurde in der ersten Etappe infolge Rollsplits aus einer Kurve getragen, sein Wagen überschlug sich, er selbst landete mit aufgerissener Nasenscheidewand und gespaltener Oberlippe in einem Baum. Aus!

In einer Unfallstation, die an dem bereits als ›kriminell‹ bekannten Streckenteil vorsorglich errichtet worden war, wurde er notdürftig verarztet. (Brudes dazu: »Wenn ich angeschnallt gewesen wäre, hätte ich das nicht überlebt!«)

Hartmann kam zwar gesund über die Strecke, aber 200 km vor dem Ziel ereilte ihn das Pech: Ein Ansaugrohr brach – der Wagen lief nur noch auf drei ›Töpfen‹!

Dadurch kam er in der letzten Etappe in der Karenzzeit um sieben Sekunden zu spät. Er wurde disqualifiziert – obwohl er über die gesamte Strecke anderthalb Stunden schneller gefahren war als der spätere Sieger.

Bei der Heimkehr der beiden Pechvögel gab es in Bremen einen ›großen Bahnhof‹. Im Werk Sebaldsbrück war die größte Halle gefüllt mit Arbeitern, Gästen

Vor Tausenden von Arbeitern, in der größten Halle des Werkes Sebaldsbrück, hängte Carl Borgward den beiden Rennfahrern goldene Lorbeerkränze um – als Anerkennung für ihre Leistungen, obwohl beide vom Pech verfolgt gewesen waren.

Die schönsten Stunden im Leben Borgwards waren die, in denen er sich mit schöpferischer Arbeit beschäftigen konnte. – Die Aufnahme zeigt ihn zu später Stunde im Werk Sebaldsbrück beim Modellieren der ›Isabella‹.

und Presse, auf riesigen Wandbildern war der Borgward-Rennsportwagen abgebildet, Senatoren hielten Ansprachen, Carl Borgward selbst hängte den beiden Fahrern goldene Lorbeerkränze um – –

In den Presseberichten schlachtete man das 7-Sekunden-Pech gründlichst aus und bedauerte Hartmann, der deswegen um seinen sicheren Sieg gekommen war.

Der Werbeeffekt war größer, als wenn er gesiegt hätte. Alle Welt sprach vom Borgward-Rennwagen und den verhängnisvollen sieben Sekunden!

Auf der IAA, der Internationalen Automobilausstellung in Frankfurt/Main, präsentierte sich der Lloyd im neuen Gewande: An den Seiten wies er Stahlblechschalen auf. Nur das Dach war noch aus Holz mit Kunstlederverkleidung. Vorteil: Die Teile konnten einzeln ausgewechselt werden.

Vor allem aber hatte er auch eine stärkere Maschine bekommen, einen Zweitakt-Zweizylinder-Motor mit 400 ccm (genau: 386 ccm) Hubraum und 13 PS (bei 3750 U/min).

Seine neue Bezeichnung: Lloyd LP 400.

Der Lloyd LP 300 hatte sich also gemausert!

Auch das Motorengeräusch war jetzt leiser geworden, das Singen des Getriebes und das Heulen des Ventilators gedämpft. Nun ist er kein ›Leukoplastbomber‹ mehr!

Die monatlich produzierten 1 000 Fahrzeuge wurden den Händlern aus den Händen gerissen. Stolzes Ergebnis für das Jahr 1953: 19 310 Fahrzeuge!

Die große Überraschung aber war scheibchenweise serviert worden: In stufenweisem Übergang stellte man sich ganz auf Stahlblechteile um, so daß es am Ende der Entwicklungsreihe, die einst mit einem Hartholz-Fachwerkgerippe, Sperrholzverkleidung und Kunstlederbezug begonnen hatte, einen Lloyd LP 400 S mit Ganzstahlkarosserie gab.

Er löste bei den Lloyd-Anhängern eine riesige Freude aus, denn für sie war das Auto kein Gebrauchsgegenstand schlechthin, sondern ›der Stolz der ganzen Familie‹.

Am Wochenende fuhr man mit ihm ins Grüne. Mit Kind und Kegel, Hund und Zelt, mit Spirituskochern, Plastiktellern und Grammophon.

Und immer schön gemächlich!

Er machte zwar in der Spitze seine 75 Stundenkilometer, aber die brauchte man gar nicht. Im Gegenteil – wenn man nicht ganz so schnell fuhr, kam man mit sechs Litern Sprit auf 100 km aus. Und wenn man mal stille, abgelegene Plätze aufsuchen wollte, zog einen der Frontantrieb sogar querfeldein durchs Gelände.

Wer seinem ganz persönlichen Geschmack Ausdruck geben wollte, konnte ihm durch ein paar Veränderungen wie Zierleisten, Plaketten und andere Extras für wenig Geld eine individuelle Note verleihen.

Alles war billig. Die Steuer, die Versicherung, die Unterhaltungskosten. Und nicht zuletzt auch die Reparaturen.

Das Austauschen eines Motors kostete 7,50 DM (sieben Mark fünfzig!), das Aus- und Einbauen des Antriebs-Aggregats 8,50 DM und das Fertigmachen des Tauschmotors 6,– DM. Der Preis für einen ganzen Austauschmotor betrug noch keine hundert Deutsche Mark.

Lloyd-Fahrer waren eine Klasse für sich! Mit ihnen vollzog sich die Motorisierung breiter Schichten.

Es war klar, daß das neue Modell seinen Weg machen würde. Daß es aber eines Tages – nach einigen Verbesserungen und gleichzeitigen Preissenkungen – die magische Zahl von 100 000 Stück überschreiten würde, hatte niemand vorausgesagt.

Borgwards alter Grundsatz, sich möglichst weitgehend von fremden Zulieferern unabhängig zu machen und nach Möglichkeit alles in eigener Regie herzustellen, kann in einem weiteren Punkt Verwirklichung finden.

Es geht ihm darum, die Spezialaufbauten für Lastwagen, die bisher von fremden Firmen hergestellt wurden, in Zukunft selbst zu produzieren.

Dabei kam ihm ein Kredit von zwei Millionen Mark, den er aus Lastenausgleichsmitteln zur Schaffung neuer Arbeitsplätze erhielt, wie gerufen. Ebenso willkommen war ihm wohl auch, daß er im niedersächsischen Ort Osterholz-Scharmbeck, einen Katzensprung von Bremen entfernt, 52 000 Quadratmeter Grundbesitz von der Firma Fahrzeugwerke F. Drettmann, über deren Vermögen das Vergleichsverfahren eröffnet worden war, erwerben konnte. Und dazu noch die Hälfte des Stadtparkes! Denn, einen Großunternehmer vom Format Borgwards in seinen Mauern zu haben, war der Stadt mehr wert, als der halbe Stadtpark!

Man dachte an die Errichtung einer Großsiedlung für Borgward-Arbeiter, einer Miniaturstadt im Grünen.

Luftaufnahme der Goliath-Werke am Hastedter Osterdeich-Werk GmbH in Bremen.

Schon bei nur hundert Häusern zu je 30 000,– DM würde sich ein Kostenaufwand von drei Millionen D-Mark ergeben. Erfreuliche Perspektiven für eine so kleine Stadt!

Zunächst aber richtete Carl Borgward die 18 000 Quadratmeter große, von den Fahrzeugwerken F. Drettmann erworbene Produktionsfläche durch Um- und Anbauten für seine Zwecke her und beschäftigte dort rund 350 Arbeitskräfte mit dem Bau von Spezialkarosserien.

Wieder war Borgward dem Endziel, das ihm vorschwebte, einen Schritt nähergekommen.

Ein Goliath-Personenwagen entsteht. – Neben dem Punktschweißen ist das autogene Schweißen immer noch unentbehrlich. – Bilder oben Mitte: Facharbeiter fertigen Präzisionsteile.

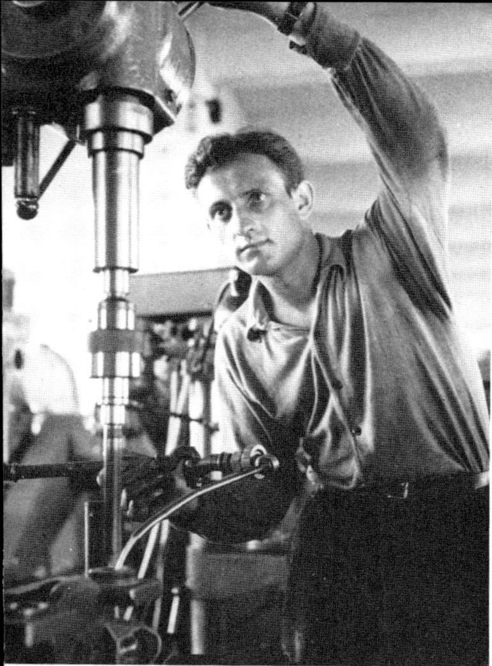

Schmutzig grau, mit einzelnen, ungleichmäßigen Silberflecken behaftet, sehen die Teile noch aus, die erst durch Schleifen glatt und ebenmäßig werden.

An den Fließbändern in den großen Montagehallen. Unten: Rohkarosserie-Fließbänder der Pkw- und Dreiradproduktion. Oben links: Mit Kränen werden die Karosserien zu den Fahrwerksteilen gehoben; rechts: Endkontrolle der fertigen Wagen.

1954
Die ‚Isabella' ist da!

Es war noch Winter, als Carl Borgward seine Sekretärin mit ins Allerheiligste, sein Konstruktionsbüro, nahm und ihr die Zeichnung des Wagens zeigte, der einmal der schönste werden sollte, den er je gebaut hat.

»Wie finden Sie ihn?« fragte er sie gespannt und erwartete, daß sie in Bewunderung ausbrechen würde.

Rita Elfenbein starrte auf das große Zeichenbrett. Sie sah unzählige Striche und Linien – aber darunter konnte sie sich nicht viel vorstellen.

»Ich muß ihn mit Lack und Chrom sehen!« rief sie dann.

Borgward nickte verständnisvoll mit dem Kopf und lächelte – –

Im Juni lief er vom Band – mit Lack und Chrom. Und alle, die ihn sahen, waren sofort begeistert von ihm. Genauer gesagt, von ›ihr‹. Denn es handelte sich um das erste Auto, das eine ›sie‹ war: die Isabella. Bisher waren Automobile stets männlichen Geschlechts gewesen (Der Hansa 1500!).

Man konnte also in diesem Falle mit Fug und Recht von der Schönheit ihrer Kurven sprechen und von dem Temperament, das sie zu entwickeln imstande war.

Letzteres hatte sie offensichtlich von ihren Ahnen vererbt bekommen. In der nüchternen Sprache der Techniker gesagt: Die Rennsporterfahrungen mit dem 1,5-Liter-Motor hatten sich günstig ausgewirkt auf die Entwicklung eines ganz neuen Hochleistungsmotors. Der 4-Zylindermotor mit seinen 60 PS (bei 4700 U/min) verlieh der ›Isabella‹ eine Höchstgeschwindigkeit von 135 km/h und eine Beschleunigung von 0–100 km/h in 25 Sekunden.

Der für ein Automobil etwas ungewöhnliche Name ›Isabella‹ stammte von Dr. Borgward persönlich.

Viel wurde daran herumgerätselt, wie er wohl darauf gekommen sein mochte.

Eines steht fest: An die Königin Isabella von Kastilien, die mit Ferdinand von Aragonien den Grundstein zum spanischen Nationalstaat gelegt hatte, hat er mit Sicherheit nicht gedacht. Ebensowenig an die niederländische Isabella, die Tochter Philipps II. von Spanien, der wir die Bezeichnung ›isabellfarbig‹ verdanken: Als ihr Mann einst das widerspenstige Ostende belagerte, tat sie den merkwürdigen Schwur, ihr Hemd nicht eher zu wechseln, als bis die Stadt erobert sei. Erst nach vier Jahren war es soweit. Da war das Hemd ›isabellfarbig‹!

Die wahre Entstehungsgeschichte dieses merkwürdigen Automobil-Namens ist viel simpler.

Während der Versuchsfahrten mit dem neuen Wagen, die sich monatelang hinzogen und über Straßen und Autobahnen führten, hatte man natürlich nicht vermeiden können, daß er von vielen Menschen gesehen wurde. Nun ist es aber in der Automobilbranche so, daß sich die alten Modelle nur noch schlecht verkaufen lassen, so-

A E 21-0566

BORGWARD
A E 21-0566

Borgward Isabella‹ – ein Modell, das in bezug auf Formschönheit und technische Ausstattung seiner Zeit weit voraus war.

bald ein neues in Sicht ist. Daher bemühte man sich jedesmal, die neuen so lange wie möglich geheimzuhalten.

Bei dem neuen Borgward-Modell wollte man ganz besonders klug vorgehen und kam auf die Idee, ihm einen Tarnnamen zu geben, der nichts davon verriet, daß es sich um ein Fabrikat der Borgward-Werke handelte.

Tarnname – gut! Aber welchen?

Auf die Frage der Techniker, die mit den Probefahrten beschäftigt waren, was man nun eigentlich da vorn an den Kühler schreiben sollte, um von vornherein alle Spekulationen zu zerstreuen, hatte Carl Borgward ohne viel nachzudenken geantwortet: »Was ihr da dranschreibt, ist mir ziemlich egal, meinetwegen schreibt ›Isabella‹ dran!«

Von diesem Tage an rollte eine ›Isabella‹ durch Bremen. Trotz aller Tarnung kamen findige Journalisten bald darauf, daß es sich hierbei um ein neues Borgward-Erzeugnis handelte und berichteten darüber.

Als Borgward sah, welches Echo und welche Sympathien der ursprünglich vollkommen aus der Luft gegriffene Name in der Presse fand, entschloß er sich ebenso spontan, seinem neuen Modell den Namen ›Borgward Isabella‹ zu geben.

Bestechend an ihr waren die Großräumigkeit, die elegante Innenausstattung und natürlich die schnittige Form. Der tiefe Schwerpunkt gewährleistete – wie schon bei den vorangegangenen Modellen – eine gute Straßenlage. Und auch bei temperamentvoller Fahrweise blieb die Verbrauchskurve niedrig.

◀ 10. Juni 1954: Der neue Hansa 1500 – genannt ›Isabella‹ läuft vom Band. Es war immer ein besonderes Ereignis, wenn bei den Borgward-Werken ein neues Modell der Öffentlichkeit vorgestellt wurde. Die gesamte Belegschaft nahm daran teil. – Dr. Carl F. W. Borgward und seine Frau am geschmückten ›Isabella‹-Modell, umringt von Belegschaftsangehörigen.

Blick in die riesige Fertigungshalle des Typs ›Isabella‹ in Sebaldsbrück.

So war es kein Wunder, daß die ›Isabella‹ vom ersten Tage an Aufsehen erregte und sich schnell den Markt eroberte.

Es dauerte kein halbes Jahr, bis im Dezember das zehntausendste Fahrzeug davon hergestellt war. Um der Nachfrage gerecht werden zu können, mußte die Produktion ausgeweitet werden, und dafür wiederum brauchte man neue Hallen.

Bei all dem Glanz, den die ›Isabella‹ ausstrahlt, werden andere leicht übersehen. Große und kleine.

Zu den Großen gehört der ›Borgward Hansa 1800 Diesel‹, den es jetzt mit GOLDE-Schiebedach gibt – für diejenigen, die Sonne im Wagen, Regen aber auf dem Dach lieben. Für die kalte Jahreszeit besitzt er sogar eine Klimaanlage.

Das neue ›Hansa 1800 Sportcabriolet‹, das mehr für den Sommer geeignet sein dürfte, plädiert dafür, daß Dieselmotoren auch im Personenwagen eine Zukunft haben.

Über die ›Kleineren‹ ist zu sagen, daß es nun auch einen Goliath-Kombi-Expreß mit Rechtslenkung gibt – für den Export!

Auch die Mittelklasse hatte formschöne Modelle aufzuweisen: Der Goliath 700 E ist schon ein schickes Auto – besonders im matten Glanz eines silbern schillernden Metall-Effekts!

Schiebedächer sind seit ihrem ersten Erscheinen bei den Autofahrern beliebt und setzen sich immer mehr durch (Goliath 700).

Erstmalig nahm eine serienmäßige ›Isabella‹ an der Carrera Panamericana in Mexiko teil. Adolf Brudes fuhr die 3070 km lange Strecke mit einem Durchschnitt von 113 km/h und wurde damit schnellster Fahrer in der Klasse bis 1600 ccm. Das Bild zeigt ihn am Ziel der ersten Tagesetappe.

Im Rennsport brachte das Jahr einen Sieg beim Eisrennen von Bollnaes in Schweden und den Doppelsieg Bechem / Hartmann beim Eifelrennen.

Anschließend verunglückte Hans Hugo Hartmann auf dem Nürburg-Ring. In der Kurve beim Kilometerstein 17, von dem man sagte, er zöge die Fahrer wie ein Magnet an, prallte er gegen den fast anderthalb Meter hohen Stein und flog 30 Meter weit durch die Luft. Er hat seitdem nie wieder Rennen gefahren.

Zu einer tragischen Unglücksfahrt wurde auch diesmal die Carrera Panamericana in Mexiko für die beiden deutschen Fahrer Bechem und Hammanik auf ihren Borgward-Rennsportwagen.

Bechems Wagen wurde in einer Kurve hinausgetragen und schleuderte in die Zuschauer, so daß es Tote und Verletzte gab. Hammanik lief ein Hund in den Wagen. Beide Rennwagen sind damit ausgefallen.

Erstmalig aber ging in diesem Jahr eine serienmäßige ›Isabella‹ mit auf die mörderische Strecke. Fahrer: Adolf Brudes.

Die Tourenwagen waren anschließend an die Rennwagen gestartet, daher schenkte man ihnen nicht mehr soviel Aufmerksamkeit, obwohl die Leistungen der Fahrer ebenso hoch einzuschätzen waren wie die der Rennfahrer.

Brudes fuhr seine Isabella über die 3 070 km lange

Nun gibt es endlich auch einen Lloyd-Rennwagen! Er ist mit einem 350-ccm-Zweitaktmotor ausgerüstet. Im Mai 1954 wurden mit diesem Wagen – genau wie geplant – 14 internationale Klassenrekorde aufgestellt. (Der Original-Rennwagen befindet sich im Automobilmuseum in Hamburg.)

Strecke durch tropisches Klima und über hohe Gebirge, wo die Temperatur null Grad betrug, sicher ins Ziel – mit einer Durchschnittsgeschwindigkeit von 113 km/h.

Damit war er Schnellster in der Klasse bis 1600 ccm. Ein Riesenerfolg für Borgward und seine ›Isabella‹!

Aber: Da er gegen zwölf Alfa-Romeo-Fahrer an-

Adolf Brudes, der neben Hubertus Riecker und Karl-Heinz Schäufele maßgeblich an den Erfolgen beteiligt war, demonstriert, wie eng es unter der Plexiglashaube des Rennwagens war: »Das war kriminell!«

kämpfen mußte, die 2-Liter-Wagen fuhren, wurde er nur Sechster in dieser Klasse. Die größte Anzahl von Teilnehmern hatten die Amerikaner gestellt.

Als am Ziel, in Juarez, die Fahrzeuge bezüglich der Motoren auf Serienmäßigkeit geprüft wurden, gab es bei der ›Isabella‹ keine Beanstandungen.

Im Reigen der Rennwagen innerhalb der Borgward-Gruppe fehlte nun nur noch ein Lloyd!

Nach reiflichem Überlegen entschloß man sich auch hier, einen richtigen kleinen Rennwagen zu bauen – mit einem 2-Takt-Motor von nur 350 ccm!

Mit den Rennfahrern Adolf Brudes, Hubertus Riekker und Karl-Heinz Schäufele am Lenkrad erfuhr er – wie geplant! – 14 internationale Klassenrekorde, u. a.:

über 3 Stunden
mit einem Schnitt von 120,85 km/h
und über 5 000 Meilen
mit einem Schnitt von 112,10 km/h

Die Lloyd Motoren Werke GmbH lag übrigens auch allgemein gesehen nach wie vor gut im Rennen. Mit einer Produktionszahl von 34 100 Fahrzeugen war das Werk in die Spitzengruppe der deutschen Zulassungsstatistik gestiegen.

Da die wirtschaftliche Entwicklung in dieser Zeit weiter aufwärts ging, ergab sich aber für Borgward bald die Frage, ob er den gerade so erfolgreichen LP 400 S weiterhin bauen sollte, oder ob es vielleicht angezeigt wäre, dem allgemeinen Wirtschaftswunder-Trend zu folgen und bald einen etwas größeren Wagen herauszubringen.

Er dachte immer voraus. Er wußte, der Tag würde nicht fern sein, da auch der ›kleine Mann‹ gern besser, bequemer und schneller fahren möchte. Mit dem Gehalt oder dem Lohn stiegen auch die Wünsche. Aus dem 400-ccm-Motor war aber beim besten Willen nicht mehr herauszuholen, und vom ›Frisieren‹ wollte man doch lieber die Finger lassen.

Also schickte Borgward seinen Motorenfachmann Friedrich Kosche über die Weser zu den Lloyd-Werken und stellte ihm die Aufgabe, einen ganz neuen Viertakt-Motor mit einem vergrößerten Hubraum von 600 ccm zu konstruieren.

Ein gewagter Sprung – vom Zweitakter zum Viertakter!

Gründe dafür gab es viele: Ein Zweitakter würde zuviel Brennstoff beanspruchen, wenn man ihn bis zum letzten auslastete. Außerdem war er für den Export immer ein Hindernis gewesen. In Übersee waren die Zweitakter nicht beliebt. Mit einem Viertakter – auch wenn er klein ist! – würde man dort viel größere Chancen haben.

Borgward hatte zu diesem Zeitpunkt stets alle Zügel selber in der Hand.

Als Dachorganisation für seine Werke gründete er die am 17. Dezember 1954 in das Handelsregister eingetragene Einzelfirma ›Dr. Carl F. W. Borgward‹. Gegenstand des Handelsgewerbes sind: »Entwicklung, Musterbau und Herstellung von Motoren, Kraftfahrzeugen und Kraftfahrzeugteilen aller Art und alle mit diesen Tätigkeiten zusammenhängenden Geschäfte«.

Bilder rechte Seite (v. o. n. u.):
Im Laufe des Jahres 1954 machte der ›Lloyd 400‹ viele Wandlungen durch. Ab Januar waren die Motorhaube und das Heck aus Stahlblech und ab November schließlich als letztes Teil auch das Dach. Außerdem erhielt er ein Zweispeichenlenkrad, ein großes Heckfenster und unsichtbare Türscharniere. Nun war er kein ›Leukoplastbomber‹ mehr!

1955: Übergang vom Zwei- zum Viertaktmotor. Hubraum 596 ccm, 19 PS bei 4500 U/min. Blinkleuchten auf den Kotflügeln.
Drei ›Lloyd 600‹: Lloyd LS 600 Kombi, Lloyd LP 600 Limousine, Lloyd LC Cabrio-Limousine. Ab 1957 hießen die gleichen Wagen, mit einem synchronisierten Vierganggetriebe und Lenkradschaltung versehen, ›Lloyd Alexander‹.

Im gleichen Jahr 1955 erschien der kleine Lloyd sogar als Großraum-Pkw mit einem 19-PS-Motor (Lloyd LT 600).

54-1955

1955
Ewiges Thema: Neue Modelle – Großes Verdienstkreuz zum 65. Geburtstag

Kaum ein Jahr ist vergangen, und schon kommt eine neue ›Isabella‹ heraus. Zwar im alten Gewande, aber dafür innerlich ein wenig verändert.

Sie ist etwas kräftiger geworden. Aber trotz einer kleinen Gewichtszunahme von 20 Kilogramm ist sie jetzt schneller. Ihre Umdrehungszahlen haben zugenommen: Statt bisher 4 700 macht sie nun 5 200 Umdrehungen pro Minute – in ihrem Innern, versteht sich.

Nicht ganz unbeteiligt daran ist auch ihr Register-Fallstromvergaser Solex 32 PAITA. Kurz gesagt: Ihre Leistung stieg von 60 auf 75 PS und die Höchstgeschwindigkeit von 135 auf 150 km/h.

Damit bietet sie neue Reize. Und bleibt im Gespräch.

Während Damen für gewöhnlich ihren Modeschmuck, der sie schöner und begehrenswerter machen soll, vorn anbringen, geschieht es bei der ›Isabella‹ hinten.

Hinter ihren dort befindlichen Namenszug hängt sie bescheiden zwei zierliche silberne Buchstaben: ›TS‹.

Sie setzt als selbstverständlich voraus, daß jeder weiß, was das bedeuten soll. Und wer es noch nicht weiß, wird eilig darum bemüht sein, es zu erfahren. (Es könnte sonst als Bildungslücke angesehen werden.)

Das ›TS‹ bedeutete ›Touring Sport‹. Erprobte Reizworte! Zwei Begriffe, die derzeit hoch im Kurs standen: Touren (machen) und sportlich (sein wollen).

Man sieht, mit welch feinen, psychologisch durchdachten Methoden die Anbieter (sprich: Automobilfabrikanten) vorgehen, um ihre Modelle an den Mann zu bringen. Und dieser Mann, der Käufer, soll beim Erwerb seines Autos gleichzeitig das Gefühl mitgeliefert bekommen, mit dem Kauf auch etwas für sein Image getan zu haben. Die lieben Mitmenschen sollen sagen: »Schaut mal, Herr XY fährt schon wieder ein neues Auto – und sogar das neueste Modell!«

Ja, dafür sollte man wirklich bereit sein, einen angemessenen Preis zu zahlen!

›Nanu‹-Bilder für die Presse:
Immer mit einem ›Gag‹ – und einem Goliath! ▶

KOPF-PFLASTER
Man muß zwar leider ab und an
noch heut auf Katzenköpfen fahren,
doch diesem Kopf begegnet man
gewiß nur mit gesträubten Haaren.

Ließ irgendwer auf der Chaussee
sein Haupt samt Hut ganz einfach liegen?
Das tut doch sicherlich sehr weh,
ganz abgeseh'n vom Schnupfenkriegen!

O nein, der Mann hier heilt zur Zeit
was kürzlich erst entzweigefroren
und hat bei dieser Tätigkeit
den Kopf trotzdem noch nicht verloren!

Über das Thema ›neue Modelle‹ daher hier ein Beitrag aus der Sicht eines Berufenen:

Carl Borgwards Sohn Peter beschäftigte sich 1967 in seiner Inaugural-Dissertation mit den Verhaltensweisen der Anbieter und Nachfrager auf den westdeutschen Märkten für fabrikneue Personen- und Kombinationskraftwagen. Seine Doktorarbeit trägt den Titel ›Der Wettbewerb auf dem westdeutschen Automobilmarkt seit 1948‹.

Darin heißt es in bezug auf Prestigemotive der Käufer und ihrer eigenen Imagepflege:

»Der Kauf eines Automobils dient nicht ausschließlich der Befriedigung des reinen Transportbedürfnisses, und der Personenkraftwagen innewohnende Geltungsnutzen dürfte ein bedeutender kaufentscheidender Faktor sein. Allerdings nimmt der Geltungsnutzen eines Gutes mit zunehmender Verbreitung des Gutes ab und verschwindet völlig, wenn der Besitz des betreffenden Gutes für die große Mehrheit der Bevölkerung eines Landes zu einer Selbstverständlichkeit geworden ist . . . So besteht für die Produzenten und Händler der zum Allgemeinbesitz degradierten Prestigegüter nur die Chance, durch Einbeziehung ihrer Produkte in einen Modezyklus mit Hilfe einer temporalen Produktdifferenzierung eine Reaktivierung des Geltungsnutzens der betreffenden Güter und damit eine Wiederholung des Absatzes herbeizuführen . . .

. . . Der Vorstandssprecher der Daimler-Benz AG, Dr. Zahn, hat bestätigt, daß in den letzten Jahren ein Trend in dieser Richtung erkennbar ist, gleichzeitig aber die Auffassung vertreten, daß es kein Gesetz des Automobilmarktes gäbe, das zur ständigen Verkürzung der Modellwechselintervalle zwingen würde. Neue Modelle werden jedoch auch, wie bereits erwähnt, auf Grund von Änderungen in der Fertigungstechnik, der Wettbewerbssituation, der allgemeinen Wirtschaftslage und im Ausmaß des technischen Fortschritts entwickelt und gegebenenfalls angeboten. Ferner kann die Einführung neuer Modelle zum Zwecke der Milderung des Preiswettbewerbs erfolgen, da die Akquisitionskraft eines neuen Typs offensichtlich erheblich ist. Häufig soll durch eine Vervollständigung des Angebotsprogramms, mittels derer ein Vorstoß der Konkurrenten in Marktlücken verhindert werden kann, durch Schaffung eines ›Image‹ (Mercedes-Benz 600) oder durch Erzeugung von Präferenzen die Stellung im Wettbewerb verbessert werden . . .

. . . Die Einführung neuer oder verbesserter Modelle stellt also offensichtlich ein vielseitig verwendbares und häufig eingesetztes absatzpolitisches Instrument dar, durch dessen Einsatz gleichzeitig der Preis-, Qualitäts-, Werbe- und Servicewettbewerb forciert wird . . . Allerdings ist die Einführung neuer Modelle auch mit umfangreichen Risiken verbunden, die aus der notwendigen Entwicklungszeit von etwa fünf Jahren vom Beginn der ersten Planung bis zum Serienanlauf, den hohen Entwicklungskosten, den hohen Kosten der Spezialwerkzeuge und -einrichtungen und der aus der Zeitdifferenz zwischen Planung und Einführung eines Modells entstehenden Unsicherheit über die Marktaufnahme resultieren . . .

. . . ›Ohne Zeitverlust müssen wir bei einschneidender Veränderung der Marktlage das passende Nachfolgemodell parat haben‹, erklärte der Leiter der Versuchsabteilung des Volkswagenwerkes in diesem Zusammenhang . . .

. . . Innerhalb der Borgward-Gruppe sind unterschiedliche Entwicklungen zu verzeichnen. Während bei Goliath die ursprüngliche Karosserie unter mehrfachen Modifikationen im wesentlichen beibehalten wurde und lange Jahre mit verschiedenen Motoren experimentiert wurde, entsprach die Modellpolitik von Lloyd im wesentlichen der Bedürfnisentwicklung der Nachfrager. Borgward verfolgte nach einem Anfangsstadium des Experimentierens eine Politik der Modellkonstanz, wobei zu bemerken ist, daß diese hinsichtlich der Karosserieentwicklung von allen Firmen dieser Gruppe verfolgte Politik nicht aus absatzpolitischen Gründen, sondern auf Grund des Mangels an Investitionsmitteln eingeschlagen worden ist . . .«.

Soweit Dr. Peter Borgward in seiner Doktorarbeit (zum Teil in ehemals fast eigener Sache) über die Sorgen

Und noch ein ›Nanu‹-Bild:
Dazu sei bemerkt, daß mit diesem Foto der später tatsächlich eingetretenen Manier, Autos zu bemalen, mindestens zehn Jahre vorgegriffen wurde!

DAS PUNKTE-KLEID
Harmonie von Kleid und Wagen
verschafft den Damen Wohlbehagen.
Zumal wenn man als Malersmann
wie hier sich selber helfen kann
und seinen Wagen wohlbedacht
zum Kleid der Dame passend macht.
Vielleicht wird diese Malerei
sehr bald der letzte Modeschrei?

der Fabrikanten bei der Frage, wann sie welches neue Modell herausbringen sollen. Er legte darin auch klar, wie der ›Nachfrager‹ darauf bedacht ist, bei der Anschaffung eines neuen Wagens sein eigenes Geltungsbedürfnis zu befriedigen und wie andererseits der Anbieter dadurch wiederum genötigt wird, möglichst oft neue Modelle zu schaffen.

Wie geschickt Borgward mit den nacheinander herausgebrachten drei ›Isabella‹-Typen nicht nur in den Erscheinungsjahren, sondern auch später, 1960, noch operierte, wird aus der folgenden Darstellung seines Sohnes ersichtlich.

Dr. Peter Borgward in seiner Dissertation:

»... ergibt sich bei der Kalkulation von Borgward Anfang 1960: Während die Normalausführung ›Isabella‹ aus Gründen des Wettbewerbs mit vor allem Ford und Opel nicht zu einem höheren Preis als DM 7 165,– angeboten werden konnte und einen geringfügigen kalkulatorischen Verlust entstehen ließ, wurde der Ausgleich über eine Erhöhung des Absatzanteils der ›Isabella TS‹ versucht, die bei einem Preis von DM 8 305,– einen kalkulatorischen Gewinn von DM 435,– pro Wagen und in der Luxusausführung ›Isabella TS de Luxe‹ bei einem Preis von 8 725,– DM einen solchen von 536,– DM pro Wagen erbrachte. Diese Politik der Typenprogrammgestaltung in Form von mit ›Fangpreisen‹ versehenen Normal- oder Standardausführungen, die durch besser ausgestattete Luxus-, Sport- oder Coupé-Ausführungen ergänzt werden, wird von praktisch allen Anbietern verfolgt ...

... Hinzu kommt eine ständige Ausweitung des Angebots von Zubehör und Sonderausstattungen, sowie eine durch die 1953/54 eingeführte Mode der Mehrfarbenlackierung immer umfangreicher werdende Farbskala.«

Zur Einführung neuer Modelle gehört auch eine entsprechende Werbung.

Welche Mehraufwendungen für die Anzeigenwerbung Borgward nach dem Erscheinen der ›Isabella‹ und der ›Isabella TS‹ erbracht hat, geht aus dem Vergleich der Aufwendungen von drei Jahren hervor:

Für das Jahr 1954: DM 620 000,–
Für das Jahr 1955: DM 1 160 000,–
Für das Jahr 1956: DM 930 000,–
Werbung kostet Geld.

Nanu? Ein Goliath mit zwei Lenkrädern, der vorwärts und rückwärts fahren kann, der niemals zu wenden braucht? Leider ist dieser Goliath nur in einem einzigen Exemplar – mit der bewährten Benzin-Einspritzpumpe – am 1. April 1955 vom Band gelaufen!

Und das muß irgendwo eingespart werden.

Wieder einmal ist es Erwin Plog von der Goliath-Werk GmbH, der mit seinem Bildjournalisten neue Wege geht.

Um die Goliath-Wagen, egal ob Dreiradwagen, Transporter oder Pkw, populär zu machen, sann er nach einem Mittel, sie so oft wie möglich und bei jeder Gelegenheit als Bild in den Tageszeitungen in Erscheinung treten zu lassen.

Andere Fabrikate, so sagte er sich, sieht man fast täglich auf irgendwelchen Pressefotos ›per Zufall‹ in der Zeitung abgebildet. Den ›Goliath‹ aber erblickt man – wegen seiner geringeren Stückzahl im Verhältnis zu den großen Autogiganten – so gut wie nie.

Da müßte und könnte man vielleicht etwas nachhelfen, meinte Plog und setzte sich mit dem Bildjournalisten zusammen, der einst für ihn die als Reportagen getarnten Anzeigen geschaffen hatte.

Ergebnis:

Der Journalist erfand einen Typ von Bildern, die erfahrungsgemäß jeden Redakteur zum Veröffentlichen reizen – Fotos mit einem bestimmten Pfiff, einem ›Gag‹. Und natürlich immer mit einem Goliath!

Auf irgendeiner Redaktion entstand dafür sogar ein Fachausdruck, der schnell die Runde machte. Man nannte sie ›Nanu-Bilder‹. Weil der Betrachter auf den ersten Blick zunächst einmal ›nanu‹ sagte.

Da war z. B. im schönen Monat Mai ein verliebter junger Maler auf die Idee gekommen, seinen blauen Goliath mit weißen Punkten zu bemalen – passend zum blauen weißgepunkteten Kleid seiner Angebeteten! Der sträubten sich jedoch vor Entsetzen die Haare, als sie das schöne Auto verunziert sah. (Damals war das Bemalen der sorgfältig gepflegten Lackflächen noch nicht üblich – diese Mode kam erst zehn Jahre später auf!)

Fast gruselerregend aber war das Bild mit dem Männerkopf, der auf dem Straßenpflaster lag, während ein Goliath-Expreß sich von hinten nähert. Erst bei genauerem Hinsehen stellte man fest, daß dieser Kopf zu einem Kanalarbeiter gehörte, der aus einem Schacht schaute!

Selbst Carl Borgward soll beim Anblick solcher Bilder »nanu!« gesagt haben!

Jahrelang schickte Erwin Plog fast jeden Monat solch ein ›Nanu-Bild‹ mit einem Goliath-Fabrikat an rund tausend Redaktionen in der Bundesrepublik und im Ausland.

Der Erfolg war verblüffend: Millionenfach, in einigen Fällen sogar zehnmillionenfach, war jedesmal der Goliath im redaktionellen Teil erschienen.

Beliebt bei den Redakteuren waren in diesem Zusammenhang auch Aprilscherze.

Da war der Polizist mit dem Radargerät, der gerade die Geschwindigkeit eines schnell herannahenden Personenwagens – eines Goliath – mißt. Das ›Meßgerät‹, das er in der erhobenen Linken hielt, war in Wirklichkeit nichts weiter als eine Blitzleuchte des Fotografen. Und der zweite Teil dieser ›Radarfalle‹, in der rechten Hand des Ordnungshüters, war ein ganz gewöhnlicher, ausgebauter Tachometer!

Dieser Aprilscherz ist in unzähligen Zeitungen in Deutschland erschienen – zu einer Zeit, als es überhaupt noch keine Radarmeßgeräte gab! Das Kuriose aber ist, daß einige Redaktionen selbst auf den Aprilscherz hereingefallen sind und das Bild mit dem Blitzlicht-Radarschirm erst am 2. April veröffentlichten – als ernsthafte Neuigkeit! Weil sie fürchteten, man könnte es sonst für einen Aprilscherz halten!

Sofort durchschaubar und mehr zum Schmunzeln gedacht war dagegen der Goliath, der zwei Lenkräder hatte, eines vorn und eines hinten, so daß man jederzeit vorwärts mit ihm abfahren konnte – ganz egal, in welcher Richtung er stand. Man fuhr damit z. B. abends vorwärts in die Garage und am nächsten Morgen wieder vorwärts hinaus.

Leider war dieser großartige Goliath nur in einem einzigen Exemplar – mit der bewährten Benzin-Einspritzpumpe – am 1. April vom Band gelaufen!

Tatsächlich existiert hat dagegen ein riesiger Borgward-Reisesportwagen, den der Wiener Ingenieur Übelacker konstruiert hatte. Seine Karosserie bestand ganz aus Aluminium.

Die Presse berichtete im März 1955 darüber:

»Auf der Borgward-Versuchsstrecke, der Autobahn bei Bremen, fahren nachts Werksingenieure einen neuen, sensationellen Wagen ein. Das Fahrwerk hat unverkennbar die aerodynamischen Merkmale eines Flugzeuges. Hohe seitliche Stabilisierungsflossen am Heck sollen dem Wagen bei großer Geschwindigkeit eine gute Straßenlage sichern.

Dr. Borgward, der bereits nach dem Kriege den deutschen Automobilbau durch neue Formen revolutionierend beeinflußt hatte, geht offenbar wieder einmal seiner Zeit voraus, indem er einen Versuchswagen gebaut hat, der rein äußerlich sogar dem amerikanischen Traumwagen überlegen ist. Es soll sich angeblich um einen neuen Reisesportwagen handeln, der viersitzig ist.

Alle Anfragen beim Werk über nähere Einzelheiten und technische Daten waren ergebnislos. Man gab lediglich zu, daß es sich um ein Versuchsmodell handele, bei dem neue Werkstoffe ausprobiert werden sollen. Der Wagen dürfte leichter sein als alle bisherigen und dadurch ein verblüffendes Beschleunigungsmoment aufweisen.«

Die Bilder dieses Wagens geisterten durch alle Illustrierten und erregten Aufsehen. In Serienproduktion wurde der Wagen jedoch nie gebaut. Denn das einzige Exemplar verunglückte bald darauf. Es zerschellte an einem Baum. Die beiden Insassen, der Ingenieur (und Erbauer des Wagens) Erich Übelacker und Fritz Hattesohl von der Versuchsabteilung der Borgward-Werke, kamen dabei nicht zu Schaden.

Für das rennsportliche Ereignis des Jahres sorgt diesmal ein einsitziges Lloyd-Coupé mit einem 400-ccm-Zweitaktmotor.

Nur nachts sah man ihn auf der Autobahn: Ein Traumauto? Am Lenkrad: Fritz Hattesohl von der Versuchsabteilung der Borgward-Werke, später Leiter des Werkzeugbaues bei Daimler-Benz in Bremen. Beifahrer: Erich Übelacker aus Wien, der Konstrukteur.

So sah das streng gehütete Geheimnis von innen aus: Ein Viersitzer, gedacht als Reisesportwagen für höchste Ansprüche. Zum Einsteigen wurde das Wagendach samt der Haube aus Plexiglas aufgeklappt.

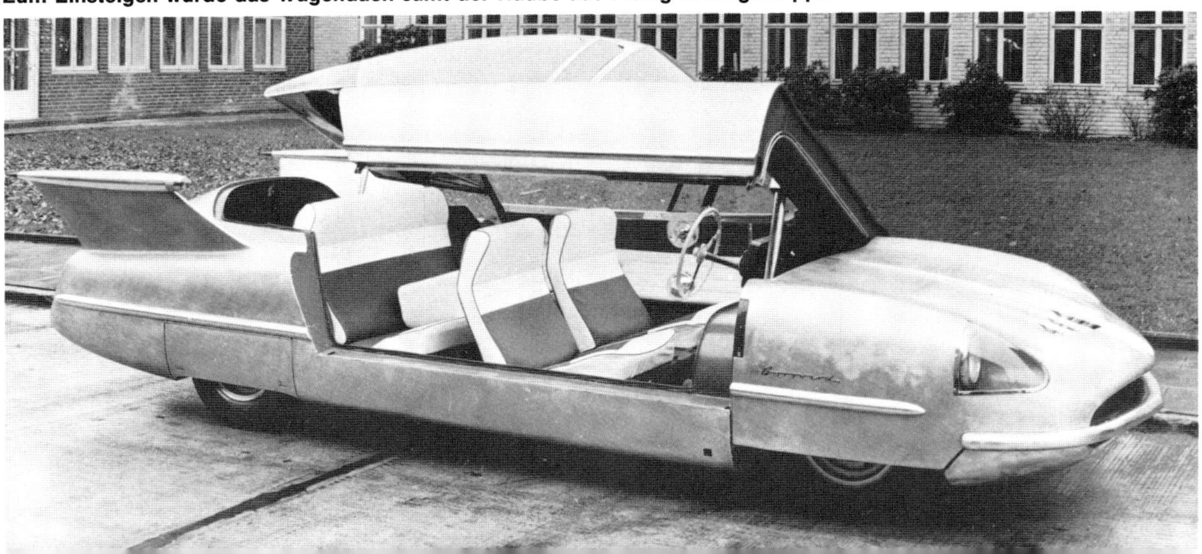

Riesige Heckflossen, die an ein Flugzeug erinnern, sollten dem sehr leichten, aus Aluminium gefertigten Sportwagen bei hohen Geschwindigkeiten eine stabile Straßenlage geben.

Es blieb bei diesem einzigen Modellstück. Der Traum von einem Auto zerschellte an einem Baum – auf einer Probefahrt. Die Insassen wurden nicht verletzt.

Der ›Borgward Hansa 2400‹ (1955–1958) Pullmann-Limousine. Das Fließheck des Vorgänger-Modells, das wenig Anklang gefunden hatte, ist wieder verschwunden. Doch auch der neue Wagen, der in der Form wie auch in der Technik wesentlich verbessert wurde, ist nur schwer zu verkaufen. 356 Wagen wurden vom Juli 1955 bis zum November 1958 davon gebaut.

13 internationale Klassenrekorde stellen die Rennfahrer Brudes, Riecker und Schäufele damit auf. Darunter
über 500 Meilen
mit einem Schnitt von 141,14 km/h und
über 10 000 km
mit einem Schnitt von 125,14 km/h
Eine ganz gewaltige Leistung!

»Diese Ergebnisse werden für lange Zeit von Bestand sein«, sagte Adolf Brudes dazu, »es wird schwer sein, diese Rekorde jemals zu brechen – wenn es überhaupt noch jemand versuchen sollte!«

Er selbst nahm dann noch auf eigene Kosten und ohne Werksbetreuung (nur seine Frau war dabei!) an dem Rennen um den Großen Preis von Belgien in Francorchamps teil und errang in der Klasse der Spezial-Serien-Tourenwagen bis 1600 ccm den ersten Platz und fuhr außerdem die schnellste Runde.

In den folgenden beiden Jahren 1956/1957 legte Borgward eine Pause im Rennsport ein.

Bei der Lloyd Motoren Werke GmbH war inzwischen die Umstellung auf den Viertakt-Motor von 600 ccm vollzogen worden. Der neue Lloyd 600 war vor allem von jenen dankbar begrüßt worden, die sich schon lange nach einem etwas größeren und komfortableren Lloyd gesehnt hatten. Schließlich brachte er mit 596 ccm Hubraum und seinen 19 PS rund 50 % mehr Leistung auf die Räder als sein Vorgänger mit nur 386 ccm und 13 PS.

Der Goliath GP 900 E (1955–1957). Ein eleganter Wagen der Mittelklasse, der vom ersten Tage seines Erscheinens an (ab August 1955 geliefert) Liebhaber fand. Zwei-Zylinder-Zweitakt-Einspritzmotor, 40 PS. Höchstgeschwindigkeit: 120 km/h.

Zwar erreichte der »Neue«, der erst gegen Ende des Jahres herausgekommen war, 1955 nur noch eine Fertigungszahl von 7 687 Stück (4 083 neu zugelassene Fahrzeuge in der Bundesrepublik – gegenüber 40 350 vom Vorgängermodell), doch stieg die Produktion dann im folgenden Jahre schnell auf 35 329 Stück, während die des LP 400 von 47 903 auf 10 748 absackte.

Immerhin hatte die Lloyd Motoren Werke GmbH mit ihren Wagen in diesem Jahr eine Rekordzahl erreicht. 56 % der Käufer waren nach der Statistik Arbeiter und Angestellte.

Die ›Frankfurter Allgemeine Zeitung‹ berichtete daher auch am 31. Dezember 1955: »Der kleine Lloyd-Wagen ... ist heute zu einem der meistgefahrenen Wagen auf Deutschlands Straßen geworden. Der Lloyd-Anteil am Personenwagenbestand der Bundesrepublik hat in diesem Jahr allein um 77 % zugenommen und um ein Viertel aller Wagen bis tausend Kubikzentimeter ... Täglich verlassen augenblicklich 250 Wagen das Band dieses schönen modernen Betriebes in Bremen ... Auch die Beschäftigtenzahl hat sich seit Jahresbeginn um 1700 erhöht und beläuft sich jetzt auf 4600 Arbeiter und Angestellte ... Schweden, Österreich, Dänemark, Holland und Belgien sind die Hauptabnehmer des Lloyd-Wagens im Ausland. Insgesamt gehen 20 % der Herstellung in den Export.«

Interessant ist auch ein Vergleich der Neuzulassungen innerhalb der Borgward-Gruppe.

Ebenfalls Mitte des Jahres 1955 vorgestellt: Der ›Goli‹, ein Ganzstahldreirad. Lieferbar als Hochlader- und Tiefladerpritsche, Kasten- und Kofferwagen. Die Nutzlast liegt relativ hoch, nämlich bei 700 bis 800 kg, je nach Aufbau. Mit 16 bis 17 PS ist der 500-ccm-Zweitaktmotor nicht überfordert.

Im Jahre 1955 wurden neu zugelassen:

17 991 Kraftfahrzeuge der Carl F. W. Borgward GmbH

12 735 Kraftfahrzeuge der Goliath-Werk GmbH

44 433 Kraftfahrzeuge der Lloyd Motoren Werke GmbH

Zur Gesamtlage der Automobilbranche sagt Dr. Peter Borgward:

»Das für die zukünftige Entwicklung entscheidende und die Marktpositionen der einzelnen Anbieter bestimmende Jahr dürfte 1955 gewesen sein ... Insgesamt vermitteln Umfang und Einsatz des absatzpolitischen Instrumentariums den Eindruck eines ... intensiven Wettbewerbs, dessen Verschärfung bereits Auswirkungen in Form von Firmenzusammenbrüchen und -schlüssen gezeigt hat. Daß der Konkurrenzkampf, der mittlerweile weltweit geführt wird, sich in Zukunft noch weiter verschärfen wird, ist von allen Automobilfachleuten in jüngster Zeit mehrfach betont worden.«

Noch hat jedoch die Borgward-Gruppe keinerlei Anlaß, schwarzzusehen. Überall geht es aufwärts.

Bei Goliath erhöht man den Hubraum des Personenwagens um 200 ccm und stellt im August den neuen ›Goliath GP 900 E‹ vor. Auch hier wird den gehobenen Ansprüchen entsprochen.

Völlig neu aber ist der ebenfalls Mitte des Jahres vorgestellte ›Goli‹, ein Ganzstahldreirad, das in Fachkreisen Aufsehen erregte.

Als einziges Dreiradfahrzeug sicherte es sich auf dem deutschen Markt einen festen Anteil. Die alte Dreiradtradition war also noch nicht am Ende und garantierte noch immer eine lohnende Produktion.

Daß es weiter aufwärts ging, zeigt die Neugründung der ›Carl F. W. Borgward Leichtmetallwerke‹ am 19. Juli 1955 in Uphusen. Die Leitung der Firma hatte Borgward dem Ingenieur Georg Engelke übertragen, der hier rund 350 Arbeiter und Angestellte beschäftigte, um eines Tages die Leichtmetallzylinderblöcke für den späteren ›Hansa 1100‹ der Goliath-Werke herzustellen.

Einen weiteren Fortschritt stellen die in Argentinien und Indonesien gegründeten Borgward-Zweigwerke dar. Ihnen fällt die Aufgabe zu, den dortigen Bedarf an Borgward-Fahrzeugen zu decken.

Viele Umstände sprechen dafür: Die Arbeitsbeschaffung für (billige!) einheimische Arbeitskräfte, die generelle Verbilligung der Fahrzeuge durch Vermeiden hoher Frachtkosten und Zölle und schließlich die Bereicherung industriell noch nicht völlig erschlossener Länder (deren Bewohner einmal die Kunden von morgen sein werden!) durch eine qualitativ hochstehende Industrie.

Zuerst wurde die ›BORGWARD-ARGENTINA‹ in Buenos Aires gegründet, deren Kapitaleinlagen zur einen Hälfte von den Borgward-Werken, zur anderen von argentinischen Gesellschaftern eingebracht wurden. Letztere brachten das Fabrikgrundstück mit den Gebäuden ein, Borgward die maschinelle Ausrüstung aus Deutschland.

Die Gesellschaft, deren Werk etwa 23 km von der City Buenos Aires entfernt lag, lieferte zunächst Triebwerkteile für den argentinischen ›Rastrojero‹, der einem amerikanischen ›Pick-up‹, einem Nutzfahrzeug also, gleichzusetzen ist.

Für die Produktion von ganzen Fahrzeugen sind verschiedene Stufen geplant, deren Erreichen ganz von der Anzahl der allmählich angelernten Facharbeiter abhängt. Im ersten Stadium werden in Bremen gefertigte Aggregate montiert, im zweiten Halbfertigteile bearbeitet und im letzten schließlich die gesamten Fahrzeuge in Argentinien produziert.

Zwanzig deutsche Facharbeiter und Führungskräfte flogen mit dem technischen Direktor Krause nach Argentinien, um dort einheimische Fachkräfte anzulernen. Präsident der dortigen Gesellschaft ist Ludovico Freude, ein Argentinier deutscher Abstammung.

Ähnliche Ziele verfolgt die BORGWARD-UDATIN-INDONESIA in Surabaja. Das selbständige nationale Indonesien sieht den einzigen Ausweg, die Zukunft des bevölkerungsmäßig stetig zunehmenden indonesischen Staates zu sichern, in einer Industrialisierung des Landes. Aus diesem Grunde kam man Borgward schnell entgegen, so daß schon am 20. Juli 1954 die feierliche Grundsteinlegung für das neue Werk in Anwesenheit vieler Regierungsmitglieder vollzogen werden konnte.

Wie in Argentinien sind auch hier zu 50 % nationalindonesische Industriebetriebe und zu weiteren 50 % die Borgward-Werke beteiligt.

Ziel der Gesellschaft ist der Bau von Borgward-Fahrzeugen der Typen ›Isabella‹, ›Isabella-Combi‹ und des 1,5-t-Schnell-Lastwagens. Alle drei Typen besitzen den gleichen Motor.

Nach den auch hier durchlaufenen drei Stadien konnte mit der Herstellung der ersten ›Isabella‹-Fahrzeuge der Beweis erbracht werden, daß der indonesische Facharbeiter in der Lage ist, eine technisch hochwertige Arbeit auszuführen.

Das Werk liegt nur wenige hundert Meter vom Hafen Surabaja entfernt, besitzt Gleisanschluß und grenzt an den Flughafen an – hat also die denkbar günstigsten verkehrstechnischen Voraussetzungen!

Direktor der Firma ist F. H. Eman, der seitens der Borgward-Werke von Dipl.-Ing. Stolle unterstützt wird.

Bei all den Gesellschaften und Projekten die Übersicht nicht zu verlieren, war für Borgward sicherlich nicht immer leicht. Was war seit seiner Rückkehr aus der amerikanischen Internierung alles geschehen!

Damit alles seinen geordneten Gang ging, half nur noch ein Rezept: Den richtigen Mann auf den richtigen Platz stellen.

Das tat er. Wie einst Friedrich der Große!

Wenn aber jemand auch nur einmal nicht spurte oder gar mehr an seine eigene Tasche dachte als an das Gesamtwohl des Werkes, konnte er unbarmherzig sein und den Betreffenden auf der Stelle feuern – ohne Pardon. Auch wenn es sich um die ältesten Mitarbeiter handelte.

So setzte er seinem langjährigen, verdienstvollen Werbeleiter Christian Hilker eines Tages urplötzlich den Stuhl vor die Tür.

Die wahren Gründe hat niemand erfahren.

Trotz aller Arbeit und Hektik und der Sorge, vom eigenen Betrieb nicht ›aufgefressen‹ zu werden, feiert Carl Borgward seinen 65. Geburtstag – und zwar mit Pauken und Trompeten.

Als ihm die Werkskapelle am Morgen ein Ständchen brachte, nahm er dem Dirigenten den Stab aus der Hand und dirigierte selber. Mit beiden Händen. In der rechten den Stab und in der linken – seine Brasilzigarre!

In der werkseigenen Zeitschrift DER RHOMBUS schrieb der bekannte deutsche Sportjournalist Hans Otto Busche über diesen denkwürdigen Tag:

»Das ist der Empfang, den der Konsul Dr. Carl F. W. Borgward aus Anlaß seines 65. Geburtstages gegeben hat: Eine Gratulationscour, wie sie Bremen nur selten erlebt hat. Die Polizei mußte bei der Auffahrt und beim Parken der Wagen das Kommando übernehmen. Ein Haus voller Gäste, eine Schlange von Gratulanten – so viele Menschen, daß für jeden nur Zeit für einen kurzen Händedruck und den Glückwunsch blieb.

›Aus Anlaß seines 65. Geburtstages ist Konsul Dr. Carl F. W. Borgward mit dem Großen Verdienstkreuz zum Verdienstorden der Bundesrepublik Deutschland ausgezeichnet worden.‹

Diese Meldung ist durch die Zeitungen gelaufen. Die Verleihung erfolgte während des Empfanges im Hause Borgward. Bremens verdienstvoller Bürgermeister Kaisen überbrachte den Orden. Es war die Begegnung zweier Männer, für die es eine Zeit gemeinsamer Sorgen gegeben hat. Bürgermeister Kaisen erinnerte an die Zeit, als das Werk zum größten Teil zerstört war: ›Damals sagten Sie, Herr Dr. Borgward, ich baue alles wieder auf. Uns beiden hat damals wohl kaum vorgeschwebt, was aus diesem Wiederaufbau entstehen würde: ein Werk, das heute 18 000 Menschen beschäftigt!‹ Der Bremer Bürgermeister erklärte dann, er habe auch den Dank und die Anerkennung des Senats der Freien Hansestadt Bremen zu überbringen.

Als er mit der Auszeichnung dekoriert wurde, erwiderte Dr. Borgward unter dem Surren der Wochenschau-Kameras und dem Blitzfeuer der Fotografen: Er fasse den Orden nicht als eine persönliche Auszeichnung auf. Vielmehr werte er ihn als eine Anerkennung für alle seine Mitarbeiter in den Werken. Kaisen war nicht der einzige Bremer Politiker, der zum Empfang erschienen war. Der Präsident der Bremer Bürgerschaft, Hagedorn, dankte Dr. Borgward für die von ihm geleistete Arbeit. Mit den Erzeugnissen seiner Werke habe er den Namen Bremens in alle Welt hinausgetragen. Und er schloß mit den Worten: ›Ich wünsche Ihnen und Ihrer Gattin beste Gesundheit, weil sie das kostbarste Gut eines Menschen ist.‹ Und die Sektgläser klangen aneinander – –

Später sah man die Männer der bremischen Politik mit Bürgermeister Kaisen an der Spitze als Gruppe abseits im weiten Park des Hauses Borgward. So mancher der anwesenden Journalisten hätte bei diesem Gespräch ›Mäuschen‹ spielen mögen. Denn nach den Wahlen in Bremen war die Frage um die Bildung der neuen Regierung noch immer offen.

Überall Gruppen von Gratulanten. Peter Borgward, der achtzehnjährige Sohn des Hauses, im Gespräch mit dem Rennfahrer Bechem, der seit seinem Sturz bei der Carrera Panamericana noch immer den Gehstock nicht entbehren kann. Und doch darauf brennt, bald wieder in

Etwas Besonderes hatten sich die Lehrlinge ausgedacht. In ihrer Lehrlingswerkstatt haben sie außer einem Schachbrett mitsamt Figuren auch zwei originalgetreue Nachbildungen en miniature des ersten ›Goliath Pionier‹ und der schmucken ›Isabella‹ angefertigt. ▶

10. November 1955: Carl F. W. Borgward feiert seinen 65. Geburtstag. Als ihm die Werkkapelle am frühen Morgen ein Ständchen brachte, übernahm er mit strahlendem Lächeln den Taktstock des Kapellmeisters. Die Musikanten schmunzelten. »Der Boß dirigiert – ob am Reißbrett oder am Dirigentenpult!« – Bild rechts: Der Präsident des Senats der Freien Hansestadt Bremen, Bürgermeister Kaisen, überreicht Dr. Borgward im Auftrage des Bundespräsidenten das Große Verdienstkreuz des Verdienstordens der Bundesrepublik. In der Mitte zwischen den beiden: Direktor Wilhelm Schindelhauer, links Frau Elisabeth Borgward.

Autokorso vor Borgwards Haus. Dem neuesten Goliath-Dreiradwagen, dem Ganzstahl-›Goli‹, beladen mit einem ›Blitzkarren‹ von 1924, folgt ein Veteran aus dem Jahre 1932, der ›Goliath-Pionier‹.

Links: Gerade als Dr. Borgward am Volant des alten ›Lloyd‹ Platz genommen hatte, um ihn einmal selbst zu fahren, kam ein Blitzkarren aus dem Jahre 1924 längsseits und ein Postbote überreichte eine Eilpostsendung. Inhalt: eine Riesen-Brasil Marke ›Boß‹. – Rechts: »So bequem wie in der ›Isabella‹ sitzt man hier wahrhaftig nicht!« sagte Carl Borgward, als er mit seiner Frau zum Probesitzen in den alten Lloyd gestiegen war.

Ein fahrfertiger Bremer ›Lloyd‹ aus dem Jahre 1908 war die Überraschung des Tages. Auch er war in der Lehrlingswerkstatt auf Hochglanz gebracht worden und ratterte mit viel Lärm am Jubilar und den Gratulanten vorbei.

seinen neugebauten Borgward-Rennwagen steigen zu können. Peter Borgward berichtete von seinem jüngsten Erfolg, dem Sieg auf seinem kleinen Lloyd bei der Fahrt rund im den Dümmer. ›Vater hat kein Wort gesagt, als er davon hörte.‹ Auch die Zuhörer sagen kein Wort, aber sie wissen, daß dieses Schweigen echten Vaterstolz verbirgt.

Der Strom der Gratulanten riß nicht ab. Geschenke ohne Zahl, und es blieb kein Geheimnis, daß Dr. Borgward sich über ein Geschenk besonders freute: ein geschmiedetes Schachbrett, geschmückt mit zwei Fahrzeugen en miniature: der schmucken ›Isabella‹ und dem wackeren ›Pionier‹. Ein Geschenk der Lehrlinge, denen im Hause Borgward das besondere Augenmerk gilt.

Im Werk hatten die Lehrlinge außerdem mit Begeisterung und Liebe einen Methusalem auf vier Rädern wieder in Gang und auf Hochglanz gebracht: das älteste in Bremen gebaute Automobil, einen ›Lloyd‹ aus dem Jahre 1908. Er führte den Autokorso aller Fahrzeuge an, die durch die Jahrzehnte in den Borgward-Werken gebaut worden sind: auf drei und vier Rädern, Transporter, Personenwagen und Rennwagen! Es muß ein eigenartiges Gefühl für den Mann gewesen sein, der so Wagen für Wagen, Typ für Typ, sein Lebenswerk an sich vorüberrollen sah. Und selbst das fast 50jährige Automobil, dessen Wiege in dem Werk stand, das Borgward später übernahm, muß für den erfolgreichen Mann, den Konsul Dr. Carl F. W. Borgward, ein Stück der Erinnerung gewesen sein – an die Zeit, als er noch davon träumte, Autos zu bauen.«

1956
Ein Jeep – made in Germany

Daß nicht alle Träume Borgwards in Erfüllung gingen, darüber berichtet die ›Stuttgarter Zeitung‹ vom 8. März 1956.

Danach habe sich die Lloyd Motoren Werke GmbH von der Produktion eines Zweisitzers in einfachster Ausführung und mit einem 250-ccm-Motor einen Erfolg versprochen. Aus dem Geschäft sei aber nichts geworden.

Tatsächlich ist nie ein echter Zweisitzer gebaut worden, wohl aber erschien dieser Wagen als zweitürige Limousine, genannt das ›Prüfungsangst-Auto‹ – für Besitzer des alten Führerscheins Klasse IV. Die Ausstattung war kläglich: Keine Stoßstangen, keine Zierleisten und nicht einmal Radkappen. Da sogar die Rücksitze fehlten, war er wahrhaftig nur ein ›Zweisitzer‹. Preis 2 980,– DM.

Die Käufer bestellten ihn aber fast ausnahmslos in der normalen Ausstattung (wie der LP 400) und bezahlten dann lieber 370,– DM mehr dafür.

Da der Motor jedoch für das Gesamtgewicht von 510 kg des 3,35 langen Wagens zu schwach war, fand er keinen Käuferkreis. Die Produktion wurde im folgenden Jahr wieder eingestellt.

Erfreuliches wurde dagegen über den Lloyd LP 400 S gesagt. Der Motorsport-Journalist Robert Poensgen sprach nach einer Fahrt von 2 200 Kilometern durch Oberitalien sogar von ›Lloyd-seligen‹ Tagen – obwohl er am Anfang Mühe gehabt habe, sich an die ›Sitzposition‹ im Lloyd zu gewöhnen und ihm das geräuschlose Schalten Schwierigkeiten gemacht habe. (»Etwas kritisch wird die Angelegenheit, wenn man bei hastigem Schalten vom ersten in den zweiten Gang versehentlich in den Rückwärtsgang gerät!«)

Im großen und ganzen aber lobte er den Kleinen: Die Fahreigenschaften müßten unbedingt positiv beurteilt werden, der Frontantrieb gäbe dem Wagen eine hervorragende Kurvenlage. Zweifellos sei der Lloyd der erfolgreichste deutsche Kleinwagen.

Der Erfolg zeigte sich erfreulicherweise sogar im nun langsam beginnenden Export: Anfang April wurden im Bremer Überseehafen die ersten Lloyd LP 600 einer vereinbarten Lieferung von monatlich 60 Fahrzeugen nach den USA verladen.

Nachdem sich der Export der Goliath-Werk GmbH im 1. Quartal 1956 gegenüber den Vergleichsziffern des Vorjahres bereits um 93,8 % erhöht hat, ist hier mit einer weiteren Steigerung des Exports zu rechnen. Dieser Erfolg beruht auf dem Ausbau der Verkaufsorganisation und des Service in 42 Ländern der Erde.

Die Goliath-Distributors Incorporation in San Francisco, deren Präsident Mr. Josef A. Wood ist, importiert ab Juni 1956 150 Goliathfahrzeuge monatlich.

Das Interesse in den USA für den Goliath-Wagen beruht in erster Linie auf der Anwendung der Benzineinspritzung, mit der sich auch die Automobilindustrie der USA intensiv beschäftigt.

In der Woche vom 19. bis 26. August waren es allein 400 Goliath-Pkw, die im Bremer Überseehafen auf der ›Simon von Utrecht‹ die Fahrt nach Amerika antraten.

Unter Beibehaltung der äußeren Form werden die Goliath-Fahrzeuge motorenmäßig laufend verbessert, um dem Käufer immer wieder neue Anreize zu bieten

Wie ein gerupftes Huhn sah er aus, der Lloyd LP 250, ohne Radkappen, Stoßstangen, Zierleisten und sogar ohne Rücksitze – aber er wurde so verkauft. Für 2980,– DM war er der billigste Lloyd, den es je gab, genannt das ›Prüfungsangstauto‹ – für Besitzer des alten Führerscheins Klasse IV. (gebaut nur von 1956 bis 1957).

Ganz respektabel dagegen wirkte der Lloyd LP 600 von oben betrachtet mit seiner Länge von 3355 Millimetern. (1955–1961).

Der Goliath GP 900, der im Vorjahr bereits mit einem Zweitakt-Einspritzmotor (40 PS) erschienen war, ist nun auch mit einem Zweitakt-Vergasermotor (38 PS) herausgekommen.

und im allgemeinen Konkurrenzkampf nicht zurückzufallen. Stillstand ist Rückschritt!

Beim Goliath GP 700 erhöhte man die Leistung des Motors auf 29 PS (bisher 25 PS) und bezeichnet den Wagen nun, im Sommer 1956, einfach als ›Modell 1957‹!

Durch die neue PS-Zahl bessert sich vor allem die Beschleunigung:

von 30 auf 70 km/h im 3. Gang = 12 sec (bisher 18 sec)

von 30 auf 80 km/h im 4. Gang = 27 sec (bisher 42 sec)

von 0 auf 90 km/h mit Durchschalten = 32,5 sec (bisher 55 sec)

Daneben entstanden drei neue, stärkere Modelle:
Der Goliath GP 900, Limousine,
mit Zweitakt-Vergasermotor, 38 PS (Spitze 110 km/h
Der Goliath GP 900, Kombi (desgl.)
Der Goliath GP 900 E, Limousine,
mit Zweitakt-Einspritzmotor, 40 PS (Spitze 120 km/h)

Als Überraschung stellte die Goliath-Werke GmbH der Öffentlichkeit einen geländegängigen ›Jagdwagen‹ vor.

12 neue Goliath-Jeeps übergab das Werk einer Abnahmekommission des Bundesverteidigungsministeriums, von der sie sofort an das Lehrbataillon in Andernach weitergeleitet wurden.

Bestimmend für Aussehen und Leistung des Spezialfahrzeugs waren zum großen Teil die von der NATO gesetzten Normen.

Der Jagdwagen ist mit einem 900-ccm-Zweitaktmotor mit Bosch-Benzineinspritzpumpe ausgestattet, besitzt ein vollsynchronisiertes Fünf-Gang-Getriebe und Allradantrieb. Auf normalen Straßen liegt die Höchstgeschwindigkeit bei 95 km/h, die langsamste beträgt 2 km/h. Die Steigfähigkeit, bei der die NATO-Norm berücksichtigt wurde, beträgt 60 %. Das Fahrgestell zeichnet sich durch große Bodenfreiheit aus.

In den Jahren 1957 bis 59 folgten weitere 80 Vorse-

Der Goliath-Jagdwagen – ein deutscher Jeep!
Der 40 PS leistende Einspritzmotor ist der gleiche wie der im Personenwagen GP 900 E. Mit Allrad-Antrieb schiebt und zieht er den geländegängigen Wagen über Steigungen bis zu 60 Prozent. Bestimmend für Aussehen und Leistung waren die von der NATO gesetzten Normen.

Mit dem Goliath durch Europa: So sah die berühmte jugoslawische Küstenstraße an der Adria aus, als die ersten 71 Kilometer von Rijeka bis Senj fertiggestellt waren. Die Dame konnte ihren Goliath getrost mitten auf der Fahrbahn stehen lassen, Autotourismus gab es hier noch nicht – –

rienwagen für Werk- und Truppenversuche, die mit einem 50-PS-Viertakt-Vierzylindermotor ausgerüstet waren (abgeleitet vom ›Goliath 1100‹). Grund dafür war unter anderem die Geruchsbelästigung, hervorgerufen durch die Abgase des Zweitaktmotors, die sich besonders bei Kolonnenfahrten unangenehm bemerkbar machte.

Zu einer Serienproduktion kam es auch bei diesem Typ, der die Truppenbezeichnung ›Goliath LKW 0,25 t gl.‹ trug, nicht.

Mit diesem ›deutschen Jeep‹ lag die Goliath-Werk GmbH bei dem damals sogenannten ›Amt Blank‹ in hartem Konkurrenzkampf mit dem Geländewagen der DKW in Ingolstadt.

Die Borgward-Werke in Sebaldsbrück hatten zwar im vorangegangenen Jahr die Rekordzahl von 55 000 hergestellten Fahrzeugen melden können, doch im Winter war plötzlich ein Faktor aufgetreten, der bis dahin kaum gekannte Gefahren heraufbeschwor: Das Exportrisiko.

Bei einem Export-Anteil von 42,4 % des Gesamtumsatzes aller drei Werke der Borgward-Gruppe mußte sich jede in diesem Bereich auftretende Störung bemerkbar machen: Das deutsch-schwedische Warenabkommen war Ende 1955 ausgelaufen!

Hinzugekommen war der üblicherweise geringere Umsatz während der verkaufsschwachen Winterzeit.

Die Lager füllten sich mit Wagen, die auf ihre Auslieferung warteten. Folge: Zweitausend Arbeitskräfte, die zu Beginn des Jahres 1955 gerade erst eingestellt worden waren, mußten 1956 wieder entlassen werden.

Den Rückgang der Produktion auf nur 29 000 Fahrzeuge in diesem Jahr erklärte das Werk unliebsamen Fragestellern gegenüber mit einer (angeblich) bewußten Drosselung, weil im Januar 1957 bereits ein ›neues‹ Modell, die ›Isabella TS de Luxe‹ erscheinen sollte.

Die Konkurrenz, der die ›Isabella‹ von Anfang an ein Dorn im Auge gewesen war, nahm den vorübergehenden Produktionsrückgang zum Anlaß, zynische Worte zu verbreiten: »Sie tanzte nur einen Sommer!«

Die leichten, flinken Lastwagen bekamen im Laufe der Zeit ein neues Gesicht. Links: Der Borgward 1,5-t-Schnell-Lastwagen (Diesel und Benzin), Baumuster D4 M 1,8. Typisch für diesen Wagen ist die Großräumigkeit auch im Fahrerhaus. – Rechts oben: Sprengwagen – ein Beispiel von vielen: Kommunalfahrzeuge auf Borgward-Lkw-Fahrgestellen.

Beim Lkw-Programm tritt der Wirtschaftler Borgward besonders deutlich in Erscheinung. Vom 1,5-Tonner bis zum 4,5-Tonner Allrad gibt es zwar unendlich viele Versionen an Nutzfahrzeugen, dennoch könnte ihre Vielzahl auch den kritischsten Typenbereiniger nicht in Unruhe versetzen, denn als Antriebsmittel werden neben dem ›Isabella‹-Motor und dem des ›Hansa 2400‹ lediglich drei Typen von Dieselmotoren benötigt:
Der 1,8-Liter-Dieselmotor, 42 PS (gleichzeitig im ›Hansa 1800 Diesel‹!)
Der 3,3-Liter-60-PS-Dieselmotor, der mit nur 4 Zylindern der kleinere Bruder des großen 95-PS-Diesels mit 6 Zylindern ist (beide haben gleiche Zylinderabmessungen!)
Damit wird eine große Wirtschaftlichkeit in der Produktion wie auch in der Anschaffung und Nutzung erreicht.

Eine Kolonne schwerer Lastwagen vom Typ B 4500 beim Einsatz im Straßenbau.

Parade der großen Borgward-Lastwagen: Die B 4500 Kipper mit 95-PS-Dieselmotor und 4,5 Tonnen Nutzlast.

1957
Abkehr vom Zweitakt-Motor

Die ›Isabella‹ aber dachte gar nicht daran, den Tanz zu beenden. Im Gegenteil! Sie legte weiteren Modeschmuck an. Wieder auf ihrem Hinterteil.

Unter ihrem Namenszug, gleich neben dem schon eingehend beäugten ›TS‹ erblickte man jetzt ein silbern glänzendes ›de Luxe‹, was offensichtlich besagte, daß man es von nun an mit einer Luxus-Dame zu tun hatte.

Sie ist wahrhaftig n o c h eleganter geworden! Und kostet wiederum 425,– DM mehr als die ›TS‹-Ausführung. (Drei Jahre später wagt es Borgward sogar, den Mehrpreis auf 825,– DM hinaufzuschrauben, um damit – wie bereits gesagt – die geringe Verdienstspanne bei der Standard-Ausführung wettzumachen.)

Als jüngste Schwester der ›Isabella‹ gesellt sich kurz darauf noch das ›Isabella Coupé‹ hinzu.

Dieser Wagen stellt eindeutig den Höhepunkt der schöpferischen Arbeit im Leben Carl Borgwards dar: Das ideale Auto, von dem er immer geträumt hat.

Bestechend in seiner schnittigen Form, elegant in der Ausstattung, durchdacht bis in die kleinsten technischen Raffinessen und mit der Kraft eines Hochleistungsmotors, der mit Rennwagen-Erfahrungen entwickelt wurde. Ein Wagen für Anspruchsvolle, für Fahrer mit sportlichen Ambitionen.

Ein in Handarbeit gefertigtes Modell ›Isabella Coupé‹ hatte Carl Borgward seiner Frau Elisabeth schon 1955 zum Geschenk gemacht – zwei Jahre bevor es in Serienfertigung vom Band lief. Es war das erste, das mit einem automatischen Getriebe ausgestattet war. Überall, wo es auftauchte, erregte es großes Aufsehen – nicht zuletzt durch seine Farbe: tomatenrot!

Im Laufe der Jahre ist dieses Coupé mehrmals neu gespritzt worden und hat dabei die Farbe gewechselt. Derzeit ist es dunkelblau. Der Motor läuft jedoch noch so einwandfrei wie damals 1955.

Frau Borgward fährt diesen Wagen noch heute, da diese Zeilen geschrieben werden, also bereits seit vierundzwanzig Jahren. Sie bewahrt das Geschenk als ein Andenken an den Zeitabschnitt ihres Lebens, den sie mit dem Schöpfer ihres Automobils gemeinsam verbracht hat. Sie pflegt dieses Auto mit aller Sorgfalt. Aber sie stellt es nicht ins Museum. Sie fährt es. So, wie es der Erbauer bei der Erschaffung gewollt hatte – –

Noch ein weiterer ›Isabella‹-Typ war im gleichen Jahr erschienen und gut angekommen: Der ›combi‹.

Genau genommen kam dieser Typ einst aus den USA.

Die sehr viel nüchterner als wir eingestellten Amerikaner haben seit langem eine Vorliebe für den Kombi-Wagen. Zweckmäßigkeit ist Trumpf im großen Lande jenseits des Ozeans – im Alltag wie in der Freizeit. Ob zur Jagd, zum Camping oder sogar zum Motorboot-Camping – für jeglichen Transport von Sportgeräten hat er sich bewährt. Dafür nimmt der Amerikaner ruhig ei-

Ab Februar 1957 lief das ›Isabella Coupé‹ vom Band – zweifellos das schönste Auto, das Carl Borgward jemals geschaffen hat. Das erste Exemplar davon, das bereits zwei Jahre zuvor in Handarbeit hergestellt und mit einem automatischen Getriebe ausgerüstet worden war, schenkte er seiner Frau.
Die Aufnahme zeigt Frau Elisabeth Borgward mit ihrem ›Coupé‹ im Jahre 1979. Sie fährt es immer noch!

Jahrhunderte begegnen sich: Studentinnen der Bremer Kunstschule haben den historischen Kostümen des Focke-Museums neues Leben verliehen. Im Park begegnen sie einer lackglitzernden ›Isabella TS‹. Fast 250 Jahre bewegter Geschichte liegen zwischen dem prächtigen Rokoko-Kleid und dem modernen Antlitz der Technik. Schönheit und Eleganz scheinen zeitlos zu sein – –

nen Verzicht auf Formvollendung, Liniengebung und Schönheit in Kauf. Kurz: Er stellt den Nutzwert über den Geltungswert. (Siehe Dr. Peter Borgward!)

Für den deutschen Automobilkonstrukteur aber sieht das Problem anders aus. Hier möchte man ZWEI WAGEN IN EINEM haben! Einen für viele Zwecke verwendbaren Geschäftswagen und einen in seiner Schönheit und Formvollendung ansprechenden Privatwagen.

Genau diese Aufgabe hat Borgward beim Bau seines ›Isabella-Combi‹ zu lösen versucht.

Der zwei Quadratmeter große Laderaum, der kräftige 60-PS-Motor, der geringe Normverbrauch – das sind Dinge, die als Geschäftswagen eine Rolle spielen. Die bestechende Linie, die geschmackvolle Form, die moderne, elegante Ausstattung – sie geben den Ausschlag als Privatwagen.

Das Streben der Stadtmenschen ins Freie, in die Natur – nicht nur während der Urlaubsferien, sondern auch an den Wochenenden – leitet mit Sicherheit eine Entwicklung ein, die auch in Deutschland die psychologische Einstellung zum Automobil wandeln wird, und es ist anzunehmen, daß auch hier die Motorisierung ähnlich wie in den USA verlaufen wird.

Wie Carl Borgward einst die Pontonform der Amerikaner übernahm und sie in Deutschland als den ›new look aus Bremen‹ einführte, so setzt er sich auch ganz besonders für den Kombi im Gewande der Isabella ein, die damit zum vielseitigsten Autotyp seiner Werke wird.

Sie tanzte eben doch länger als einen Sommer.

Die Konkurrenz hatte sich zu früh gefreut. Nun mußte sie eine bittere Enttäuschung hinnehmen. Denn bei Borgward klettern die Zahlen wieder nach oben. Unter anderem ist es jetzt sogar gerade der Export, der mit steigender Tendenz zu Buche schlägt. Die Vereinigten Staaten von Amerika rücken mit fast 40 % an die erste Stelle der Ausfuhr, die sich auf hundert Länder in Europa und Übersee verteilt.

Während beim Borgward-Werk der Exportanteil an produzierten Personen- und Kombiwagen mit 62,5 % nahezu konstant bleibt (d. h.: Nur etwa ein Drittel wird in Deutschland verkauft!), erhöht sich die Exportquote bei Goliath und Lloyd jeweils um 50 %, und die Tendenz bleibt weiter steigend.

Zwar erschienen die Gesamtzahlen der verkauften Fahrzeuge in einem ungünstigen Licht, weil der allgemein zu verzeichnende Rückgang des Lastwagenbedarfs sich auch bei Borgward bemerkbar machte, trotzdem aber lag die Produktion mit rund 37 500 Einheiten um dreißig Prozent über der des Vorjahres.

Nicht so glatt wie geplant liefen die Dinge bei den Tochtergesellschaften in Übersee.

Die BORGWARD-ARGENTINA S.A., die durch politische Ereignisse fast anderthalb Jahre lang beschlagnahmt gewesen war, beschließt mit der staatlichen Gesellschaft Dinfia die Gründung eines gemeinsamen Unternehmens mit der Bezeichnung ›Dinborg‹ (wobei der argentinische Name Dinfia mit dem Namen Borgward verschmolzen wurde).

Die Borgward-Argentina sollte Motoren, Getriebe und Achsen herstellen, die Dinfia Fahrgestelle und Karosserien. Die Montage ist bei der Gemeinschaftsgründung Dinborg vorgesehen, und zwar zunächst 6 000 Borgward-1,7-t-Frontlenker-Lastwagen und später noch 4 000 Isabella-Personenwagen.

Ein Kuriosum stellte das einzige in Europa befindliche Montagewerk dar: Die belgischen Importbestimmungen hatten den dortigen Generalimporteur C.I.V.A. in Antwerpen zu diesem Ausweg gezwungen, weil in Belgien nur Einzelteile eingeführt werden durften.

Mit der Überraschung des Jahres wartet die Goliath-Werk GmbH auf: Abkehr vom Zweitakt-Motor!

Der neue ›Goliath 1100‹ bleibt beim Frontantrieb, erhält aber einen wassergekühlten Viertakt-Vierzylinder-Boxer-Leichtmetallmotor.

Damit haben die Goliath-Konstrukteure das Experimentieren mit Einspritzpumpen und neuen Vergasersystemen beim Zweitakter endgültig aufgegeben und sind den wachsenden Ansprüchen der Käufer gefolgt.

Die Motor-Rundschau der ›Kölnischen Rundschau‹

Sensation bei Goliath: Abkehr vom Zweitaktmotor! Der neue ›Goliath 1100‹ ist ein prächtiges Auto – nur der Name erinnert leider noch an Goliath-Dreiradwagen!

regte sich gleich zu Beginn ihres Testberichts über die veraltete Visitenkarte des neuen Modells auf:

»Der ›Goliath 1100‹ ist ein ausgesprochen munterer Bursche. Außerdem ist er ein wohlgeratenes Automobil, viel besser als sein Name. Unverständlich, warum dieser

Der neue Viertakt-Motor von Goliath: Motor und Getriebe sind zu einem Aggregat vereinigt, das schnell ein- und ausgebaut werden kann. Nach dem Lösen weniger Schrauben ist in kurzer Zeit das Motor-Getriebe-Aggregat herauszuheben. Alles, was unter der Haube liegt, ist klar und übersichtlich angeordnet und für Wartung oder Reparaturen gut zugängig.

dreirad- und zweitakt-belastete Name einem Fahrzeug anhängen bleibt, das so gar keine Ähnlichkeit mit seinen Vorfahren hat. Es werden nicht wenige Interessenten sein, die an diesem wirtschaftlichen, schnellen, zuverlässigen und hübschen Auto vorbeigehen, weil sie sich unter einem ›Goliath‹ etwas ganz anderes vorstellen.«

Recht hat der Mann! Und wir werden sehen, wie im nächsten Jahr das Goliath-Werk daraufhin den Namen ändert. Für Carl Borgward dürfte es allerdings einige Überwindung gekostet haben, sich von der alten Markenbezeichnung ›Goliath‹, die ihm soviel Erfolg gebracht hat, zu trennen.

Doch zurück zum Testbericht, in dem nun nur noch lobende Worte zu finden sind:

»Der ›Goliath 1100‹ ist nach Abmessungen und Ausstattung ein richtiges Automobil, dessen Charakter nicht durch konstruktive Kompromisse beeinträchtigt wird. Mit seiner sportlich hübschen Karosserie, dem komfortablen Innern, verbunden mit der bemerkenswerten Leistung von 40 PS, kommt er den europäischen Begriffen von einem idealen Auto ziemlich nahe. In der Luxus-Ausführung – serienmäßig zweifarbig lackiert, reich verchromt und fit bis ins kleinste Detail – wird er auf jeder internationalen Schönheitskonkurrenz in seiner Klasse ein gewichtiges Wort mitzureden haben.

Große Panoramascheiben gewähren freie Sicht nach allen Seiten. Das Instrumentenbrett ist klar und übersichtlich angeordnet, die Instrumente selbst liegen innerhalb des Lenkrad-Kranzes im Blickwinkel des Fahrers. Zeituhr, Handschuhkasten und automatischer Zigarrenanzünder sind angenehme serienmäßige Beigaben. (Für die damalige Zeit tatsächlich bemerkenswert!)

Auch an die ›innere Sicherheit‹ ist gedacht: Das ganze Dach, der Dachrahmen und die Dachholme sind mit Schaumgummi gepolstert. (Auch hier schon ›up to date‹!)

Der ›Goliath 1100‹ hat einen 4-Zylinder-4-Takt-Boxermotor, der sich durch Laufruhe und Elastizität auszeichnet. Mit einer Verdichtung von 1 : 7,3, einer Literleistung von 36,5 PS und einer Dauerleistung von 40 PS bei 4 250 U/min hat der 1100-ccm-Motor einen betont sportlichen Charakter. Wassergekühlt ist er besonders geräuscharm, und als Kurzhuber mit geringen Kolbenwegen auch verschleißfest.«

Der Tester der ›Celleschen Zeitung‹ findet außerdem sehr bemerkenswert:

»Der Motor ... ist so elastisch, daß man z. B. im vierten Gang ohne weiteres bis 30 km/h heruntergehen und dann wieder ruckfrei beschleunigen kann ... Was man bei dem für seine Größe verhältnismäßig schweren Fahrzeug nicht erwartet, sind die geringen Bedienungskräfte, die für Lenkung, Schaltung und Fußhebel aufzubringen sind – ein Vorteil, den vor allem die Damen am Volant zu schätzen wissen ...«

Über die Fahreigenschaften schreibt die ›Kölnische Rundschau‹: »Der Wagen liegt – auch bei hohen Geschwindigkeiten und leichtem Seitenwind – wie das berühmte ›Brett auf der Straße‹ ... Seitenneigung, Nicken oder Nachschwingen treten auch auf schlechten Straßen nicht auf und selbst die harten Stöße holpriger Feldwege werden fast völlig verschluckt ...

... Das mit einer Spitze von über 120 km/h (wir erreichten 122 km/h bei ganz leichtem Gegenwind) recht schnelle Fahrzeug hat so gute Bremsen, daß das Fahren hoher Geschwindigkeiten kein Risiko ist. Wir erreichten bei genauester Messung bei einer Notbremsung aus 30 km/h Geschwindigkeit einen Bremsverzögerungswert von 7,4 m/sec^2 und bei einer Notbremsung aus 80 km/h einen Bremsverzögerungswert von 7,2 m/sec^2. Das sind Werte, die an der oberen Grenze des technisch heute Erreichbaren stehen ...«

Rechte Seite (v. o. n. u.):
Auf der Internationalen Automobilausstellung in Frankfurt/M. 1957 vorgestellt:

Das ›Goliath 1100 Coupé‹ mit sportlicher Note.

Der Kombi (40 PS) des Goliath 1100 (1957–1958)

Die Luxus-Limousine (55 PS) des Goliath 1100 (1957–1958)

H-AK 240

Als Fazit meinte der gleiche Tester über den ›Goliath 1100‹ sogar begeistert: »Sein neues Kühler-Gesicht mit der vorn tief heruntergezogenen Motorhaube rückt ihn in die Nachbarschaft seiner aus demselben Hause stammenden Stiefschwester ›Isabella‹.«

Im gleichen Jahr kam auch schon die Luxusversion heraus, die sich durch eine höhere Motorleistung von 55 PS (5000 U/min, 2 Fallstromvergaser) und eine bessere Ausstattung von der Serienausführung unterschied. Auf der Kofferklappe trug dieses Modell in erhabenen Reflektalbuchstaben die Bezeichnung ›Goliath 1100 Luxus‹.

Die gängigsten zweifarbigen Farbkombinationen waren damals:

panamasand mit türkischrot,
pastellgrün mit nilgrün,
panamasand mit graphit,
nizzablau mit floridablau.

Auf der Internationalen Automobilausstellung in Frankfurt/Main wurde auch bereits das ›Goliath 1100 Coupé‹ vorgestellt – das mit Abstand schönste Modell, das jemals das Goliath-Werk verlassen hat!

Ebenso wie die ›Luxus‹-Ausführung mit 55 PS.

Meist in zarten Pastellfarben gehalten und in modischen Kombinationen lackiert. Bestechend durch die ausgewogene Harmonie seiner formschönen Karosserie, die in ihrer Gesamtkonzeption niedrig gehalten ist und damit den sportlichen Charakter betont.

Daneben wurden außerdem mit dem normalen 1100-ccm-Motor herausgebracht:

Der ›Goliath 1100 Kombi‹,

der ›Goliath Expreß 1100‹, ein Lieferwagen mit einer Ladefläche von 5 Quadratmetern und

der ›Goliath Expreß 1100‹ als Luxusbus für 8 bis 10 Personen.

Von den 12 870 im Jahre 1957 im Goliath-Werk hergestellten Automobilen gingen 5 549 in den Export. Der Exportanteil wurde damit von 27,1 % auf 43,1 % gesteigert. Die Produktion enthält 3 132 Lieferwagen und 1 770 Kombiwagen. 75 Exportländer wurden beliefert. Die Hauptausfuhrländer sind: USA, Südafrika, Neuseeland/Australien sowie Holland und die Schweiz.

Eine bedeutende Erdölgesellschaft in Saudi-Arabien, die eine Anzahl Goli-Lieferwagen an Stützpunkten im Wüstengebiet bei Temperaturen bis zu 50 Grad Celsius erprobt hatte, erteilte einen Anschlußauftrag über weitere 70 Fahrzeuge. Die signalroten Golis, Pritschen- und Kastenwagen, wurden im Bremer Überseehafen nach Dammam am Persischen Golf verschifft.

Über die Problematik häufiger Modellwechsel ist bereits berichtet worden. Einerseits sind sie unumgänglich notwendig, um dem Verkauf im harten Wettbewerb mit Konkurrenzfabrikaten neue Impulse zu geben, andererseits kosten sie Geld.

Also versuchen die Automobilfabrikanten, in jedem Jahr ein ›neues Modell‹ herauszubringen – bei einem möglichst geringen Kostenaufwand. Der Käufer will es nun mal so haben! Und so dreht sich das Karussell munter ums liebe Geld. Automobilfabrikanten bereitet das mehr Kopfzerbrechen als die wirklichen technischen Neuerungen. (Die liegen meist schon griffbereit in der Schublade).

Borgward hat drei Werke – also auch dreifaches Kopfzerbrechen.

Die ›Isabella‹ ist in diesem Jahr als Luxusmodell herausgekommen – ohne großen Aufwand an Entwicklungskosten. Bei Goliath waren etliche Investitionen nötig gewesen: Man ist umgestiegen vom Zweitakter zum Viertakter und hatte infolgedessen ein wirklich neues Modell geschaffen.

Und bei Lloyd?

Hier haben wir es geradezu mit einem Musterbeispiel für Fabrikantensorgen zu tun.

Ein neues Modell mußte her!

An grundsätzliche äußere Veränderungen war aber nicht zu denken. Dafür war kein Geld vorhanden. Gerade erst hatten sich Betriebsrat und Belegschaft schweren Herzens dazu entschlossen, die dringend erforderlichen Erweiterungsbauten für Sozial- und Umkleideräume fürs erste zurückzustellen, um zunächst die Ausweitung der Produktionsstätten vorantreiben zu können.

Was also konnte man tun, um aus dem alten Wagen ein ›neues Modell‹ zu zaubern? Womit kann man die Käuferschaft neugierig machen?

Mit einem neuen Namen!

Borgward verwandelt den ›Lloyd 600‹ in den ›Lloyd Alexander‹.

Ein sehr männlicher Name für den Kleinsten in der Borgward-Gruppe! Dabei erinnert man sich, daß die kleinen Dreiradwagen einst nach dem Riesen Goliath benannt wurden. Und nun denkt man beim kleinen Lloyd an Alexander den Großen. (Abwarten! Eines Tages wird er sich sogar noch in eine Dame verwandeln!)

Äußerlich hatte er so absolut gar keine Merkmale, die eine Anspielung auf den großen Feldherrn gerechtfertigt hätten, also mußte er innere Werte haben. Und die hatte er wirklich, und zwar nach Wahl. Das bedeutete, man konnte wählen, ob man die neuen inneren Werte – gegen Mehrpreis! – haben wollte oder nicht.

Dazu war es folgendermaßen gekommen: Borgward hatte das Ergebnis der Umfrage-Aktion ausgewertet, die er im vergangenen Jahr von der Lloyd-Informationsabteilung hatte durchführen lassen. Rund 40 000 Kunden waren dabei befragt worden. Borgward hatte erforschen wollen: Was wünscht sich der Lloyd-Fahrer? Wofür ist er bereit, ein paar Mark mehr auszugeben?

An erster Stelle der Wünsche hatte – neben einer weicheren Federung und etwas komfortablerer Ausstattung – ein vollsynchronisiertes Getriebe gestanden.

Borgward hielt daher den Zeitpunkt für gekommen, einen Meilenstein zu setzen und dem ›kleinen Mann‹ sein ersehntes vollsynchronisiertes Getriebe zu geben.

Heute kann sich das kaum noch jemand vorstellen, wie das einmal war – in der schrecklichen, der synchrongetriebelosen Zeit. Wieviel Tränen es in so mancher Fahrschulstunde gekostet hat, bis die Schülerin (oder auch der Schüler!) gelernt hatte, so butterweich und geräuschlos zu schalten, wie der Fahrlehrer es vermochte. Wie es da krachte und ratschte, weil die Drehzahlen von Antriebs- und Abtriebswelle im Getriebe nicht zusammenpaßten. Wie verzweifelt man da mit Zwischengas und Zwischenkupplung und möglichst gefühlvollen Schaltpausen nachzuhelfen versuchte!

Die technische Lösung des Problems auch für den Lloyd hatte bereits in der Schublade gelegen. Die Frage für Borgward war nur gewesen, wann er es auch dem letzten ›kleinen Mann‹ zumuten könnte, zweihundert Mark mehr dafür auszugeben.

Er sann nach einer Kompromißlösung und fand sie.

Der neue ›Alexander‹ wurde anfangs wahlweise mit oder ohne Synchrongetriebe geliefert.

Erst ab Juli 1957 wurde jeder Wagen serienmäßig damit ausgestattet.

Wer dennoch beim Schalten ratschte, war wahrscheinlich in den falschen Gang geraten. Das war ganz leicht möglich, denn beim ›Alexander‹ stand in dieser Beziehung alles auf dem Kopf: Das Schaltschema war so angeordnet, daß der erste Gang unten – statt wie sonst üblich oben – lag. Ebenso der dritte.

Ein großer Pluspunkt aber ist auch auf den ›Alexander‹ vererbt worden: Die außerordentlich niedrigen Preise für Austauschteile.

Ein kompletter Austauschmotor kostete nur 198,– DM gegenüber den in dieser Klasse sonst üblichen Preisen von ca. 500,– DM; der Preis für den großen Wartungsdienst betrug 12,– DM.

Die gesamte Borgward-Gruppe stellte seit der Währungsreform in diesem Jahr das 500 000ste Automobil her.

Die Belegschaft setzte sich wie folgt zusammen:
Borgward-Werke:
10 809 Arbeiter 853 Angestellte 261 Händler
Goliath-Werke:
3 020 Arbeiter 302 Angestellte 474 Händler
Lloyd-Werke:
4 400 Arbeiter 488 Angestellte 593 Händler
Das ergibt insgesamt:
18 229 Arbeiter 1 643 Angestellte 1 328 Händler

In diesem Jahr geht ein weiterer Mann der alten Garde in Pension: Wilhelm Schindelhauer.

Er tut es schweren Herzens. Vierzig Jahre lang war er ohne Unterbrechung – trotz zweier Weltkriege – in der Unternehmensgruppe tätig gewesen.

Wilhelm Schindelhauer war in der Bremer Automobilindustrie zu einem Begriff geworden.

Er hatte als junger Mann mitten im Ersten Weltkrieg eine Anstellung bei den Hansa-Lloyd-Werken gefunden, zu einer Zeit, als dort Lastwagen und Feldküchen für die Armee gebaut wurden.

Er hatte 1931 den Zusammenbruch dieses Werkes miterlebt und überstanden.

Er hatte als erster dort Carl Borgward die Hand gereicht.

Und er hatte nach dem Zweiten Weltkrieg am Wiederaufbau mitgearbeitet.

Das Werk, dem er praktisch sein Leben lang gedient hat, blickt zum Zeitpunkt seines Abschieds auf eine Tradition von mehr als einem halben Jahrhundert zurück. Das Gründungsjahr der Borgward-Werke ist im ›Handbuch der Großunternehmen‹ mit 1906 angegeben, dem Jahr, in dem Dr. Heinrich Wiegand als Direktor des Norddeutschen Lloyd die Idee verwirklichte, der Schiffahrt in Bremen einen weiteren Industriezweig an die Seite zu stellen, um das Risiko zu verringern.

An Schindelhauers Stelle rückt der nun zum stellvertretenden Geschäftsführer ernannte Verkaufsdirektor Karl Monz, der bis dahin Leiter des Einkaufs gewesen war. Er ist schon seit der Zeit vor dem Kriege im Werk.

Der ebenfalls zum stellvertretenden Geschäftsführer bestellte Betriebsleiter Wilhelm Gieschen war erst nach dem Kriege zu Borgward gestoßen.

So bleibt als der älteste Aktive, der schon seit 1909 bei Hansa-Lloyd, aber erst seit 1929 bei Carl F. W. Borgward arbeitet, Hermann Grimberg.

Vor dem Bremer Rathaus:
›Alexander TS‹, 1958–1961, Zweizylinder-Viertakt-Motor, 596 ccm, 25 PS bei 5000 U/min.

1958
Hubschrauber – Autos der Lüfte

»Borgward baut Hubschrauber!"

Diese Meldung geht Anfang April als Sensation durch die Presse.

Carl Borgward hat den denkbar besten Mann mit dieser Aufgabe betraut: Prof. Henrich Focke, der 1936 in Bremen den ersten Hubschrauber der Welt geschaffen hatte.

Wie es zu dieser neuen Zusammenarbeit gekommen ist, mutet fast romanhaft an, wie vieles in Borgwards Leben.

Professor Focke war in Brasilien, wo er die Erprobung neuer Drehflügler beendet hatte, per Zufall mit Borgwards technischem Direktor Wilhelm Gieschen zusammengetroffen. Als er von ihm den Namen Borgward hörte und noch dazu an Bremen erinnert wurde, an die Stadt, in der er vor einundzwanzig Jahren seinen größten Triumph gefeiert hatte, kam ihm der Gedanke, jetzt vielleicht die Borgward-Werke für den Bau von Hubschraubern interessieren zu können – eine Automobilfabrik zwar, aber was tat's!

Auf der gemeinsamen Heimreise mit Gieschen nach Europa nahm der Plan bereits konkrete Formen an – nur Borgward wußte noch nichts davon!

Carl Borgward war vom Fliegen allgemein nicht sehr angetan. Mit seiner Frau flog er grundsätzlich niemals gemeinsam in derselben Maschine. Wenn ein Flug wirklich einmal unumgänglich war, flogen sie getrennt. Der Kinder wegen. Falls etwas passierte . . .

Das war unter den führenden Leuten im Werk kein Geheimnis gewesen und natürlich auch Professor Focke zu Ohren gekommen.

So machte er sich mit einer gewissen Befangenheit und Skepsis auf den Weg, als Borgward ihn eines Tages um eine Rücksprache bat.

Professor Focke kam per Hubschrauber. Nach einigen Runden über dem Werk ging er elegant mit der amerikanischen Maschine auf einem freien Platz nieder – dicht neben dem Verwaltungsgebäude.

Gefaßt auf ein längeres sachliches Gespräch über technische und finanzielle Probleme, trat er Borgward gegenüber.

Mit Erleichterung stellte er aber sogleich fest, daß auch Wilhelm Gieschen und dessen Frau anwesend waren, dazu der Rennfahrer Hans Hugo Hartmann. Allzu hart würde es also bei einer Diskussion nicht hergehen können.

Es kam aber wieder einmal alles ganz anders.

Borgward war kein Freund von langem Reden, und so wurde im Hin und Her des Gesprächs plötzlich die Idee geboren, die Nützlichkeit eines Hubschraubers praktisch zu erproben, indem man eine Wettfahrt veranstaltete: Automobil gegen Hubschrauber!

Borgward ging sofort auf den Spaß ein. Ziel sollte das Hotel ›Vier Jahreszeiten‹ in Hamburg sein, und wer zuletzt ankäme, hätte den Sekt zu bezahlen, den man dort trinken würde.

Am Zeichenbrett bei den Borgward-Werken: Prof. Dr. Ing. Henrich Focke, der Konstrukteur des ersten brauchbaren Drehflügel-Hubschraubers der Welt, ›FW 61‹. Der Bremer Testpilot Ewald Rohlfs errang damit 1937 sämtliche Hubschrauber-Weltrekorde.

**Prof. Focke, von Jugend an vom Ikarustraum besessen, ging schon als 18jähriger – wie vor ihm Otto Lilienthal – mit einem Flugapparat Marke ›Eigenbau‹ in die Luft. Seine ersten Gleitversuche startete er in Bremen an der Weser vom Osterdeich aus.
Er starb 1979 im Alter von 88 Jahren.**

Hartmann brauste sofort mit seiner ›Isabella TS‹ davon. Gieschen und Frau im größeren ›Hansa 2400‹.

Professor Focke und Borgward starteten mit dem Hubschrauber.

Während sie zwanzig Minuten später über Altona kreisten und Borgward hinunterblickte auf die Langenfelder Straße, wo er einst als Junge herumgestreift war, bemühte sich Professor Focke, ihm klarzumachen, welche Zukunft der Hubschrauber habe und welches Geschäft darin stecke, nun auch in Deutschland Drehflügler zu bauen – serienmäßig!

Wenige Minuten danach landete die Maschine sanft auf einer Rasenfläche inmitten der Ausstellung ›Planten und Bloomen‹. Borgward war so angetan von dem Flug, daß er Professor Focke dankbar die Hände schüttelte und ihm seinen Entschluß mitteilte: »Sie haben mich überzeugt! Jawohl – wir werden Hubschrauber bauen – Autos der Lüfte!«

In seiner Begeisterung hatte er es plötzlich auch gar nicht mehr eilig. Sollte doch Hartmann ruhig die Wette gewinnen. Schließlich war er das seinem guten Ruf als Rennfahrer schuldig und dem der ›Isabella‹ erst recht!

Als er mit Professor Focke in einem Taxi im Hotel ›Vier Jahreszeiten‹ ankam, saßen die anderen schon da und tranken Sekt. Alles war in bester Ordnung. Hartmann hatte auf ›Isabella‹ gesiegt (nur 55 Minuten hatte er gebraucht!), Gieschen war schmunzelnder Zweiter geworden, Focke hatte Borgward vom Hubschrauber überzeugt – und Borgward bezahlte den Sekt.

Für einen Mann, der bereits im achtundsechzigsten Lebensjahr stand, war es ein Zeichen erstaunlicher Vitalität, wenn er sich entschloß, jetzt noch einmal ein so

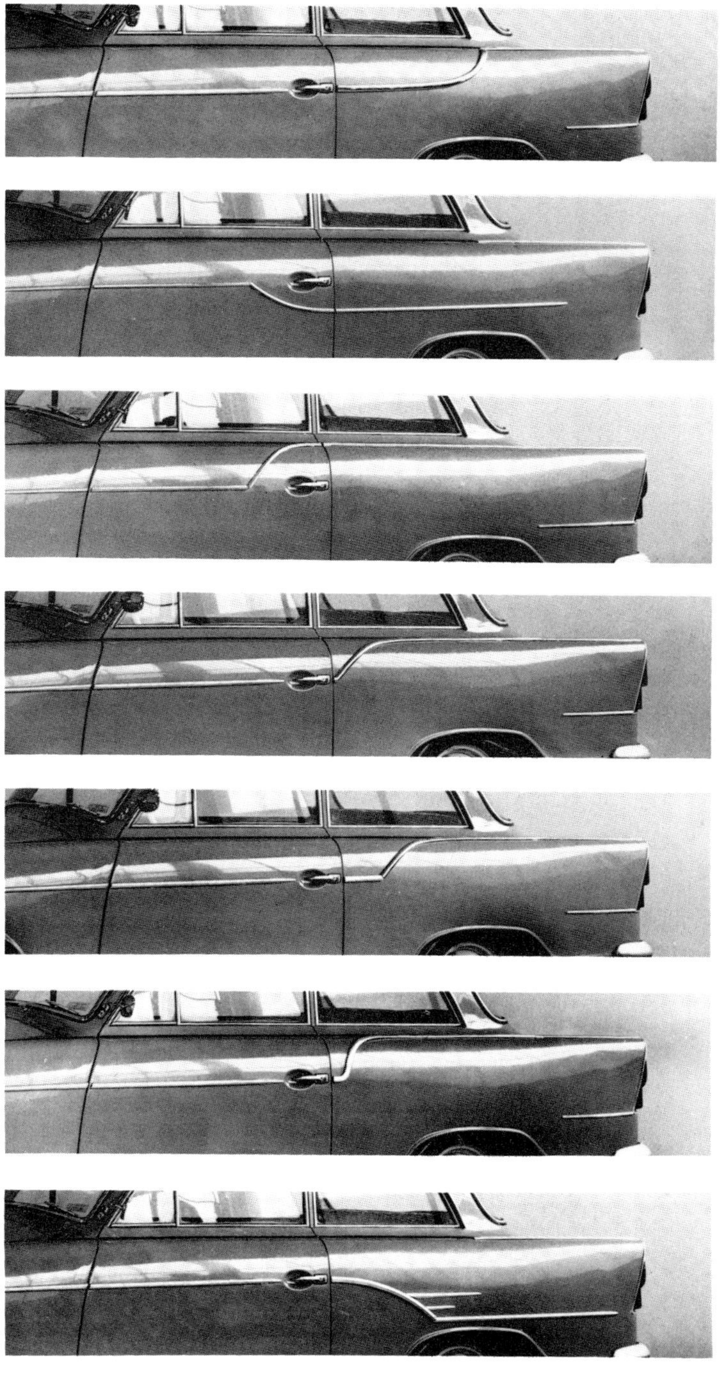

Carl Borgward: »Ohne Zierleisten ist ein Wagen nackt!« Versuche mit verschiedenen Zierleisten am ›Hansa 1000‹.

1958: der neue ›Hansa 1100‹ – eine »sichere Sache!‹. Nun war wirklich alles bestens gelöst: Viertaktmotor, neuer Name – nur die Zierleiste mit dem Schwung nach unten hinter dem Türgriff kam bei den Käufern nicht gut an. Trotz aller Versuche!

großes Projekt wie den Bau von Flugzeugen anzugehen, nachdem er als Automobilfabrikant alle seine Ziele praktisch erreicht hatte. Immerhin mußte er damit rechnen, daß eine solche Neuentwicklung Jahre in Anspruch nehmen würde, auch wenn man auf die Erfahrung eines noch so guten Spezialisten wie Professor Focke zurückgreifen konnte.

Zunächst sollten zwei Modelle entwickelt werden, die als Zubringer für die großen Verkehrsflughäfen gedacht waren und später als Vorstufe zum Bau eines Großhubschraubers für 35 Personen gelten konnten.

Die finanzielle Belastung, die durch diese Hubschrauber-Entwicklung zwangsläufig entsteht, fällt in eine günstige Zeit.

Mit mehr als 100 000 Fahrzeugen, die in diesem Jahr von der Borgward-Gruppe produziert werden, ist Borgward der viertgrößte deutsche Automobilhersteller geworden hinter dem Volkswagenwerk, Daimler-Benz und Opel. Mit einem Umsatz von 622 Millionen DM zählen die im Besitz von Dr. Ing. E. h. Carl F. W. Borgward befindlichen Gesellschaften zur Spitzengruppe der Privatunternehmen in Deutschland und Europa.

Mit der ›Isabella‹ hat sich Borgward ein für viele Jahre gültiges Modell geschaffen. An einen Wechsel braucht er so schnell nicht zu denken. Es genügt, wenn er kleine Veränderungen am Äußeren vornimmt: Einmal

Das ›Hansa 1100 Coupé‹ ist nicht nur eine »sichere Sache«, sondern auch eine recht »schicke Sache«.

Liegesitze im ›Hansa 1100 Coupé‹.

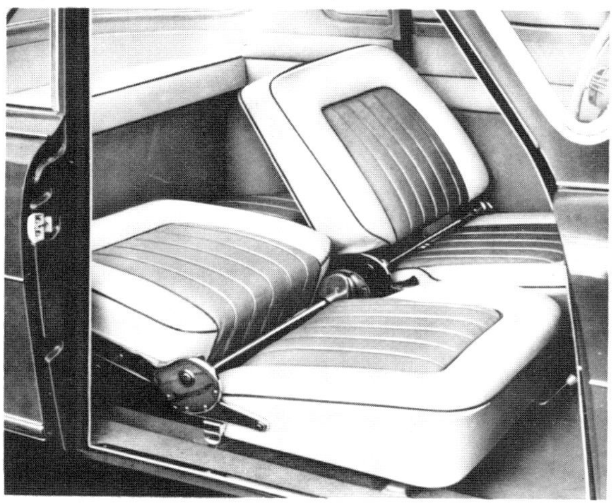

Der Schriftzug ›Tiger‹ – für den Export nach USA.

Der neue Goliath-Jagdwagen ist nunmehr mit dem Vier-Zylinder-Viertaktmotor wie der ›Hansa 1100‹ ausgerüstet, der mit einem Doppelstufen-Vergaser 50 PS leistet. Mit seinem Achtganggetriebe und Allradantrieb nimmt er Steigungen bis zu 60 %, auf der Straße erreicht er eine Höchstgeschwindigkeit von über 100 km/h. Obwohl dieser ›Goliath Lkw 0,25 t gl‹ in jeder Beziehung den NATO-Normen entsprach, kam es auch diesmal nicht zu einer größeren Serienproduktion.

Der ›Express 1100‹ als Goliath-Luxus-Bus. 1,1-Liter-Vierzylinder-Viertaktmotor von 40 PS mit Frontantrieb. Der Luxus-Bus mit 11 großen Fenstern und Dachrandverglasung bietet Platz für acht bis zehn Personen.

Neben dem ›Goliath-Express 1100‹, in dem sich etwa 950 kg Ladung in dem 6-cbm-Laderaum unterbringen lassen, ein GOLI, der mit seinen 15 PS 15 Zentner Last befördert und nur 20 Pfennige Steuern pro Tag kostete!

wird der Borgward-Rhombus am Kühlergrill verkleinert, später werden (auf Wunsch) Heckflossen zur Stabilisierung der Lage angesetzt.

Ähnlich verhielt es sich bei Lloyd.

Analog zum ›TS‹ der ›Isabella‹ kam hier ein ›Alexander TS‹ heraus. Neu daran waren eigentlich nur die Hinterachse, die Schraubenfeder und eine höhere Motorleistung (25 PS statt bisher 19).

Allerdings mußten die Lloyd-Leute auf der Hut sein, denn der Trend zielte schon wieder auf einen stärkeren Wagen hin. Daher waren fleißige Konstrukteure hinter verschlossenen Türen eifrig am Werken an einer neuen Auto-Dame namens ›Arabella‹.

Bei der Goliath-Werk GmbH hat man sich die Mahnungen zu Herzen genommen, daß für einen so eleganten Wagen die alte Dreiradbezeichnung ›Goliath‹ geradezu eine Beleidigung sei. Borgward hatte nachgegeben. Somit heißt jetzt der (fast gleiche) Wagen ›Hansa 1100‹.

Mit der Bezeichnung ›Hansa‹ lebt gleichzeitig eine alte Tradition wieder auf, die an den Begriff ›Hansa-Lloyd‹ anknüpft und an Borgwards Hansa-Wagen der Vorkriegszeit erinnert.

Äußerliche Veränderung: Modernisierte Karosserie.

Unschön daran allerdings die Zierleisten, die hinter der Tür einen Bogen nach unten machen.

Hier hatte Borgward geirrt!

Offensichtlich hatte er etwas ganz Besonderes schaffen wollen – aber zu lange daran herumgedoktort. (Siehe im ersten Teil des Buches: Der Mann zahlt – die Frau entscheidet!)

Im nächsten Jahr waren die Zierleisten daher wieder gerade!

Für die Werbung war von Erwin Plog das Schlagwort »Hansa 1100 – eine sichere Sache!« geprägt worden. Spielte man damit auf ein etwa im Unterbewußtsein noch gärendes ›Unsicherheitsgefühl‹ an, das einstmals die Goliath-Wagen mit Benzineinspritzung nebst ›Dampfblasenbildung‹ heraufbeschworen hatten? Die ehemals Verantwortlichen der Geschäftsleitung erinnerten sich jedenfalls anläßlich eines Interviews für dieses Buch noch recht gut an die schlaflosen Nächte, die ihnen diese ›Dampfblasen‹ vor fünfundzwanzig Jahren bereitet hatten!

Im August wurde auch in Brasilien ein Montagewerk unter dem Namen ›Borgward do Brasil S.A.‹ mit einem Kapital von 250 Millionen Cruzeiros (achteinviertel Millionen DM) gegründet. Jährlich 5 000 Personenwagen der Typen ›Borgward Isabella TS‹ und ›TS de Luxe‹ sollten hier montiert werden.

Bald darauf konnte auch mit einer Handelsdelegation der Südafrikanischen Union ein Vertrag über die Gründung eines Montagewerkes in Johannesburg abgeschlossen werden. Im Sommer 1959 wurde die Montage aller Isabella-Typen aufgenommen.

Sogar im fernen Manila auf den Philippinen bestand ein Montagewerk für Personen- und Lastwagen unter der Firmenbezeichnung Munos und Tan.

Die Exportsituation für Borgward war weiterhin gut. In Europa stand wieder Schweden an erster Stelle, danach folgten die Benelux-Staaten und mit einigem Abstand die Schweiz, Österreich, England und Portugal.

Borgwards schönste Schöpfung: Das ›Isabella Coupé‹ – Der Rhombus am Kühlergrill ist kleiner geworden.

HB-HA 237

1959
Formschöner ‚Hansa 1100' – Arabella – aqua bella! Stirling Moss auf Cooper-Borgward – Der ‚Große Borgward 2,3 Liter'

Der ›Hansa 1100‹ ist nun endgültig der Aschenbrödelrolle des Hauses Goliath entwachsen. Nachdem der alte Dreirad-Name ›Goliath‹, den die Käufer nicht so übermäßig gern auf der Kühlerhaube eines eleganten Personenwagens vor sich herfuhren, schon im Vorjahr verschwunden war, sind weitere Verfeinerungen vorgenommen worden.

Aus der Krückstockschaltung (am Armaturenbrett) wurde eine echte Lenkradschaltung. Die Fenster wurden größer und höher – und die bereits erwähnten Seitenzierleisten waren wieder gerade.

Am Grill ist die berühmte aber zugleich geschmähte ›Goliath-Zunge‹ mit ihren Bremer Farben rot-weiß verschwunden. An die Stelle der aufgepappten Heckflossenandeutungen sind lange, aus dem Vollen gearbeitete Heckflossen getreten. Am Armaturenbrett wurde mehr Ordnung geschaffen, und das Lenkrad wurde der höheren Sicherheit wegen korbartig ausgebildet.

Kleinigkeiten, die aber oft beim Automobil den letzten ›I-Punkt‹ bedeuten.

Da es sich beim ›Hansa 1100‹ um eines der schönsten Modelle der damaligen Mittelklasse-Wagen handelte, das leider durch den späteren Zusammenbruch des Borgward-Konzerns das letzte dieser Typenreihe war, sei hier noch – zum Abschied sozusagen – auf das bildschöne ›Hansa 1100 Coupé‹ eingegangen.

Im ›Handelsblatt‹ schrieb Dipl.-Ing. W. Buck für technisch interessierte Leser:

»Es war nicht der schlechteste Gedanke der Goliath-Werke, auf der Frankfurter Automobilausstellung mit einem zweisitzigen Coupé zu erscheinen. Man kann getrost sagen, daß das Coupé – womöglich noch mit Schiebedach – heute die Stelle des früheren Cabriolets eingenommen hat, wenn es sich für den Käufer darum handelt, ein Auto zu erwerben, mit dem er aus dem Kreis der Markengenossen absticht . . .

. . . Preislich liegt das ›Hansa-Coupé‹ sehr günstig, wartet es doch mit sehr guter Ausstattung und hervorragender Fahrleistung auf, ohne die 8000-DM-Grenze zu überschreiten.

Zugrundegelegt ist das Fahrgestell des ›1100 Luxus‹ mit allen seinen Hansa-Eigenheiten: Zentralrohrrahmen, der mit der Ganzstahlkarosserie verschweißt wird, vorn Einzelradaufhängung an einer obenliegenden Quer-Blattfeder und unterem Querlenker, hinten eine sehr leichte Starrachse an Längs-Blattfedern, vorn und hinten progressiv wirkende Teleskopstoßdämpfer, Zahnstangenlenkung, hydraulische Fußbremse (vorn Duplex) und

Das bildschöne ›Hansa 1100 Coupé‹ hat seine endgültige Gestalt erhalten. Die ›Zunge‹ am Kühlergrill ist gänzlich verschwunden.

schließlich das immer wieder begeisternde Frontantriebsaggregat mit seinem Vierzylinder-Boxermotor mit 74 mm Bohrung und 64 mm Hub, also 1093 ccm Hubraum. Die 7,9:1 verdichtete Maschine (Superkraftstoff notwendig) leistet dank Zweivergaseranlage bequem 55 PS bei 5000 U/min und hat bei 4000 U/min ein maximales Drehmoment von 8,4 mkg. Die ziemlich hoch erscheinende Nenndrehzahl von 5000 Touren ist angesichts der Kurzhubcharakteristik (mittlere Kolbengeschwindigkeit nur 10,7 m/sec; bei 100 km/h im vierten Gang sogar nur 7,9 m/sec), der Voll-Leichtmetallbauweise und dank eines im Fahrtwind liegenden Ölkühlers alles andere als kritisch. Aus dem Gewicht des vollgetankten, fahrfertigen Wagens von 950 kg errechnet sich ein Leistungsgewicht von nur 17 kg/PS, was tadelloses Temperament erwarten läßt . . .

. . . Mit Heizung und Klimaanlage kommt das ›Hansa-Coupé‹ auf 7 785 DM, bleibt also noch deutlich unter 8 000 DM. In allen seinen Fahreigenschaften liebenswert, überdurchschnittlich fahrsicher und temperamentvoll, stellt es in der 1100-ccm-Klasse ohne jeden Zweifel eine europäische Spitzenleistung dar.«

Die ›Lloyd Arabella‹ (1959–1963), formschön und mit reichhaltiger Ausstattung, aber vom ersten Tage an ein Verlustgeschäft! 4-Zylinder-Viertaktmotor, 897 ccm, 38 PS bei 4800 U/min.

Ab August 1959 bis zum Sommer 1961 wurden insgesamt 16 575 Wagen ›Hansa 1100‹ hergestellt, davon 4 283 als Kombi.

Ob als Coupé oder als Limousine – der ›Hansa 1100‹ hat viele Autofreunde glücklich gemacht und somit eine entsprechend große Trauergemeinde hinterlassen, als es eines Tages hieß, er würde nicht mehr gebaut werden – –

Weniger Tränen wurden dem letzten Lloyd-Erzeugnis nachgeweint, der neugeborenen, unglückseligen ›Arabella‹, der Nachfolgerin des ›Alexander‹.

Doch folgen wir zunächst den humorvollen Ausführungen, die der damalige Lloyd-Pressechef Olav von Fersen für ein Arabella-Handbuch bei dem trefflichen Automobilschriftsteller Dr. Paul Simsa in Auftrag gegeben hatte:

»Arabella hat eine romantische Figur: Vorn ein Schuß Sportwagen, hinten kesse Flossen, das ganze zusammengehalten vom unverwechselbaren Borgward-Stil. Es ist eine sachliche Form, aber es steckt auch Verspieltheit drin fürs kleine Fritzchen, das hübsche Autos mag. Die Linien romantischer Autos werden nicht mit dem Lineal gezogen.

Trotz hochgedrungener Flossen und hohem Hinterteil besteht Arabella die Reifeprüfung für gute Form glänzend: Sie braucht nicht Chrom, nicht Ornamente. Und was man als Modefexerei verdächtigt, hat seinen Sinn: Die Flossen zeigen dem Fahrer genau, wo sein Auto aufhört. Arabella schiebt nicht unübersichtliche Ausbuchtungen weit vor sich her . . .

. . . Natürlich ist die neuentwickelte Karosserie im einzelnen raffinierter gestaltet als beim Lloyd 600. Zum Beispiel sind die meisten Teile so geformt, daß sie sich über den Fugen überlappen, so daß die Feuchtigkeit gar nicht erst an die Abdichtungen herankommt . . .«

Stopp! Einspruch, Herr Dr. Simsa! Sie haben sicherlich recht, daß sich die meisten Teile überlappten. Trotzdem litt die ›Arabella‹ an der Krankheit, daß sie unten nicht ganz dicht war! Sie ließ Wasser durch, sobald die Straße naß war. Da die Lloyd-Kundschaft nicht auf den Mund gefallen war – siehe Wortschöpfung ›Leukoplastbomber‹! – machte bezüglich ›Arabella‹ sehr schnell auch hier ein Wort die Runde: ›Badewanne‹!

Hinzu kamen weitere Beschwerden der Käufer: Man habe nicht genügend Sitzfreiheit.

Dazu Paul Simsa:

„Es gibt Viersitzer, in denen man hoch sitzt, weil es praktisch ist, und andere, in denen man niedrig sitzt und sich die Beine verbiegt, weil das Auto so schön elegant niedrig ist. Alles in allem ist die Viersitzerfrage reine Anschauungssache. Denn wenn man vier Personen mal schnell durch die Stadt mitnimmt, dann merken sie gar nicht, wie sie sich fühlen würden, wenn sie ein paar hundert Kilometer zu viert fahren müßten . . .

. . . Allen Viersitzern ist aber eines gemeinsam: Auf den Vordersitzen kann sich niemand beklagen. Und weil der Besitzer vorne sitzt, verklingen die Klagen der Rücksitzfahrer im Winde – –«

Sehr richtig! Weiter heißt es im Text:

». . . zugunsten der vielgeliebten eleganten Form wurde das Dach hinten auffallend gerundet, so daß große Passagiere hinten beim Zurücklehnen des Kopfes das Dach berühren – dieser Kritik sieht sich ein Wagen sportlicher Grundform leicht gegenüber, Arabella ist aber dennoch ein Viersitzer . . .«

Na, gut – lassen wir es gelten.

Kriminell wird es nur, wenn Käufer behaupten, die Aggregate hätten Fehler aufgewiesen und das Synchrongetriebe stimme nicht, es kreische trotz sorgfältigsten Schaltens – –

Laß fahren dahin!

120 km/h schnell war die ›Lloyd Arabella‹.
Ihre Beschleunigung von 0–100 km/h:28 sec
mit einem 4-Zylinder-Boxermotor (897 ccm)
mit 38 PS bei 4800 U/min.

Ihrer bestechenden Linie war es wohl hauptsächlich zuzuschreiben, daß sie trotz aller ›Bildungslücken‹ gute Umsatzzahlen aufweisen konnte.

Ab August 1959 bis Juli 1961 wurden insgesamt 45 549 Wagen gebaut. (Ab Oktober 1960: ›Arabella de Luxe‹ mit 45 PS)

Erstaunliche Fortschritte machte der Hubschrauberbau auf dem Borgward-Gelände in Sebaldsbrück.

Der ›Borgward-KOLIBRI I‹, konstruiert von Prof. Dr. Ing. E. h. Henrich Focke, hat die rechnerische Musterprüfung bestanden und befindet sich bereits in der fliegerischen Erprobung.

Nahezu täglich startet er zu Freiflügen über dem werkeigenen Hubschrauberplatz, während die Arbeiten an dem fast fertiggestellten KOLIBRI I V2 (Versuchsmaschine 2) zügig voranschreiten und eine nachfolgende Serie in Vorbereitung steht.

Dieser ›Borgward KOLIBRI I‹ ist der erste deutsche Nachkriegshubschrauber, der zum Fliegen gekommen ist. Sämtliche Investitionen wurden allein von Carl Borgward geleistet, ohne jeden Zuschuß von Bund oder Ländern. Er hatte es auch in diesem Falle strikt abgelehnt, sich in fremde Hände zu begeben. Tatsächlich bestand auch angesichts der guten Geschäftsentwicklung in diesem Jahr keine Gefahr, die eine Weiterführung des Projekts hätte in Frage stellen können.

Der KOLIBRI I ist ein einmotoriger Hubschrauber mit einem dreiblättrigen Rotor, dessen Drehmoment

Das Auto der Lüfte: Der Hubschrauber ›Kolibri I‹ beim Erprobungsflug über dem Borgward-Werk in Sebaldsbrück. Am Steuerknüppel Testpilot Ewald Rohlfs.

Der Borgward-Hubschrauber setzt zur Landung an – nur wenige Meter neben einer ›Isabella‹.

Carl Borgward am Hubschrauber bei Ewald Rohlfs. Er freut sich, daß die Erprobung so gute Fortschritte macht.

Prof. Focke gratuliert seinem Testpiloten Ewald Rohlfs zu den ersten erfolgreichen Erprobungsflügen.

Hanna Reitsch mit Professor Henrich Focke im Hubschrauber.

durch zwei unter 90° stehende Hilfsrotoren (ebenfalls dreiblättrig) am Rumpfende ausgeglichen wird. Diese dienen gleichzeitig infolge ihrer Lage unter 45° zur Horizontalen für die Seiten- und Höhensteuerung.

Als Dreisitzer gedacht, sitzt neben dem Piloten eine zweite und dahinter gestaffelt eine dritte Person.

Die ausländischen Helicopter-Produzenten, die sich sämtlich auf die erste deutsche Entwicklung stützten, haben für ihre weiteren Arbeiten viele Anlaufjahre sowie Millionensummen an Dollars aufwenden müssen, um ihren hohen Stand an Leistung und Betriebssicherheit zu erzielen.

Gemessen an diesen Aufwendungen stellt es eine erstaunliche Leistung dar, wenn das verhältnismäßig kleine, aber voll aktionsfähig gebliebene Focke-Team innerhalb von knapp zwei Jahren mit einem Bruchteil der dafür international als erforderlich angesehenen Finanzmittel einen Hubschrauber vom Reißbrett zum Fliegen gebracht hat.

Hinzu kommt, daß die Musterprüfung eines ersten deutschen Nachkriegs-Hubschraubers nicht nur für das Werk, sondern auch für die zulassende Bundesstelle insofern ein Novum darstellte, als die alten deutschen Prüfbestimmungen für Hubschrauber zugunsten der weiterentwickelten amerikanischen Vorschriften nicht verwendet werden können und damit viele Erfahrungen, die im Werk oder bei der Bundesbehörde vorhanden waren, neu erarbeitet werden mußten.

Die Leistungen des KOLIBRI I spiegeln sich in folgenden Zahlen:

Höchstgeschwindigkeit ca. 160 km/h
Reisegeschwindigkeit ca. 140 km/h
Gipfelhöhe schräg ohne Bodeneinfluß 4000 m,
Gipfelhöhe senkrecht mit Bodeneinfluß 1500 m

„Borgward weiter im Rennen!"

So begann eine Pressemeldung, die Anfang des Jahres aufhorchen ließ.

»Der große englische Rennfahrer Stirling Moss wird in der diesjährigen Saison mit dem neuen Cooper-Borgward auf internationalen Pisten antreten. Die Borgward-Werke in Bremen haben den Rennställen ›British Racing Partnership‹ und Rob. R. C. Walker mehrere der bewährten 1500-RS-Motoren zur Verfügung gestellt.«

Trotz aller Probleme, die der Hubschrauberbau nun zusätzlich zur Tagesarbeit mit sich brachte, hat Carl Borgward den Rennsport nie aus den Augen verloren.

Für die technische Betreuung der Borgward-Motoren, die in Cooper-Formel-II-Rennwagen bei vielen Motorsportveranstaltungen des 59er Terminkalenders mitmischen werden, wurde daher von Borgward der schon in manchen Rennen erfolgreiche Bremer Nachwuchsfahrer Fritz Jüttner freigestellt.

Die begehrte Trophäe, der ›Coupe des Constructeurs‹, wird zwar erst am Ende der Rennsaison offiziell von der FIA verliehen, doch stand schon im Frühjahr fest, daß die Marken-Weltmeisterschaft der Formel II von dem in diesem Jahre zum ersten Male eingesetzten Cooper-Borgward errungen werden würde. Gleich zu Beginn der Saison konnte dieser Rennwagen 6 erste, 2 zweite und 2 dritte Plätze für sich buchen. Damit wurde die Formel II eine sichere Sache für den Cooper-Borgward, der sich sogar als schneller erwies als andere im Hubvolumen größere Rennsportwagen.

Während Stirling Moss bei den Rennen der Formel I ausgesprochenes Pech hatte, siegte er stets im Formel-II-Rennen auf dem Cooper-Borgward. Viermal startete er, und viermal war er Erster. So war es beim Großen Preis von Syrakus und auch in Reims, wo er nach hartem Kampf mit Hans Herrmann (auf einem Behra-Porsche) in Siegerposition gehen konnte und unangefochten das Rennen mit einem Schnitt von 191,8 km/h für sich beendete. Ähnlich war es beim 7. Großen Preis von Rouen und beim Großen Wagenpreis der Auvergne bei Clermont-Ferrand.

Chris Bristow, ein neues Fahrertalent, siegte zum erstenmal auf Cooper-Borgward beim Großen Preis von England in Aintree. Die große Überraschung bereitete er aber der Fachwelt mit seinem Sieg im Rundenrennen von Brands-Hatch (England), wo er als Rundenschnellster mit einem Schnitt von 124,72 km/h die bekannten Fahrer Roy Salvadori und den in der Weltmeisterschaft

Der große englische Rennfahrer Stirling Moss im Cooper-Borgward-Rennwagen.

führenden Jack Brabham klar auf die Plätze verwies.

Von Sieg zu Sieg steuerte Stirling Moss den Cooper-Borgward zur Marken-Weltmeisterschaft der Formel II. Gleichzeitig errangen Moss und Bristow den 1. und 2. Platz der Formel-II-Championship.

Hier die Erfolgsliste des Cooper-Borgward:

British Empire Trophy: Ivor Bueb (3.)

Syracuse Grand Prix: Stirling Moss (1.)

Daily Express Trophy: Ivor Bueb (2.)

London Trophy Race: Ivor Bueb (2.)

Coupé de Vitesse, Reims: Stirling Moss (1. und neuer Ringrekord)

Rouen: Stirling Moss (1. und schnellste Runde)

British Racing Grand Prix: Chris Bristow (1. und schnellste Runde)

Clermont Ferrand: Stirling Moss (1. und schnellste Runde)

John Davy Trophy: Chris Bristow (1. und schnellste Runde)

Snetterton: Chris Bristow (1. und schnellste Runde)

Bergrennen Gex: Trintignant (2.)

Das sind insgesamt 7 erste, 3 zweite und 1 dritter Platz.

Mit der Marken-Weltmeisterschaft wurden die Siege und Erfolge des Cooper-Borgward in der Formel II belohnt. An dem guten Ruf des 1500-RS-Motors hatte nicht zuletzt auch die ausgereifte Bosch-Benzin-Einspritzung großen Anteil.

Zu den härtesten Rennen des Jahres gehört wohl das um den ›Großen Preis von Argentinien‹. Darüber berichtete der Sportredakteur Fritz Hack von der ›Freien Presse‹ aus Buenos Aires:

»Jeder Wagen, der angekommen ist, von den 63 bei 183 gestarteten, hat Ungeheuerliches geleistet. In der Standardklasse C bis 1500 ccm waren 30 Wagen gestartet und nur 11 angekommen. Unter den ersten 7 in der Gesamtwertung 4 Borgwards ... Marcolongo, in der Gesamtwertung Zweiter, gewann die erste Etappe von Buenos Aires–San Juan von 1 265 km mit einem Durchschnitt von 132,149 km/h (!).«

Während die Internationale Sportkommission dem Fabrikat Cooper-Borgward endgültig den ›Coupe des Constructeurs‹, also die Marken-Weltmeisterschaft der Formel II zuerkannte, wurden zwei Rennwagen für einen neuen Einsatz im Rennstall der British Racing Partnership fit gemacht.

Stirling Moss, Welt-Elite-Fahrer und Weltmeister in der Fahrerwertung der Formel II, sowie der Zweite, Chris Bristow, wollten an den ersten beiden Sonntagen des neuen Jahres 1960 allen Isabella-Freunden in Südafrika zeigen, was alles in einem Borgward-Anderthalbliter steckt. Stirling aber hatte Pech und mußte wegen eines Leitungsschadens die letzten dreizehn Runden des Rennens von East London so verhalten fahren, daß sein ganzer Vorsprung aufgezehrt wurde. Unter großem Beifall der motorsportbegeisterten Südafrikaner ging er als Zweiter über die Ziellinie. Bristow revanchierte sich dafür beim nächsten False-Bay-100-Meilen-Rennen mit einem überlegenen Sieg auf seinem Cooper-Borgward.

Und noch eine Siegesmeldung kam in den ersten Tagen des neuen Jahres aus Afrika. Sieger des ersten westafrikanischen Rennens, dem Tema Race Circuit in Ghana, wurde auf seiner ›Isabelle TS‹ Dietrich Zumpe.

Im Zuge der Export-Bemühungen der deutschen Automobil-Industrie und mit dem Gemeinsamen Markt hatte das Rennen um Europa begonnen. Und nun auch um den Schwarzen Erdteil.

Zu den prominentesten Zigarrenrauchern der Bundesrepublik gehörten – neben Altbundespräsident Theodor Heuß – Ludwig Erhard und Carl Borgward.

Als Professor Erhard auf der Internationalen Automobilausstellung in Frankfurt Carl Borgward an seinem Ausstellungsstand begrüßte, machte ein Pressefotograf ein Foto von ihnen und sagte dabei, dies sei das sensationellste Bild des Tages – denn sie seien offenbar Nichtraucher geworden.

Tatsächlich hatten beide keine Zigarren in der Hand.

Borgward hörte es, schwenkte sein schwarzes Zigarrenetui – er hatte die Manier, es immer in der linken Hand mit sich herumzutragen – und bot Erhard eine schwarze Brasil an. Professor Erhard schmunzelte und griff zu: »Aber nur, wenn sie auch einmal m e i n e Sorte probieren, Herr Doktor Borgward!«

So tauschten sie, umringt von einer lachenden Menschenmenge, in aller Ruhe ihre Zigarren aus und zündeten sie sich genüßlich an. Erst dann wandten sie sich dem Objekt zu, das in schwarzem Lack und chromglitzernd auf einer erhöhten Bühne von Blumen umgeben stand.

Es war der neue ›Borgward 2,3-Liter‹, ein Reise- und Repräsentationswagen, dessen Vorstellung sich Borgward als Clou für die Ausstellung aufgespart hatte.

Der ›P 100‹, wie er später genannt wurde, war ein Modell der internationalen Spitzenklasse, ein Wagen für Generaldirektoren, doch wiederum für solche, die sich auch gern einmal selbst ans Lenkrad setzten. Oft genug hatte Borgward in diese Wagenklasse – in diese Käuferschichten – vorzudringen versucht. Schon immer war es sein Ziel gewesen, eine ›komplette Speisekarte‹ vorweisen zu können – vom kleinsten bis zum größten, vom billigsten bis zum teuersten Fahrzeug. Passend für jeden Geldbeutel und jeden Anspruch.

Der neue Typ stellt einen in jeder Hinsicht ausgereiften schweren Wagen dar. Seine solide, trotz aller Wuchtigkeit aber ansprechende Formgebung verkörpert die moderne europäische Linie, die mit dem ›Hansa 1500‹ nach dem Kriege eingeleitet und mit der ›Isabella‹ weiterentwickelt worden war.

Die 100 PS unter der Haube verleihen ihm eine große Beschleunigung und ermöglichen auf Reisen eine hohe Dauergeschwindigkeit. Die reichhaltige, hochkomfortable Innenausstattung entspricht in ihrer Großzügigkeit der Grundkonzeption dieses Nobel-Autos, das in mannigfachen Details außerdem weitgehend den Forderungen nach innerer Sicherheit entspricht.

Der großräumige Wagen gewährt ungehinderten Einstieg durch vier breite Türen, die geräuschlos (und sicher!) durch ein neuartiges Drehfallenschloß zu schließen sind.

An technischen Daten sind zu erwähnen:

6-Zylinder-Motor, 2240 ccm, Verdichtung 1:8,2,

Im September 1959 auf der Internationalen Automobilausstellung in Frankfurt/M. vorgestellt: Der ›Borgward 2,3 Liter‹, genannt ›P 100‹.

100 PS, max. Drehmoment 16,1 mkg, Register-Vergaser. Hydraulisch betätigte Einscheiben-Trockenkupplung, Lenkradschaltung, 4 sperrsynchronisierte Vorwärtsgänge, 1 Rückwärtsgang. Selbsttragende Ganzstahl-Karosserie, vorn Einzelrad-Aufhängung, hinten Pendelachse, Schraubenfedern und Teleskop-Stoßdämpfer, Wendekreis 11 m, Reifen 6,40 x 13 Spezial schlauchlos, turbogekühlte Duplex- (vorn) und Simplex- (hinten) Bremsen mit 850 qcm Belagfläche. Spitze 160 km/h, Kraftstoffverbrauch (DIN 70030 bei 110 km/h) 11,4 Liter/100 km. Abmessungen: Länge über alles 4715 mm, Breite über alles 1750 mm.

Selbstverständlich waren auf dieser IAA in Frankfurt, die ja nur alle zwei Jahre abgehalten wurde, auch alle übrigen Erzeugnisse der Borgward-Gruppe vertreten: Sämtliche ›Hansa 1100‹-Typen der Goliath-Werk GmbH, das komplette 600er-›Alexander‹-Programm und die neue 900er ›Arabella‹ von Lloyd, sowie – last not least – als besondere Prunkstücke die ›Isabellen‹ in den verschiedensten Ausführungen und Farben. Dabei fiel das Coupé durch neuartige, große Heckflossen auf, die dafür sorgen sollten, daß der Wagen bei hohen Geschwindigkeiten nicht ins Schwimmen kam.

Die coupierte ›Isabella‹ hatte übrigens ein Kunststück fertiggebracht, um das sie jede andere Dame beneiden dürfte: Sie hat ihre Figur verbessert, ist schlanker und rassiger geworden – trotz einer Gewichtzunahme von 60 Kilogramm. (›TS‹ = 1060 kg und ›Coupé‹ = 1120 kg.)

Die Borgward-Gruppe hatte Aufsehen erregt mit dieser prachtvollen Schau der schönsten und neuesten Modelle. Carl Borgward konnte mehr als zufrieden sein. Lob und Anerkennung hatte er von allen Seiten erhalten. Und Aufträge!

Als die IAA 1959 zu Ende ging, hätte niemand es für möglich gehalten, daß es seine letzte gewesen sein sollte. Daß sich für seine Automobile die Tore für immer schlossen – –

1960
Der Weltmarkt tendiert rückläufig – Kredite sollen den Winter überbrücken – Noch ein Orden zum 70. Geburtstag!

Das Jahr beginnt vielversprechend.

Franz Meinken, Borgwards Chef der Finanzbuchhaltung, berichtet am 6. Januar: Die Borgward-Gruppe erzielte 1959 den höchsten bisher jemals erreichten Gesamtumsatz von 632 Millionen DM!

Eine gute Nachricht löst die andere ab.

Auf dem ›Brüsseler Salon‹ (16.–27. Januar) wird erneut der ›Große Borgward‹ gezeigt – jetzt mit ›airswing‹. Damit ist der ›P 100‹ der erste deutsche Wagen mit Luftfederung. König Baudouin hat ihn sich vom Generalimporteur Behermann vorführen lassen.

Borgward-Wagen sind Stars auf den Salons in Mexico, Lima, Miami, Amsterdam, Kopenhagen und Genf.

In Empalme Villa Constitution erlebten argentinische Wirtschaftler und Politiker die Grundsteinlegung einer Automobilfabrik, der Hansa Argentina S.A., einer Gründung der Bremer Goliath-Werke und einer Gruppe argentinischer Industrieller.

Auf der Hannoverschen Messe zeigt Borgward zum erstenmal seine Industrie- und Bootsmotoren: Isabella-Marine 1,5 l, sowie den 6-Zyl. 2,3 Liter. Die Reihe wird ergänzt durch den 600er-4-Zyl.-Typ Alexander, den 4-Zyl.-Boxer-Typ Arabella von 900 ccm und den 4-Zyl.-Boxer-Typ Hansa 1100. An Dieselmotoren den 6-Zyl.-Motor 5/II, daneben die 4-Zyl. 1,8 und 3,3. Vom Inbordboot bis zum Seekreuzer – für jede Größe das Passende!

Es ging alles seinen geregelten Gang – so sollte man meinen.

Der ›Große Borgward airswing‹ lief nun in Serienproduktion vom Band. Und die kleine Arabella (jetzt ›Aqua bella‹ genannt) hatte anscheinend ihre Kinderkrankheiten hinter sich gebracht. Sie war nun von unten trocken. (Die Schuld daran, daß sie anfänglich unten undicht war, schob man dem regenarmen Sommer während der Erprobung zu.)

Auf den ersten Blick war im Hause Borgward alles in Ordnung. Man mußte schon hinter die Kulissen schauen, um auch hier weniger Erfreuliches zu entdecken.

Bei Lloyd bemühten sich Techniker und Kaufleute, ihrer ›Arabella‹ den ihr gebührenden Platz zu verschaffen. Das durch seine Formschönheit bestechende Modell fand auch schnell Liebhaber. Der Umsatz stieg – doch nicht der Gewinn!

Der Geschäftsführer der Lloyd Motoren Werke GmbH, Willy Tegtmeier, schied darauf aus. Sein Nachfolger, Ende April: Ludwig Töbe. Ab 13. Januar 1961 wurde ihm der Kaufmann Albert Doeding, Geschäftsführer der Goliath-Werke GmbH, zur Unterstützung für einige Stunden täglich zur Seite gestellt.

Ursprünglich gedachte man mit der Arabella auf dem Kleinwagen-Markt den gleichen Anteil zu erobern, den die ›Isabella‹ in ihrer Klasse hielt.

Indessen kam Lloyd weiter in die roten Zahlen. Die

Der Größte und der Kleinste. Erneut ist auf dem ›Brüsseler Salon‹ der ›Große Borgward 2,3 Liter‹ vorgestellt worden – nunmehr mit ›airswing‹. Damit ist er der erste deutsche Wagen mit Luftfederung. Die ihm folgende ›Arabella‹ hat jetzt auch den Rhombus am Grill.

Aussicht auf einen Gewinn aus dem ›Arabella‹-Geschäft war im Frühjahr 1960 kaum noch vorhanden. Die Investitionen für die Weiterentwicklung der ›Arabella‹ und des ›P 100‹ hatten zusammen 78 Millionen DM verschlungen, die von Mitte 1959 bis 1960 investiert wurden.

Die dringendste Maßnahme war also, der Firma Lloyd schnellstens 20 Millionen DM zu besorgen, was auch innerhalb einer Woche durch Eintragung von Eigentümer-Grundschulden gelang. (Die Lloyd Motoren Werke bildeten insofern eine Ausnahme, als ihnen Grundstück und Gebäude selbst gehörten, während bei allen anderen Firmen der Borgward-Gruppe der Grundbesitz in Händen von Dr. Borgward persönlich lag.)

Doch es mußte noch mehr Sand im Getriebe sein.

Nach den Werksferien nahm Buchhaltungschef Franz Meinken Borgward einmal beiseite: »Herr Doktor Borgward, ich sage Ihnen, bei Lloyd stimmt etwas nicht. Dort setzen Sie jeden Tag soviel Geld zu wie ein Einfamilienhaus kostet! Die ›Arabella‹ ist zu billig!«

BITTE NICHT RAUCHEN
ÜBERGANG

Die ›Arabella de Luxe‹ – mit dem Schriftzug ›Borgward‹ und dem Rhombus am Kühlergrill. Nun erinnert sie nicht mehr an den einstigen ›Lloyd‹!

›Arabella‹ mit dem Zusatz ›de Luxe‹ am Heck.

◀ Am Montageband der Arabella: Geschäftsführer Albert Doeding mit dem Vizepräsidenten der Goliath Hansa Argentina S.A., Manfredo Taubenfeld (rechts), einem seit 1936 in Argentinien lebenden Braunschweiger.

Borgward wehrte ihn barsch ab. »Ich will keine Pessimisten!«

Auch dem obersten Finanzdirektor, Otto Carstens, war es nicht besser ergangen. Auch er mußte sich einiges anhören! »... Ich weiß schon, wo mein Geld geblieben ist ...«

Aber Carstens machte sich nichts daraus. Er kannte seinen Chef.

Am nächsten Tag veranlaßte Borgward eine Aktion, die einmalig in der Geschichte seiner Werke bleiben sollte. Er setzte einen Ausschuß aus Finanzleuten und Technikern ein, dem er die Aufgabe stellte, die tieferen Ursachen der finanziellen Nöte in der Borgward-Gruppe zu ergründen und auszuräumen.

Aus den verschiedensten Abteilungen – Einkauf, Verkauf, Rechnungswesen, Konstruktionsbüro usw. – wählte er die besten Leute aus und schickte sie zu den Lloyd-

Werken, ausgerüstet mit allen Vollmachten, überall Einsicht zu nehmen.

»Die stellen bei Lloyd alles auf den Kopf!« flüsterte man sich zu. Aber sie leisteten gründliche Arbeit.

Sie ermittelten: Die Kalkulation der ›Arabella‹ endete mit einem Verlust! Das heißt, bei jedem Fahrzeug, das aus dem Werk rollte, setzten die Lloyd-Werke bares Geld zu. 587,– DM Mehrkosten pro Wagen, als ursprünglich kalkuliert waren!

Eine der Ursachen: Die ›Arabella‹ hatte von Anfang an eine zu teure Grundausstattung erhalten.

Die Geschäftsleitung hoffte jedoch, nach Eintreffen von bereits bestellten neuen Maschinen und durch Rationalisierungsmaßnahmen zumindest das Minus ausgleichen zu können.

Zunächst jedoch mußte das Loch, das jeden Tag größer wurde, zugestopft werden.

Der Finanzausschuß bemühte sich daher sofort um 50 Millionen DM zu Lasten der Carl F. W. Borgward GmbH in Sebaldsbrück. Hier mußten Grundstücke, Gebäude und Maschinenanlagen verpfändet werden.

Dieser Antrag wurde bei der Bremer Landesbank gestellt, denn andere Banken hatten infolge der zunehmenden Automobilkrise in England und Frankreich dafür nicht gewonnen werden können.

Die Bremer Landesbank sagte auch zu, die 50 Millionen DM nach Prüfung des Beleihungswertes herzugeben, erklärte jedoch, daß sie das Geschäft nicht allein machen könne, sondern Konsorten dazu benötige. Diese verwiesen wiederum auf die europäische Automobilkrise und sagten, man benötige dazu für die letzten 10 Millionen DM die Bürgschaft des Bremer Staates.

Borgward war mit dieser Regelung einverstanden. Der Betrag wurde Anfang Oktober 1960 ausgezahlt.

Um das äußerlich so gut gelungene Modell der ›Arabella‹ zu retten, versuchte man, bei den Preisen etwas regulierend einzugreifen: Ab Juni erhöhte man den Preis um 240,– DM auf 5 490,– DM, setzte ihn aber im November wieder um 260,– DM herab, weil man nun die ›Arabella de Luxe‹ für 5 730,– DM anbot. Die schnelle kleine Schwester der ›Isabella de Luxe‹ erhielt nun den Namen ›Arabella de Luxe‹ mit dem Schriftzug ›Borgward‹ (statt ›Lloyd‹) auf der Kühlerhaube und dem Rhombus am Grill. (Man sagte ihr nach, sie habe damit ihre Abstammung verleugnen wollen, vor allem ihren Urahnen, der einst auf den Namen ›Leukoplastbomber‹ hörte!) Mit ihrem 45-PS-Motor brachte sie es auf eine Beschleunigung von 13 Sekunden aus dem Stand auf 80 km/h und auf eine Spitze von 133 km/h.

Als dritte Version wurde schließlich eine billigere, schlichte Ausführung für 4 985,– DM mit einem auf 34 PS gedrosselten Motor angeboten, um eine niedrigere Haftpflichtklasse zu erreichen. Die Ausstattung war entsprechend gering.

Es wurde balanciert. Denn ein gewisses Preisniveau durfte aus Konkurrenzgründen nicht überschritten werden. Während in früheren Zeiten gerade das Kleinwagengeschäft die tragende Säule bei Borgward gewesen war, ist es nun zum erstenmal umgekehrt. Jetzt übernehmen die ›Isabella‹ und die Wagen der Goliath-Werke diese Rolle.

Daß trotz der Mißstände bei Lloyd niemand die Umstände dramatisiert, geht daraus hervor, daß Borgward seinen Betrieb in Osterholz bei Bremen erweitern will. Der Stadtpark der kleinen Kreisstadt soll neuen Industriehallen weichen, wo weitere 600 Arbeitskräfte für den Lastwagenbau beschäftigt werden sollen.

Da tritt etwas Unerwartetes ein.

Der gesamte Weltmarkt tendiert rückläufig.

In Übersee kommen die amerikanischen kleinen Compactcars in Mode, europäische Modelle sind nicht mehr gefragt.

Mit einem Exportanteil von 63,6 % wird Borgward besonders hart getroffen. Bisher war er immer stolz gewesen auf diese Zahl. Nun wirkt sie sich negativ für ihn aus. Von den 15 000 Fahrzeugen, die die Borgward-Händler in den USA für 1960 bei den drei Bremer Werken vorbestellt hatten, werden mit Mühe und Not 6000 abgenommen. Ebenso schlecht steht es bei anderen ausländischen Auftraggebern, und auch in Deutschland macht sich eine allgemeine Absatzflaute bemerkbar.

Oktober 1960: Dr. E. h. Carl F. W. Borgward an seinem Schreibtisch . . .

. . . und in seinem Hobby-Raum.

Am Vortage seines 70. Geburtstages wurde das Lebenswerk von Konsul Dr. Ing. E. h. Carl F. W. Borgward gewürdigt. Im Auftrage des Bundespräsidenten überreichte Wirtschaftssenator Eggers im Senatssaal des Bremer Rathauses Dr. Borgward das Große Verdienstkreuz mit Stern des Verdienstordens der Bundesrepublik. Senator Eggers wies in seiner Ansprache auf die Verdienste hin, die sich Borgward um die wirtschaftliche Entwicklung der Hansestadt erworben habe. Er hob dabei besonders hervor, daß Borgward zu den wenigen Industriellen gehöre, die ganz aus eigener Kraft ein Werk von so weltweiter Bedeutung geschaffen hätten.

Im Herbst gerät die gesamte Borgward-Gruppe in finanzielle Schwierigkeiten. Zu Tausenden stehen die fertigen Wagen dicht gedrängt und in eine dicke Wachsschicht gehüllt auf den Werkhöfen. Wenn man diese Wagen verkaufen könnte, wären alle Finanzprobleme mit einem Schlage gelöst.

Amerikanische Großunternehmen der Automobilbranche umschleichen wie Hyänen die Borgward-Gruppe. Die Chrysler-Corporation bietet dem 70jährigen Alleinunternehmer 200 Millionen DM für seine Werke. Auch wenn man seine finanziellen Verpflichtungen davon abrechnet, könnte Borgward mit dem Rest als Multimillionär einen ruhigen Lebensabend verbringen.

Carl Borgward hat nicht die Absicht, sich zur Ruhe zu setzen. Aber eine Tür hält er sich dennoch offen: Mit den Ford-Werken trifft er eine Vereinbarung, wonach diese bis zum 25. Januar 1961 endgültig zu erklären hätten, ob sie seine Werke kaufen wollten oder nicht. Die Herren aus Köln hatten verlautbart, daß sie von einer Entscheidung des Ford-Präsidiums in den USA abhängig seien.

Borgward paßte diese Galgenfrist ohnehin sehr gut. Er wußte, welche Durststrecke er bis zum Beginn der neuen Verkaufssaison im nächsten Frühjahr noch zu überwinden hatte. Mit der Trumpfkarte ›Ford‹ in der Hand konnte er zumindest mehr Entgegenkommen bei der Aufnahme von Krediten erwarten.

Um die Lagerbestände nicht weiter ansteigen zu lassen, wird die Produktion gedrosselt. Bei Lloyd, wo bereits im September 900 Arbeiter entlassen worden waren, werden täglich nur noch 110 statt 250 Wagen produziert, bei Borgward 140 statt 180 und bei Goliath 35 statt 70.

Anfang November nahm Borgward Verbindung mit der Bremer Landesbank auf, ihm 30 Millionen DM zu gewähren, nämlich 10 Millionen DM für Dezember, 10 Millionen DM für Januar und 10 Millionen DM für Februar. Die Bank, die über die Verhandlungen mit ›Ford‹ unterrichtet war, ließ später durchblicken, daß sie vermutlich die letzte Rate für Februar nicht mehr zu geben brauchte, da allem Anschein nach Ford kaufen würde.

So begeht Carl Borgward seinen 70. Geburtstag innerlich voller Sorgen und Unruhe. Er weiß, Entlassungen in großem Umfang werden unvermeidlich sein. Trotzdem aber – oder vielleicht auch gerade deswegen – läßt er für die gesamte Belegschaft Liebesgabenpakete packen: Kaffee und Branntwein.

Als »Chef von 20 000 Familienmitgliedern« bezeichnen ihn die ›Bremer Nachrichten‹ in ihrem Bericht. »Das entspräche der Einwohnerzahl einer Stadt wie Verden oder Nienburg. Und rechne man die Familienangehörigen der Beschäftigten hinzu, käme eine Stadt wie Göttingen oder Bamberg zusammen.«

Aus allen fünf Erdteilen gehen an diesem 10. November bei dem mexikanischen Konsul Dr. h. c. Carl F. W. Borgward Gratulationen ein, dessen Lebenswerk sich in einer imposanten Zahl widerspiegelt: Rund eine Million Automobile rollten bisher von der Weser in alle Welt!

Schon am Vorabend war er durch die Verleihung des ›Großen Verdienstkreuzes mit Stern‹ der Bundesrepublik geehrt worden. Die Verleihung hatte Wirtschaftssenator Eggers im Auftrage des Bundespräsidenten im Senatssaal des Bremer Rathauses vorgenommen. Bei der Übergabe hatte er feierlich hervorgehoben: ». . . Dieses ist um so mehr anzuerkennen, weil Sie das alles als Einzelunternehmer erreicht haben, der in der Großindustrie heutzutage Seltenheitswert hat . . .«

Der ganze Aufwand mit Scheinwerfern, Filmkameras und Reportern war Carl Borgward ein Graus gewesen.

Mit Bravour übersteht er nun im Bremer Park-Hotel den Empfang und das Händeschütteln der nahezu 800 Gratulanten aus Deutschland und dem Ausland.

Geduldig läßt er alles mit sich geschehen und ist erst wieder froh, als er sich nach sechs Stunden endlich hinsetzen und sich eine gute Zigarre anstecken kann. Um ihn herum ist seine Familie – seine Frau Elisabeth, sein ältester Sohn Kurt (aus erster Ehe), seine Tochter Monika und die Söhne Claus und Peter.

Kaum ist der Geburtstag vorüber, gehen bei Carl Borgward die Sorgen um sein Werk weiter.

Eigentümer-Grundschulden werden eingetragen auf seinen Besitz, mit Ausnahme des Werkes in Osterholz.

10. November 1960:
Als Dr. Borgward am Morgen seines siebzigsten Geburtstages aus dem Fenster schaute, staunte er nicht wenig. Auf dem Rasenplatz drehten sich auf einem Karussell 500 Bierflaschen aus aller Herren Länder – wohlgefüllt, versteht sich. Es handelte sich um einen originellen Geburtstagsgruß der Borgward-Händlerschaft.

Nach achthundertmaligem Händeschütteln im Bremer Park-Hotel gönnt sich Dr. Borgward im Kreise seiner Familie eine Zigarre.
Von links: Sohn Kurt, Tochter Monika, die Söhne Claus und Peter, Frau Borgward.

Aus der Vogelperspektive: Das weitläufige Gelände des Borgward-Werkes in Sebaldsbrück mit den vier großen Produktionshallen. Eine fünfte ebenso große für eine zentrale Versuchs- und Entwicklungs-Abteilung ist im Bau.

Die Konsorten der Bremer Landesbank machen ihre Teilnahme von einer erneuten Bürgschaft des Bremer Staates abhängig, die mit einiger Mühe auch erreicht wird. Das Geld kam, wenn auch sehr spät: 2 Millionen DM am 23. Dezember 1960 und 8 Millionen zwischen Weihnachten und Neujahr. Die 10 Millionen DM für Januar 1961 trafen in wöchentlichen Raten von je 2,5 Millionen DM ein.

Am 15. Dezember berichtet der Bremer ›Weser-Kurier‹:

»Borgward faßt alle Kräfte zusammen – Umwandlung in Aktiengesellschaft über Drei-Stufen-Programm – Keine Überfremdung beabsichtigt.«

Geplant war eine Fusion aller Firmen der Gruppe zu einer einheitlichen Carl F. W. Borgward GmbH, was auch durchgeführt wurde. Am Ende der Neuordnung hatte jedoch eine Aktiengesellschaft stehen sollen. Deren Kapital hätte auf ein Vielfaches der bisher rund 15 Millionen DM aller Borgward-Firmen festgesetzt werden können. Einen Teil der Aktien hätte man an der Börse zum Kauf anbieten können und damit wieder Geld in der Kasse gehabt. Eine salomonische Lösung!

Doch dafür war ein wichtiger Termin verpaßt worden: Am 31. Dezember 1959 war ein Gesetz ausgelaufen, nach dem der Erwerb eingebrachten Grundbesitzes überhaupt nicht, ›stille Reserven‹ (die Differenz zwischen dem bilanzierten und dem wirklichen Tageswert) nur zu 20 % versteuert zu werden brauchten.

Jetzt aber würde die Umwandlung in eine Aktiengesellschaft 12 Millionen DM an Grunderwerbssteuern kosten! Verhandlungen mit dem Senat, den verpaßten Termin doch nicht so genauzunehmen (immerhin ist Borgward der größte Arbeitgeber der Hansestadt!), blieben erfolglos.

1961
Ein Mann namens Semler – Borgward soll ausscheiden – Alle Werke entschädigungslos dem Staat übergeben – Und nach dem Ende: Er war gar nicht pleite!

Am Abend des 24. Januar, kurz vor Ablauf des vereinbarten Termins, meldeten sich die Ford-Werke aus Köln telefonisch bei Borgward und gaben ihr »Nein« zu den anfänglich geäußerten Kaufabsichten durch.

Nun gut, er hatte ja die Zusage der Bremer Landesbank für die Februar-Rate von 10 Millionen DM. Damit würde er den Anschluß an das Frühjahrsgeschäft erreichen und alle Schwierigkeiten des Winters wären behoben.

Doch am 1. Februar wird ihm der vereinbarte Kredit in letzter Minute überraschend gesperrt.

Was war geschehen?

Eine ungeheuerliche, eine vernichtende Meldung war in die Welt gesetzt worden. Borgward – völlig ahnungslos – hatte seinen Ohren nicht getraut, als er am Abend des 30. Januar aus der Tagesschau erfuhr, daß er angeblich zahlungsunfähig sein sollte!

Wie eine Bombe schlägt diese Nachricht ein, die am Dienstag, dem 31. Januar 1961, von der gesamten Presse der Bundesrepublik und des Auslands verbreitet wird.

Die ›Bild-Zeitung‹ meldet:

»Borgward stellt Zahlungen ein«

Der ›Weser-Kurier‹ berichtet:

»... Das Unternehmen, das rund 19 000 Arbeiter und damit 23 Prozent der gesamten bremischen Industriearbeiterschaft beschäftigt, ist mit Ausnahme der Lohnzahlungen nicht mehr in der Lage, seinen finanziellen Verpflichtungen nachzukommen. Die Bremische Bürgerschaft wird morgen über die Gründung einer staatlichen Auffanggesellschaft entscheiden, mit der eine Schließung der Betriebsstätten des Unternehmens verhindert werden soll.

Die Auffanggesellschaft soll die Rechtsform einer Aktiengesellschaft erhalten, die mit einem Kapital von bis zu 50 Millionen DM ausgestattet werden soll. Hierzu ist noch eine Generalvollmacht von Carl F. W. Borgward erforderlich ... Mit der Entlassung von etwa 5 000 Arbeitskräften muß ... allerdings trotzdem gerechnet werden ... Vorsitzender des Aufsichtsrats der geplanten Aktiengesellschaft wird voraussichtlich der Münchener Wirtschaftsberater Johannes Semler, der schon bei der Sanierung der Bayerischen Motoren-Werke (BMW) und der Henschelwerke in Kassel tätig war. Die Führungskräfte der Borgward-Gruppe dürften in diesem Fall durch neue ersetzt werden.«

Carl Borgward war von diesen Nachrichten vollkommen überrascht worden. Von den Plänen des Senats erfuhr er selbst erst etwas durch die Zeitungen. Vorher hatte es keinerlei Rücksprache gegeben. Er war bis dahin weder aufgefordert worden, von der Geschäftsführung zurückzutreten, noch hatte man von ihm verlangt, eine

Dienstag, 31. Januar 1961 : 10 Pf

Bild Zeitung

Unabhängig Überparteilich

Plötzlich Zahlungen eingestellt

Stehen Borgward-Auto-Fabriken vor dem Ruin?

Bremer Senat will 20000 Arbeitsplätze retten

fn. Bremen, 31. Januar
Die Borgward-Automobilwerke in Bremen sind zahlungsunfähig. 20000 Arbeiter dieses in der Bundesrepublik fünftgrößten Automobilunternehmens bangen um ihren Arbeitsplatz.

31. Januar 1961: Nach der verhängnisvollen Pressekonferenz des Senators stand es in allen Zeitungen: Borgward stellt Zahlungen ein. – Borgward selbst hat nichts davon gewußt – –

Generalvollmacht zur Überleitung seiner Unternehmen auf eine ›Auffanggesellschaft‹ auszustellen.

Von vielen Außenstehenden wurde damals behauptet, diese Pressekampagne vom 31. Januar habe den Sinn gehabt, Borgward für die am 4. Februar vorgesehene Verhandlung mit dem Senat gefügig zu machen.

Es ist dagegen jedoch zu vermuten, daß Senator Eggers ungewollt bei seiner Montags-Pressekonferenz aufs Glatteis geraten war. Möglicherweise hatte er nur die Absicht gehabt, den Presseleuten mit Sperrfrist einige Voraus-Informationen über Dinge zu geben, die erst nach der endgültigen Entscheidung auf der Bürgerschaftssitzung vom Mittwoch, dem 1. Februar, hatten spruchreif werden können. Die wißbegierigen Presseleute aber baten ihn indessen um immer weitere Einzelheiten, so daß er am Nachtmittag eine zweite Pressekonferenz – wiederum mit Sperrfrist und nur zur persönlichen Information! – gab, auf der nun alle akkreditierten Pressevertreter einschließlich dpa und VWD (Vereinigter Wirtschaftsdienst) anwesend waren und die Ausführungen des Herrn Senators eiligst über den ganzen Erdball funkten.

Sonnabend, 4. Februar 1961 • 10 Pf

18. Jahr • Nr. 30 • HAMBURG-AUSGABE • C 1784 A

Bild

ZEITUNG

UNABHÄNGIG ÜBERPARTEILICH

Bremer Senat: Geld nur, wenn der Chef geht

Carl F. W. Borgward

ULTIMATUM an Borgward

So schnell ging es: Fünf Tage später war Borgwards Schicksal praktisch besiegelt. (›Bild‹-Zeitung vom 4. Februar 1961)

Senator Eggers war offensichtlich nicht mit den Gepflogenheiten der Presse vertraut und wußte nicht, daß es in einer Demokratie keine Sperrfristen mehr für Journalisten gab!

Ob gewollt oder nicht gewollt – die Wirkung der Presseveröffentlichungen war für die Existenz der Borgward-Gruppe von verheerender Wirkung. Wer wollte sich jetzt noch einen Borgward-Wagen anschaffen, wenn zu befürchten war, daß es in kurzer Zeit vielleicht keine Ersatzteile mehr dafür gab!

Wie aufsehenerregend und wie weitreichend diese Presseverlautbarungen waren, geht z. B. daraus hervor, daß der deutsche Minister von Merkatz am 2. Februar in Indonesien von der dortigen Regierung eine Anfrage erhielt, was denn eigentlich bei Borgward geschehen sei.

Für Wochen und Monate wurde Borgward zum Thema Nr. 1 in Bremen selbst.

Die ›Bremer Nachrichten‹ vom Mittwoch, 1. Februar 1961:

»Tagesgespräch in Bremen war gestern die Situation bei Borgward. Auf den Straßen, in öffentlichen Verkehrsmitteln, in Büros, Firmen und Betrieben stand das Thema im Vordergrund. Mitgefühl gilt besonders den rund 20 000 Arbeitnehmern, die ohne Schuld plötzlich in eine unsichere Lage gekommen sind . . .

. . . Der Münchener Wirtschaftsberater Semler hat am Dienstag als Berater der Bremer Landesregierung Besprechungen mit der Geschäftsleitung der Borgward-Werke aufgenommen . . . Er erklärte am Dienstag nach ersten Geprächen, die Lage in Bremen sei nicht vergleichbar mit jener, die er bei BMW und Henschel vorgefunden habe. Von Entlassungen und einem Produktionsstopp könne nicht die Rede sein.«

Das waren zwar trostreiche Worte – aber waren sie

Frühjahr 1961: Arabella-Fahrzeuge auf dem Gelände der Lloyd Motoren Werke warten auf Käufer.

Rechs:
Die Lloyd Motoren Werke GmbH in Bremen-Neustadt. Hier entstanden von 1955 bis 1963 176 516 Wagen des 600-ccm-Typs (Lloyd 600, Lloyd Alexander, Lloyd Alexander TS), dazu ab 1959 47 040 Fahrzeuge vom Typ Arabella, Arabella de Luxe und Borgward Arabella.

Unten:
Die Halle VI, die 1958 – zur Zeit von Willy Tegtmeier und Hans Krämer – gebaut wurde. In ihr befinden sich auch 20 Jahre nach dem Zusammenbruch der Borgward-Gruppe noch die Lloyd Motoren Werke, die unter der Leitung von Karl-Heinz Bädeker Ersatzteile für Lloyd- und Borgward-Fahrzeuge herstellen und liefern.

vielleicht nur im Hinblick auf die von Borgward noch benötigte ›vorläufige Verzichterklärung‹ gesprochen worden?

War es Semler gewesen, der dem Bremer Senat empfohlen hatte, Borgward die letzten 10 Millionen DM Kredit zur Überbrückung der Winter-Ecke nicht mehr zu geben?

Ab wann Dr. Semler beim Senat mit im Spiel war, ist nicht bekannt; es wird vermutet, seit Anfang Januar 1961. Einstmals hatte er als Direktor für Wirtschaft in der Verwaltung des westdeutschen Nachkriegsgebildes ›Bizone‹ nach Kritik an den Einfuhrhilfen aus Übersee (›Hühnerfutter-Semler‹) seinen Hut nehmen müssen.

›Weser-Kurier‹ am 2. Februar 1961:

»Bremer Staat zu Hilfe für Borgward bereit. Werksinhaber gegen ›Enteignung‹. – Der Landtag der Bürgerschaft hat den Senat ermächtigt, eine Kapitalgesellschaft zu gründen ... In der Zwischenzeit will Semler in München eine Übereinkunft mit den Bayerischen Motorenwerken erzielen, bei denen er im Augenblick eine Sanierungsaufgabe wahrnimmt ...«

Viele wunderten sich damals darüber, daß man ausgerechnet einen Mann zur Borgward-Sanierung nach Bremen geholt hatte, der gleichzeitig für die Konkurrenz, die Bayerischen Motorenwerke, arbeitete.

›Bremer Nachrichten‹ am 2. Februar 1961:

»Im Anschluß an den Bürgerschaftsbeschluß gab der Senat folgende Erklärung ab: Nach diesem Beschluß sind Bürgerschaft und Senat entschlossen, die Unternehmen der Borgward-Gruppe zu stützen, wobei es in erster Linie auf die Mitwirkung von Borgward selbst als den Inhaber des Betriebes ankommt.«

›Weser-Kurier‹ am 4. Februar 1961:

»Harte Bedingungen des Senats für Übernahme. Firmenchef soll ausscheiden.«

Carl Borgward selbst, der nun im einundsiebzigsten Lebensjahr stand, war durch die Ereignisse, die ihm gesundheitlich sehr zugesetzt hatten, und durch die Presseveröffentlichungen so stark mitgenommen, daß er zuletzt nicht mehr imstande war, in der entscheidenden Verhandlung, die von morgens um 10 Uhr mit kurzer Mittagspause bis nachts um 23.30 Uhr dauerte, dem Gang der Dinge zu folgen. Er hätte sich sonst sicherlich anders verhalten.

Unter dem Gesichtspunkt der Erhaltung des Betriebes und der Produktion, wofür der Senat sich verpflichtete, war er am Ende bereit gewesen, das Gesamtunternehmen ohne irgendeine Entschädigung einschließlich Grundbesitz auf den Bremer Staat zu übertragen.

Mit einer Unterschrift besiegelte er eine ungewisse Zukunft und schließlich sogar das Ende seiner Werke.

Die ›Bremer Nachrichten‹ am 6. Februar 1961:

»... So wie die Dinge zur Stunde stehen, mußte der ›Boß‹ – wie seine Mitarbeiter ihren Chef kameradschaftlich nannten – alles für ein Ei und Butterbrot aufgeben. Er muß sein in 40 Jahren aufgebautes Lebenswerk opfern und Buchstaben für Buchstaben der harten Bedingungen annehmen. Viel menschliche Tragik verbirgt sich dahinter ... Der Mann, der sich ganz aus eigener Kraft in die Reihe der Großen in der Automobilwelt vorschob und in Bremen ein bedeutendes Industriepotential aufbaute, hat eine so kühle Verabschiedung nach der Sonnabend-Verhandlung wohl nicht verdient ...

... In der Not ist die Zahl der Freunde immer klein. In Bremens Wirtschaft war sie im entscheidenden Stadium sehr klein ...«

Und der Bremer Wirtschaftsredakteur Karl Böhnert schrieb über ihn:

»Über die nahe Zukunft der Werke der Borgward-Gruppe in Bremen ist die Entscheidung am Sonnabend gegen Mitternacht gefallen. Dr. Borgward hat das Hilfsangebot des Bremer Senats angenommen. Auf viele Außenstehende hat es wie ein Ultimatum gewirkt, weil es hart, schon in der Formulierung, nur einen Weg vorzeichnete. Borgward muß gehen!

... Borgward stand mit dem Rücken an der Wand ... Der Automobilkonstrukteur aus Leidenschaft, den der Bremer Senat 1950 an seinem 60. Geburtstag als ersten im Lande durch die Verleihung der Senatsmedaille für besondere Verdienste um den Wiederaufbau Bremens ehrte, geht am weißen Stock aus dem Werk. Für ihn waren diese letzten acht Tage ein Cannae, betrieblich, finanziell, aber auch menschlich.

Mit dem gescheiterten Unternehmer unterhält man sich auf Basis Schrottwert. Das ist die grausame Vokabel, die alle Sanierungsverhandlungen überschattet. Dr. Borgward muß zunächst ohne Entgelt beiseite treten . . .«

Durch seine Unterschrift übereignete Borgward seine Werke entschädigungslos dem Bremer Staat. (Nicht, wie verschiedentlich berichtet wurde, der neuen ›Borgward-Werk AG‹)

In dieser Stunde war er wahrhaftig ein schlechter Kaufmann gewesen! Er hatte seine Werke praktisch verschenkt. Er und seine Frau haben alles das übertragen, was ausschließlich dem Betrieb dient oder zu dienen bestimmt ist.

Ein Status per 30. 9. 1960, der von Borgwards Vermögensverwaltung anläßlich der Ford-Verhandlungen über das gesamte Betriebsvermögen aufgemacht worden war, hatte einen Überschuß der Aktiven über die Passiven von 183 Millionen DM ergeben. Dieser Status wurde später von der Treuhand-Vereinigung, Frankfurt, geprüft, die etwas andere Bewertungsmethoden anwandte und sogar zu einem Überschuß der Aktiven über die Passiven von etwa 204 Millionen DM kam.

Das läßt erkennen, daß die Buchwert-Vermögen und Kapitalien in der Borgward-Gruppe durchaus gesund und als vorhanden anzusprechen waren.

Hätte Borgward Vergleich angemeldet, wäre durch den amtlichen Vergleichsverwalter sehr schnell der wahre Wert zutage getreten. Doch diese Möglichkeit war ihm nun genommen: Er besaß ja nichts mehr. Also konnte er weder in Konkurs gehen, noch Vergleich anmelden.

Der Senat seinerseits hatte sich verpflichtet, eine Auffanggesellschaft mit einem Kapital von 50 Millionen DM zu gründen, wobei nur etwa 7,5 Millionen DM an Grunderwerbssteuern und Notariatskosten entstehen würden.

Wenn ein Käufer diese 57,5 Millionen DM zahlen würde, so bekäme Borgward nichts, hieß es in dem Vertragswerk. Jeder darüber hinausgehende Betrag müsse zwischen Borgward und dem Staat geteilt werden. Fachleute waren sich zu diesem Zeitpunkt jedoch bereits darüber im klaren, daß bei einer Bewirtschaftung der Fabriken durch den Staat eine Verkaufssumme von über 57,5 Millionen DM nicht zu erzielen sei.

Borgward wurde eine Option, gültig bis zum 30. Juni 1961 (später verlängert bis zum 6. Juli 1961) eingeräumt. Sie sollte ihm das Recht verschaffen, bis zu diesem Tage seine Betriebe gegen eine Mindestzahlung von 57,5 Millionen DM zurückzuerwerben, falls er durch Nachweis einer entsprechend großen Kapitalsumme in der Lage sei, die Belegschaft weiterzubeschäftigen. Außerdem erhielt er das Vorkaufsrecht auf die Betriebe für einen Zeitraum von drei Jahren.

Erwähnenswert ist noch, daß in dieser Sitzung vom 4. Februar 1961 den beiden Senatoren Dr. Nolting-Hauff und Eggers ein Angebot von Borgward-Händlern vorgelegt wurde, für 37,5 Millionen DM Borgward-Fahrzeuge zu übernehmen. Dieses Angebot wurde nicht beachtet.

Später wurde der Senat von verschiedenen renommierten Borgward-Händlern bedrängt, doch wenigstens einen von ihnen als erfahrenen Verkaufsfachmann in den Aufsichtsrat zu nehmen. Auch dieser Wunsch wurde nicht erfüllt.

Der ›Weser-Kurier‹ am 15. Februar 1961:

»Carl F. W. Borgward soll in den Aufsichtsrat. –

Unter starkem Applaus und Beifallsrufen der Belegschaft erklärte der Vorsitzende des Aufsichtsrates der AG, der Münchener Wirtschaftsfachmann Dr. Johannes Semler, am Dienstagnachmittag während einer Betriebsversammlung in der Halle 2 des Borgward-Werkes an der Sebaldsbrücker Heerstraße, Konsul Dr. Carl F. W. Borgward werde in den Aufsichtsrat der Gesellschaft eintreten.«

Die ›Bremer Nachrichten‹, ebenfalls am 15. Februar 1961:

»Dieser auch von dem Betriebsratsvorsitzenden, Ernst Buchholz, während der Versammlung zum Ausdruck gebrachte Wunsch wurde von den Versammelten mit starkem Beifall aufgenommen ...

... Zu der Anregung Semlers, Dr. Borgward in den Aufsichtsrat aufzunehmen, erklärte uns gestern abend Finanzsenator Dr. Nolting-Hauff, sie könne nur dann verwirklicht werden, wenn der Senat sich entschließe, den Aufsichtsrat von 12 auf 15 Mitglieder zu erweitern. Da von den dann 15 Sitzen fünf der Belegschaft zufallen würden, verblieben auf Grund der bisherigen Beschlüsse noch zwei, über die der Senat verfügen könnte. Von diesen zwei Sitzen könne gegebenenfalls einer Borgward überlassen werden ...«

Es begann ein Kampf um die Sitze im Aufsichtsrat.

Die ›Bremer Nachrichten‹ am 17. Februar 1961:

»... gehören dem künftigen Aufsichtsrat 15 Mitglieder an:

Dr. Semler als Vorsitzender, Dr. Schackow als sein Stellvertreter, Leitender Regierungsdirektor Dr. Keller (Finanzverwaltung), Leitender Regierungsdirektor Fenske (Wirtschaftsverwaltung), Dr. Werner Ehrich (FDP), Hermann Engel (SPD), Senator a. D. Karl Krammig (CDU), Richard Boljahn (DGB) und Dr. Borgward. Hinzu kämen fünf Arbeitnehmervertreter, während der Senat über die Besetzung des 15. Sitzes noch zu entscheiden hätte.«

Zum Schluß jedoch waren bei nur 12 Sitzen die drei Parteien darin vertreten, die Gewerkschaft, vier Arbeitnehmervertreter, zwei Leitende Regierungsdirektoren und zwei Rechtsanwälte.

Nur einer gehörte nicht dazu: Carl F. W. Borgward.

Am 21. Februar 1961 wurde die ›Borgward-Werke Aktiengesellschaft, Bremen‹ in das Handelsregister eingetragen. Die Vorstandsmitglieder sind Senatsdirektor Dr. Otto Reif und Oberregierungsrat Kurt Roeder.

Nicht-Fachleute hatten das Management eines Automobilkonzerns übernommen!

Als erstes versuchte man, den Ende Januar durch die Presseverlautbarungen so radikal ruinierten Ruf wieder zu verbessern. In den großen Tageszeitungen der Bundesrepublik wurden halb- bzw. ganzseitige Anzeigen veröffentlicht:

»Borgward baut weiter ... die Versorgung mit Fahrzeugen und Ersatzteilen ist auch für die Zukunft gesichert ... Borgward verdient Vertrauen.«

Über eine Pressekonferenz, die Semler im Hotel Columbus abgehalten hat, berichtet der ›Weser-Kurier‹ vom 18. Februar 1961:

»Semler: ›Borgward hat Zukunft!‹ Aufsichtsratsvorsitzender optimistisch über Aussichten der Bremer Automobilindustrie.

... ›Die Gesamtstruktur des Borgward-Komplexes ist ungewöhnlich gesund und gut.‹ Die Unternehmen hätten eine vorzügliche Verdienstkraft. Die Schwierigkeiten, die zu der Zahlungskrise bei Borgward geführt hätten, seien begrenzt und könnten durchaus behoben werden. Aus diesem Grunde sei es ›in höchstem Maße leichtfertig‹, gegenwärtig von Produktionseinschränkungen und Arbeiterentlassungen zu sprechen.

Semler lehnte es energisch ab, die hohen Lagerbestände bei Borgward – es ist die Rede von rund 12 000 Wagen – durch Preissenkungen abzubauen: ›Wir denken nicht an Schleudermaßnahmen und haben nichts zu verschenken‹, betonte er. (Anmerkung d. V.: Das durfte er schon wegen BMW nicht tun!) Im übrigen sei das Frühjahrsgeschäft in diesem Jahr verhältnismäßig früh angelaufen und berechtige zu guten Erwartungen ...

Immer wieder seinen Optimismus unterstreichend, hob Semler hervor, die Lage der Borgward-Betriebe lasse sich auf keinen Fall mit derjenigen bei BMW vergleichen. Dort seien die Verhältnisse ungleich ›trostloser‹ gewesen. ›Und bei BMW ist es gutgegangen‹, meinte Semler. Die Lage in den Borgward-Betrieben sei viel günstiger, auch wenn in der letzten Zeit Wege gegangen worden seien, die sich nicht als erfolgreich erwiesen hätten. Außerdem besitze das Unternehmen eine viel größere Käuferschicht, als sie BMW je haben werde.

... Eine Interessenkollision bei seiner gleichzeitigen Arbeit für BMW und Borgward verneinte Semler, er teilte jedoch mit, er werde seinen Posten als Aufsichtsratsvorsitzender von BMW ›aus Anstandsgründen‹ für ein Jahr ruhen lassen.«

Vier Wochen später, am 17. März 1961, meldeten die ›Bremer Nachrichten‹:

»2 500 Entlassungen bei Borgward AG«

Am 29. März 1961:

»Bundeswehr-Auftrag umstritten.«

Zu Ostern 1961:

»Borgward baut Autowerk bei Kairo nicht.«

Und am 7. Juni 1961:

»Borgward braucht mehr Kapital. Weitere 50 Millionen nötig!«

In der Arbeiterschaft der Borgward-Werke ging in diesen Tagen das Wort um: »Mit dem Semler hat man den Bock zum Gärtner gemacht!«

Die Nachrichten aus dem Werk wurden von Woche zu Woche negativer. Zulieferfirmen stellten teilweise ihre Lieferungen ein, was wiederum eine Beschäftigungslosigkeit der Arbeiter in den Werkhallen zur Folge hatte. Dadurch, daß nun die Produktionskapazität nicht mehr ausgenutzt werden konnte, es aber andererseits nicht gewagt wurde, entsprechende Arbeitskräfte zu entlassen, entstanden weitere, sich ständig steigernde Verluste.

Eine Lawine war ins Rollen gekommen.

Der Lieferantenkredit brach fast vollständig zusammen. Die Lieferanten bemühten sich, die sonst üblichen Zahlungsziele von 90 bzw. 60 Tagen zu verkürzen – aus Furcht vor einer gänzlichen Zahlungseinstellung.

Finanzexperten sagten später, Semler sei der Meinung gewesen, daß mit dem Geld sparsam umgegangen werden müßte. Er habe die Forderungen der Lieferanten nur tropfenweise befriedigt und sie dadurch verschreckt. Es habe sich herausgestellt, daß diese Methode falsch gewesen sei.

Semlers Verhandlungen in den USA, die gesamten Betriebe an den Chrysler-Konzern zu verkaufen, scheitern. Ebenso die Bemühungen Borgwards bei der British Motor Corporation in Birmingham.

Ende Juli wartet die Presse mit einer Sensationsmeldung auf.

›Weser-Kurier‹, 22. Juli 1961:

»Boljahn verläßt Aufsichtsrat der Borgward-Werke AG. – Auch Belegschaft nicht mehr vertreten.

Fünf Mitglieder des Aufsichtsrats der Borgward-Werke AG haben ihren Rücktritt erklärt. Es sind dies der Bremer DGB-Vorsitzende Richard Boljahn (zugleich Vorsitzender der SPD-Fraktion der Bremischen Bürgerschaft) und die vier Arbeitnehmervertreter des Unternehmens, Ernst Buchholz, Karl-Heinz Jantzen und Heinrich Neebur, die der IG Metall angehören, sowie Fritz Unruh von der Deutschen Angestellten-Gewerkschaft.

... Offensichtlich tritt das Schicksal der Borgward-Werke in das Endstadium ein.

... Auf Grund eines Gutachtens des ... Wirtschaftsprüfers Semler ist eine Aufstockung des Grundkapitals um weitere 50 Millionen DM auf 100 Millionen DM erforderlich. Darüber hinaus sind aber ... zum weiteren Ausbau im Anschluß an die erfolgte Sanierung weitere 100 Millionen erforderlich. Derartige finanzielle Forderungen übersteigen nach Kaisen (Senatspräsident von Bremen) die Kräfte Bremens beträchtlich.«

›Norddeutsche Volkszeitung‹, 22. Juli 1961:

»Nach Ansicht Kaisens haben ›kleinliche parteiinterne Dinge‹ zum Rücktritt der Aufsichtsratsmitglieder geführt. Er äußerte die Vermutung, daß damit dem Senat der ›Schwarze Peter‹ zugeschoben werden soll.«

Die Wahrheit dürfte sein, daß diejenigen, die anfangs so freudig ihre Sitze im Aufsichtsrat eingenommen hatten, sich nun bemühen, das sinkende Schiff rechtzeitig zu verlassen, um bei einer möglicherweise eintretenden Liquidation die Verantwortung nicht mittragen zu brauchen.

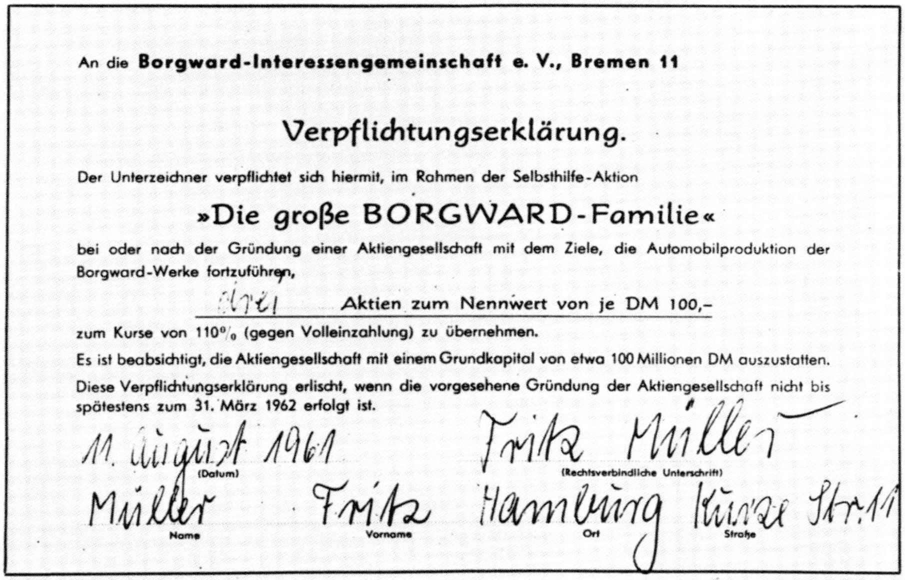

An die **Borgward-Interessengemeinschaft e. V., Bremen 11**

Verpflichtungserklärung.

Der Unterzeichner verpflichtet sich hiermit, im Rahmen der Selbsthilfe-Aktion

»Die große BORGWARD-Familie«

bei oder nach der Gründung einer Aktiengesellschaft mit dem Ziele, die Automobilproduktion der Borgward-Werke fortzuführen,

drei Aktien zum Nennwert von je DM 100,–

zum Kurse von 110% (gegen Volleinzahlung) zu übernehmen.

Es ist beabsichtigt, die Aktiengesellschaft mit einem Grundkapital von etwa 100 Millionen DM auszustatten.

Diese Verpflichtungserklärung erlischt, wenn die vorgesehene Gründung der Aktiengesellschaft nicht bis spätestens zum 31. März 1962 erfolgt ist.

11. August 1961 (Datum) Fritz Müller (Rechtsverbindliche Unterschrift)

Müller (Name) Fritz (Vorname) Hamburg (Ort) Kurze Str. 11 (Straße)

August 1961: Verpflichtungserklärung der Borgward-Interessengemeinschaft: Zusagen für vier Millionen DM gingen spontan ein!

Schon fünf Tage später ist es soweit. Am 27. Juli ist das Schicksal der Borgward-Werke endgültig besiegelt.

Der Antrag auf Liquidation fiel zeitlich zusammen mit den letzten Verkaufsverhandlungen, die mit einer kapitalkräftigen Interessengruppe der US-Erdölwirtschaft, aus Texas geführt wurden. Die Amerikaner packten schleunigst ihre Koffer und reisten ab in Richtung Dänemark.

›Weser-Kurier‹ am 28. Juli 1961:

»12 600 Borgward-Arbeiter werden entlassen.

Die Montagebänder bei Borgward laufen am Montag nicht wieder an.

Vergleichsverfahren zur Konkurs-Abwendung.

Für 12 600 Arbeiter in den Betrieben Borgward-Sebaldsbrück, Osterholz-Scharmbeck, Goliath in Hastedt und Lloyd in der Neustadt öffnen sich am Montag oder Donnerstag nächster Woche – je nach Ende der Betriebsferien – die Werktore nicht mehr. Sie sind bis auf weiteres arbeitslos. Dies ist der schwerste Rückschlag für unsere bremische Wirtschaft seit Kriegsende. Das Schicksal der Borgward-Werke ist besiegelt.«

Und schon am nächsten Tag stellt sich heraus, daß die Zahl der Entlassungen auf 15 200 gestiegen ist.

3 100 Gläubiger warten auf ihr Geld: Lieferanten 57,5 Millionen Forderungen, Banken: 113 Millionen, Wechselgeber: 4,2 Millionen, sonstige Verbindlichkeiten: 4 Millionen. Insgesamt 178,7 Millionen.

Der Staat garantiert eine Vergleichsquote von 35 Prozent.

Über 200 Borgward-Händler aus der Bundesrepublik, den Niederlanden, der Schweiz und aus Schweden bildeten eine Interessengemeinschaft, sandten Bürgermeister Kaisen ein Telegramm und baten um Aufklärung, warum der Senat die Einleitung des Liquidationsverfahrens veranlaßt habe, obwohl er wiederholt in der Öffentlichkeit erklärt habe, die Werke würden fortgeführt.

Nicht nur im Interesse der Händlerbetriebe, sondern auch der 30 000 Arbeitnehmer der Händlerschaft und als Treuhänderin von 400 000 Fahrzeughaltern im In- und Ausland müsse eine ausführliche Darstellung vom Senat verlangt werden, außerdem würden die Händler und Importeure Schadenersatzansprüche geltend machen.

Das Telegramm war vom Zentralverband des Deutschen Kraftfahrzeughandels und -handwerks, Sitz Frankfurt, unterzeichnet.

In letzter Not gründeten Borgward-Händler im August unter Vorsitz der Herren Pauli in Hamburg, Wendker in Dortmund und Riethmöller in Bremen die ›Borgward-Interessengemeinschaft e. V.‹ und verschickten Zeichnungsschreiben für eine neu zu gründende AG unter dem Motto ›Die große Borgward-Familie‹. Ziel: Rettet Isabella!

Der Lübecker Borgward-Händler. Dr. Walter Ahrens erläuterte am 8. August, in Verpflichtungserklärungen sollten sich Interessenten bereitfinden, 100-DM-Aktien zum Kurse von 110 Prozent zu übernehmen. Sollte die neue AG, für die ein Kapital von 150 bis 200 Millionen DM vorgesehen war, bis zum 31. März 1962 nicht gegründet worden sein, würden die eingezahlten Beträge zurückerstattet werden.

Zusagen für vier Millionen DM gingen spontan ein!

Wie die schwedische Zeitung ›Stockholms-Tidningen‹ am 11. August meldete, wollten sich auch dort die Borgward-Importeure nennenswert an der Aktion beteiligen und sogar die schwedische Öffentlichkeit dafür gewinnen, Aktien zu zeichnen.

Schweizer Bank-Kreise in Verbindung mit der zwischenzeitlich entstandenen ›Vereinigung der europäischen Borgward-Importeure, Sitz Zürich‹, unter der Leitung von Herrn P. Glättli, nahmen Verhandlungen mit dem Bremer Senatspräsidenten Wilhelm Kaisen auf, um Zeit für konkrete Verhandlungen mit der Konkursverwaltung zu gewinnen. Aber die Lawine war schon im Rollen und begrub das ›Häufchen der Aufrechten‹ – wie sie sich nannten – unter sich.

›Bremer Nachrichten‹ am Freitag, 4. August 1961:

»8 000 erhielten ihren letzten Lohn.

Abschied vom Borgward-Werk.

Heute Zahltag bei Lloyd und Goliath / Gesamtsumme 10 Millionen DM.

Für rund 8 000 ehemalige Borgward-Mitarbeiter im Hauptwerk Sebaldsbrück schlug gestern mit dem letzten Zahltag die Abschiedsstunde von ihrem altgewohnten Arbeitsplatz. Rund 2 000 Arbeiter werden heute in den Lloyd Motoren Werken und weitere 1 080 im Goliath-Werk die letzte Lohntüte in Empfang nehmen. Rechnet man die Lohnzahlungen in den Zweigbetrieben Uphusen und Osterholz-Scharmbeck sowie die laufenden Lohnzahlungen für die verbleibenden Borgward-Arbeiter hinzu, wechseln in diesen beiden Tagen rund 10 Millionen DM ihren Besitzer.

Nach der Werkzeugabgabe und dem Lohnempfang galt der Blick noch einmal dem alten Arbeitsplatz, dem Fließband, der Werkhalle. ›Besonders uns alten Borgward-Mitarbeitern, die wir länger als ein Jahrzehnt oder gar über zwei Jahrzehnte an dieser Stelle Lohn und Arbeit fanden, fiel der Abschied nicht leicht‹, gestand ein Vorarbeiter, der schon vor dem Kriege ›dabei‹ war. ›Was wir hatten, wissen wir, was wir bekommen, wissen wir nicht‹, fügten andere hinzu.

Ein sonst hartgesottener 57jähriger Kolonnenführer, dessen Arbeitsverhältnis mit Borgward fast 14 Jahre währte, erzählte: ›Als ich am vorigen Freitag das Kündigungsschreiben erhielt, begannen mir doch ein wenig die Hände zu zittern, und ich wurde kreideweiß im Gesicht – sagte meine Frau.‹ Er ist einer von denen, die noch keine vom Arbeitsamt angebotene Stelle angenommen haben. ›Bisher hatte ich – zuletzt wenigstens – einen Stundenlohn von 3,85 DM, soll ich jetzt etwa wieder mit 2,50 DM pro Stunde anfangen?‹

In den Werkhallen herrscht Ruhe.

So, wie die Produktionsbänder am 7. Juli, dem letzten Arbeitstag vor den Betriebsferien angehalten worden waren, stehen sie da, mit gerade begonnenen Automobilen, an ihrem Ende mit Wagen, die man nur noch aufzutanken brauchte, um damit losfahren zu können. Auf allem aber ruht die Hand der vom Amtsgericht bestellten Vergleichsverwalter.«

An der Ecke vor der Halle III steckt ein aus Latten zusammengenageltes Kreuz in der Erde, mit übergestülptem Scheinwerfertopf und der Inschrift: »Hier ruhen die Borgward-Werke!«

›Bremer Nachrichten‹, 14. August 1961:

»Mende: Semler erhielt 250 000 DM Honorar.

Für seine Bemühungen, die Borgward-Werke zu sanieren, hat Dr. Johannes Semler 250 000,– DM erhalten. Diese Mitteilung machte am Sonnabendvormittag der Bundesvorsitzende der FDP, Dr. Erich Mende, während einer Pressekonferenz in Bremen.

Von Vertretern des Bremer Senats wurde die Höhe des Honorars für Semler am Wochenende weder dementiert noch bestätigt.«

Der Jurist, der Anfang Februar den AG-Vertrag abgefaßt hatte, erhielt für diese Bemühungen 650 000,– DM (›Spiegel‹ vom 6. 9. 61)

Dr. Semler ist am 18. August auf eigenen Wunsch als Aufsichtsratsvorsitzender der Borgward-Werk AG ausgeschieden, »da sein Auftrag, die Sanierungsmaßnahmen einzuleiten, beendet sei«,wie es hieß. Am folgenden Tage ist auch Dr. Schackow im Einvernehmen mit der Hauptversammlung nicht mehr Mitglied des Aufsichtsrats, »da durch die inzwischen eingetretene Entwicklung die ursprüngliche Zweckbestimmung der Gesellschaft entfallen sei.«

Am Montag, dem 11. September, mittags 12 Uhr, unterzeichnete der Konkursrichter, Amtsgerichtspräsident Dr. Peters, den Beschluß auf Eröffnung des Anschlußkonkursverfahrens über die Carl F. W. Borgward GmbH und die Goliath-Werk GmbH.

Damit ist der Schlußstrich unter ein dramatisches Kapitel der Bremer Automobilindustrie gezogen: Die beiden Werke kommen unter den Hammer!

Zu Konkursverwaltern sind die Rechtsanwälte Dr. Lange (Carl F. W. Borgward GmbH) und H. R. Schultze (Goliath-Werk GmbH) bestellt.

Auf der ersten Gläubigerversammlung am 10. Oktober in der Bremer ›Glocke‹ hieß es, die Borgward-Gläubiger könnten ihre Forderungen in den Schornstein schreiben. Bei den Goliath-Werken sei noch eine Quote von 3,2 % zu erwarten.

Schadenersatzansprüche lehnte das Land Bremen ab. Doch da war noch ein Haken: Im Jahre 1954 hatte Borgward eine Dachorganisation geschaffen, eine ihm allein gehörende Holding-Gesellschaft ›Dr. Carl F. W. Borgward‹, die sogenannte ›Doktor-Holding‹. Zwischen dieser und den Tochtergesellschaften wiederum wurden Organverträge abgeschlossen, die den Gewinn- und Verlustausgleich innerhalb des Konzerns vorsahen. Dadurch haftete nunmehr Dr. Borgward für alle Verluste seiner Konzernfirmen persönlich – bis zum letzten Kragenknopf.

Da der Bremer Staat am 4. Februar den gesamten Borgward-Komplex, also auch diese Dachorganisation, entschädigungslos von Dr. Borgward übernommen hatte, haftete nunmehr das Land Bremen dafür – bis zum letzten Ziegelstein des Rathauses! Die staatlichen Bremer Amateur-Industriellen tappten in nahezu jedes vom Gesetzgeber aufgestellte Fettnäpfchen! (›Der Spiegel‹ vom 6. Dezember 1961).

Darüber hinaus meldete der Konkursverwalter der Borgward AG, der Bremer Rechtsanwalt Dr. Günther Mattfeld, Bedenken gegen die ordnungsgemäße Verwendung des eingezahlten Grundkapitals an. Es habe nicht zur freien Verfügung des Vorstandes gestanden, sondern sei für den alleinigen Zweck ausgezahlt worden, die Beträge als Darlehen an die Carl F. W. Borgward GmbH weiterzuleiten. Mithin trete nach Paragraph 39 des Aktiengesetzes die sogenannte Gründerhaftung in Kraft, da ein solches Vorgehen mit den Schutzbestimmungen des Gesetzes unvereinbar sei.

Danach müßte das Land Bremen für Schäden aufkommen, die sich aus der Gründung der AG ergeben hätten.

Für alle Forderungen von Geschädigten zusammen, einschließlich der von Partner-Firmen in Übersee, errechnete Bremens Amtsgerichtspräsident Dr. Peters eine Summe von gut einer halben Milliarde DM, was genau der Höhe des bremischen Jahresetats entspräche. Mit anderen Worten: Der Bremer Staat hätte Konkurs anmelden müssen!

Indessen zerredete man (an der Spitze Bremens Fi-

Die beiden flugtüchtigen Hubschrauber Kolibri I und Kolibri I V 2 wurden verschrottet. Rotorköpfe und Getriebe landeten im Hubschrauber-Museum in Bückeburg.

nanzsenator Nolting-Hauff) alles gründlich, und auch dies verlief im Sande – –

Am 29. September 1961 wurden die Lloyd Motoren Werke für 30 Millionen DM an Siemens verkauft. Die Halle VI blieb jedoch für zunächst eineinhalb Jahre für die Ersatzteilfertigung erhalten.

Am 10. Dezember 1961 folgte der Verkauf des Geländes mitsamt Hallen des Borgward-Stammwerks in Sebaldsbrück (der 1938 eingeweihten ›Bilderbuch-Fabrik‹) für 44 Millionen DM an die Rheinstahl Hanomag, die Atlas-Werke AG und die Nordwestdeutsche Vermögensverwaltungs-GmbH (eine Tochter der Bremer Landesbank).

Die beiden Hubschrauber landeten auf dem Schrottplatz. Vier Jahre lang hatte Professor Focke mit einem Team von 25 Mann an dem Projekt gearbeitet. Ende Januar 1961 sollte die technische Abnahme der Helikopter durch die Staatliche Prüfstelle in Braunschweig erfolgen. Doch die Borgward-Buchhaltung konnte die 38 000,– DM Prüfungsgebühren nicht bezahlen. 4,3 Millionen DM waren vergeblich investiert worden.

Am 7. März 1961 war Flugkapitän Ewald Rohlfs zu seinem letzten, dem 228. Flug, gestartet. Insgesamt war er mit den beiden KOLIBRI-Maschinen zusammen 370 Stunden lang in der Luft gewesen. Im nächsten Frühjahr hätte die Serienproduktion beginnen können – –

Die Werke Carl Borgwards sterben einen langsamen Tod.

Wochen nach dem Konkurs erfüllt noch einmal Maschinenlärm die Hallen in Sebaldsbrück: 47 ›Borgward 2,3 Liter‹ werden fertig montiert.

Bis Ende September 1961 wurden, alle Isabella-Mo-

Noch im Frühjahr 1961 war ein Team von drei Werbefotografen unterwegs, um Aufnahmen zu machen mit der ›Borgward Arabella de Luxe‹, dem ›Isabella Coupé‹ und dem ›Großen Borgward 2,3 Liter‹. Die Aufnahmen kamen nicht mehr zur Auswertung.

delle zusammengerechnet, 202 862 Wagen gebaut von diesem ›idealen Auto‹ Carl Borgwards.

Ein Teil der Produktionsanlagen der Goliath-Werk GmbH wurde vom Konkursverwalter an die ›Goliath-Hansa-Argentina S.A.I.C.‹ in Buenos Aires für 6,55 Millionen DM verkauft, während in Bremen aus vorhandenen Teilen Anfang 1963 nochmals 487 ›Hansa 1100‹ montiert wurden.

Bei Lloyd waren bis Juli 1961 insgesamt 45 549 Wagen vom Typ ›Arabella‹ (ab Oktober 1960 ›Arabella de Luxe‹ mit 45-PS-Motor) gebaut worden und nach dem Zusammenbruch bis 1963 nochmals 1 493 Wagen.

Überrascht und erfreut zugleich waren Jahre nach dem Zusammenbruch der Borgward-Gruppe die Tausende von Gläubigern: In Raten erhielten sie nach und nach unerwartet ihre Forderungen ausgezahlt. Und am Ende ergab sich, daß sie zu 100 Prozent befriedigt worden waren!

Auch die kleinsten, nicht vorrangig eingestuften Lieferanten bekamen ihre Rechnungen bezahlt. Auf Heller und Pfennig!

Daraus ergibt sich eindeutig, wie auch aus der Bilanz von 1960, daß Borgward gar nicht ›pleite‹ war! Die Werke wären zum Zeitpunkt der Gründung der AG ohne diese absolut lebensfähig gewesen, wenn der für Februar 1961 durch Grundstücke abgesicherte Kredit von 10 Millionen DM nicht gestoppt worden wäre. Dafür spricht auch, daß das Jahr 1959 das beste gewesen war, das die Carl F. W. Borgward GmbH jemals gehabt hatte.

BUTEN UN BINNEN
WAGEN UN WINNEN – ?

Dieses schicke Arabella-Frua-Modell, das erstmals auf der IAA 1959 vorgestellt wurde, sollte ab 1961 vom Band laufen. Es wurden jedoch nur zwei Stück davon produziert. Technische Daten: Viertakt-Vierzylinder-Boxer-Motor, 897 ccm, 38 PS.

Eine Frua-Entwicklung: Dieser ›Hansa 1300‹ sollte 1962 bei der Goliath-Werk GmbH herauskommen.

1963
‚Isabella' in Mexiko?
Ein Rückblick: Das war Borgward.

Die Borgward-Werke ziehen um nach Mexiko!

Der saloppe Mexikaner Enrique Strauss, 1919 in der Franz-Josef-Str. 1 in München geboren, hat Deutschland 1933 verlassen. Beruf: Kaufmann. 1963: Generaldirektor der Impulsora Mexicana Automotriz S.A. in Monterry. Er hat die gesamten Maschinen der Borgward-Werke in Bremen-Selbaldsbrück gekauft und will in Mexiko damit die ›Isabella‹ und den ›P 100‹ bauen. Er denkt sogar daran, ›Isabellas‹ nach Deutschland zu exportieren – denn »in Mexiko sind die Arbeitskräfte ja billig!«

Seine rechte Hand ist der junge Administrator Rafael Salomon, 1937 in Berlin geboren – seit 1939 in Mexiko.

In der einstigen Endmontagehalle im Sebaldsbrücker Werk verfolgen sie aufmerksam die Arbeiten. Maschinen werden mit Kränen aus den Fundamenten gehoben, Tischler sind damit beschäftigt, mit Nagelmaschinen riesige Kisten aus Unmengen von Brettern zu bauen. Über ihnen an der Hallendecke schweben hohle Karosserien, aus denen einmal die ›Großen Borgwards‹ hatten werden sollen.

»Der Laden klappt!« sagt Enrique Strauss auf deutsch zu einem Reporter. »Ganz Europa arbeitet an diesem Umzug mit: Holz für die Kisten kommt aus Holland, Norwegen, Schweden und Finnland. Der Transportunternehmer stammt aus der Schweiz, die Fremdarbeiter sind Italiener und Griechen, und einige Monteure kommen aus Madrid von den Automobilwerken Barreicos!"

Strauss sichert sich auch einige deutsche Facharbeiter aus der einstigen Borgward-Belegschaft, die drüben beim Einrichten des Werkes helfen sollen – eines Werkes allerdings, das aus Mangel an qualifizierten Arbeitskräften niemals zu einer Automobilproduktion gekommen ist.

Am 6. April 1963 begann im Bremer Überseehafen die Verladung der Großkolli. Der gesamte Transport erforderte 63 Schiffe.

Carl F. W. Borgward hat die Demontage seines Werkes nicht überlebt. Er starb an Herzversagen, nachdem die ersten Schiffe den Bremer Freihafen verlassen hatten, am 28. Juli 1963.

Das war Carl Borgward: genial als Konstrukteur und liebenswert als Mensch. Seine Stärke war seine schöpferische Begabung, gepaart mit einer unermüdlichen Schaffensfreude. Autos wollte er bauen. Das Leben machte ihn zum Dirigenten eines Großunternehmens.

Mit dem ›Blitzkarren‹ hatte alles begonnen. Um Vertreter dafür zu gewinnen, schwang er sich selbst auf den Sattel und fuhr über Land, bei Sturm und Regen.

Dann baute er Dreiradwagen für die kleinen Gewer-

Die Borgward-Werke ziehen um nach Mexiko! Mit fahrbaren Kränen werden in Sebaldsbrück die Maschinen aus den Fundamenten gehoben.

betreibenden. Und schließlich ›richtige‹ Autos. Immer wieder mußte er seine Produktionsstätten erweitern, Gelände erwerben. Jeder Pfennig wurde investiert. Eine Bilderbuchfabrik entstand. Der Krieg legte sie in Schutt und Asche. Die Amerikaner sperrten ihn ein. Abermals begann er von ganz unten. Drei neue Werke entstanden.

Rafael Salomon und Enrique Strauss in der einstigen Endmontagehalle in Sebaldsbrück.

Rafael Salomon verfolgt den Abbau des Werkes Sebaldsbrück. Es dauert Monate, bis alles auf Schiffen verladen die Reise nach Mexiko antreten kann.

Noch schönere Autos wurden gebaut. Er führte die Pontonform ein. Seine schweren Wagen hatten als erste in Deutschland eine Luftfederung. Er stieg in den Rennsport ein, verbesserte seine Motoren, übernahm die dabei gemachten Erfahrungen für die Serienherstellung. Er schuf ein eigenes Leichtmetallwerk für den Motorenbau, ein Karosseriewerk für die tausend verschiedenen Aufbauten seiner Lastwagen. Und er schuf das ›ideale Auto‹ – die Isabella.

20 000 Mann Belegschaft zählten seine Werke. Und er war stets ein sozialer Arbeitgeber geblieben. Er hatte es abgelehnt, Akkordarbeit einzuführen.

Als er 1960 infolge der Absatzflaute, die britische und französische Automobilwerke bereits zur Kurzarbeit gezwungen hatte, ebenfalls in Zahlungsschwierigkeiten geriet und die Fahrzeuge sich auf den Fabrikhöfen stauten, gab es für ihn zwei Möglichkeiten: Entweder Arbeitskräfte in großem Umfang zu entlassen oder Kredit aufzunehmen, um die Löhne weiterhin zahlen zu können – bis zum Anschluß an die neue Verkaufssaison im Frühjahr. Borgward entschied sich für diesen zweiten Weg.

Der Kredit war ihm von der Bremer Landesbank mit Einverständnis des Senats zugesagt. Sicherheiten dafür waren genügend vorhanden: Grundstücke.

Doch am 1. Februar mittags wird ihm die letzte Rate verweigert: 10 Millionen DM für Februar. (Der März ist laut Statistik der erste Monat, in dem das Automobilgeschäft wieder kräftig anzieht!)

Das wirft Borgwards Konzept um! Diese 10 Millionen fehlen ihm.

Und das ist auch der entscheidende Punkt, der letztlich zum Zusammenbruch führt.

Warum war dieser Überbrückungskredit plötzlich gesperrt worden?

Der Bremer Senat hatte im Januar einen ›Wirtschaftszauberer‹ engagiert, ohne daß Borgward zunächst davon unterrichtet worden war. Der Mann hieß Dr. Semler und war Aufsichtsratsvorsitzender der Bayerischen Motorenwerke (BMW), – Borgwards Konkurrenz!

Seine Aufgabe in Bremen: dem Senat ein Gutachten über die wirtschaftliche Situation der Borgward-Werke zu erstellen. Sein Bericht war derart negativ, daß sich der Senat danach genötigt sah, Borgward die letzte Rate bei der Bremer Landesbank zu sperren.

Borgward sei nicht fähig, seine Werke zu leiten, hieß es.

Eine staatliche Auffanggesellschaft müsse gegründet werden, dies sei der einzige Weg, die Arbeitsplätze zu erhalten.

Borgward soll unterschreiben, daß er seine gesamten Werke entschädigungslos an den Staat abtritt.

Um diese Unterschrift wird gerungen. Über den Sonnabend, den 4. Februar, hinaus – bis in den Sonntag hinein.

Über diese dramatische Nachtsitzung einige Einzelheiten:

Borgward hat seine beiden Söhne Peter und Claus um sich, seinen Rechtsanwalt und seinen Werkdirektor Otto Carstens.

Ihm gegenüber sitzen wie eine geschlossene Phalanx die Senatoren Nolting-Hauff und Eggers, dazu Beamte ihrer Dienststellen und als ›Sachverständiger‹ der Wirtschaftsprüfer Dr. Semler.

Um 22.30 Uhr erscheint Frau Borgward, um ihren Mann aus den Verhandlungen herauszuholen. Der Arzt, sagt sie, könne es nicht länger verantworten, daß Dr. Borgward weiter den zermürbenden Verhandlungen ausgesetzt werde. Der 70jährige, der normalerweise einen genau festgelegten Tagesablauf einhalten müsse, sei völlig erschöpft und nicht mehr in der Lage, sich gegen die schonungslosen Vorwürfe zu verteidigen.

Unverrichteterdinge muß Frau Borgward allein wieder heimfahren.

Zu mitternächtlicher Stunde wird den wenigen im Vorraum noch wartenden Journalisten ein dürres aber schicksalschweres Kommuniqué vorgelesen. Der entscheidende Satz darin: »Herr Dr. Borgward scheidet aus der Leitung der Unternehmen aus.«

Borgward wird kaltgestellt.

Keinen der 12 Sitze im Aufsichtsrat der eilig gegründeten Aktiengesellschaft gewährt man ihm. Laien verwalten seine Werke.

Semler wird Vorsitzender in diesem seltsamen Panoptikum (sprich: Aufsichtsrat!) Als einziger Fachmann.

Und jetzt spricht er etwas aus, das im krassen Gegensatz zu dem steht, was er vierzehn Tage zuvor gesagt hatte, als es darum gegangen war, Borgward Unfähigkeit und Versagen vorzuwerfen. Vor der versammelten Presse bekennt er plötzlich: »Die Gesamtstruktur des Borgward-Komplexes ist ungewöhnlich gesund!« Und: Die Schwierigkeiten, die zu der Zahlungskrise geführt hätten, seien begrenzt und könnten durchaus behoben werden!

Man hörte und staunte!

Warum hatte er das nicht in jener Nacht gesagt? Vor zwei Wochen?

Semler blieb im Aufsichtsrat, bis die Borgward-Gruppe endgültig am Boden lag. Dann sah er seine ›Sanierungsversuche‹ als beendet an und reiste wieder ab. Nach München.

Zurück blieb ein Mann, der auf einem langen Lebensweg Stein um Stein aufgebaut hatte. Und der am Ende

»Tampico – Mexiko« steht auf den Kisten, in denen die Maschinen am 6. 4. 1963 im Bremer Überseehafen an Bord der ›Tannstein‹ gehievt werden. Weitere 62 Schiffe mit Maschinenteilen folgten.

einen Leidensweg gehen mußte, den er nicht verdient hatte: Dr. E. h. Carl F. W. Borgward. Geehrt durch die Verleihung des Großen Verdienstkreuzes mit Stern des Verdienstordens der Bundesrepublik. Und als erster Bremer Bürger ausgezeichnet mit der Senatsmedaille für hervorragende Verdienste um den Wiederaufbau der Freien Hansestadt Bremen.

Typen-Aufstellung

Baujahr	Typenbezeichnung		Motor	Hubraum	Leistung	Bemerkungen
1924	Blitzkarren	Tragfähigkeit 250 kg	Einzylinder-Zweitaktmotor	120 ccm	2,2 PS	
1925	Goliath	Tragfähigkeit 500 kg	Ilo-Zweitakt-motor	200 ccm 250 ccm nach Wahl		Dreiradbremse!
1926	Goliath	Tragfähigkeit 600 kg	Ilo-Zweitakt-motor	350 ccm		Rückwärtsgang
1927	Vierrad-Hinterlader	Tragfähigkeit ca. 600 kg	Ilo-Zweitakt-motor	350 ccm		Nur ca. 100 Stück
1928	Goliath-Express	Tragfähigkeit 750 kg	Ilo-Zweitakt-motor	600 ccm		
	Goliath-Rapid	Tragfähigkeit 250 kg	Ilo-Zweitakt-motor	200 ccm		
	Goliath-Standard	Tragfähigkeit 600 kg	Ilo-Zweitakt-motor	350 ccm		
1931	Goliath-Pionier	Dreirad-Personenwagen	Ilo-Zweitakt-Heckmotor	200 ccm	5,5 PS	Geschwindigkeit: 60 km/h
1934	Hansa 400	Limousine 2 Türen	2-Zylinder-Zweitaktmotor	400 ccm	12 PS	
1934–1935	Hansa 500	Limousine 2 Türen	2-Zylinder-Zweitaktmotor	498 ccm	15 PS bei 3000 U/min	Mechanische Vierradbremsen
1934–1939	Hansa 1100	Limousine 2 Türen	Vierzylinder-Reihenmotor	1088 ccm	28 PS bei 3200 U/min	Ate-Vierradbremsen
1934–1938	Hansa 1700	Limousine 2 Türen	Sechszylinder-Reihenmotor	1640 ccm	40 PS bei 3800 U/min	Ate-Vierradbremsen
1935	Hansa 1700 Sport	Zweisitzer	Sechszylinder-Reihenmotor	1640 ccm	50 PS	Zweivergasermotor
1936–1938	Hansa 3500 »Privat«	Limousine 4 Türen	Sechszylinder-Reihenmotor	3485 ccm	90 PS bei 3500 U/min	
1937	Hansa 1500 »Windspiel«	Limousine	Vierzylinder-Reihenmotor	1500 ccm		

Baujahr	Typenbezeichnung		Motor	Hubraum	Leistung	Bemerkungen
1937–1938	Hansa 2000	Limousine 4 Türen	Sechszylinder- Reihenmotor	1962 ccm	48 PS bei 3800 U/min	
1939	Borgward 2300	Limousine 4 Türen	Sechszylinder- Reihenmotor	2247 ccm	55 PS bei 3800 U/min	
1949–1952	Borgward Hansa 1500	Limousine 2 Türen 4 Türen Hebmüller- Cabriolet Kombi, 2 Türen	Vierzylinder- Reihenmotor	1498 ccm	48 PS bei 4000 U/min	
1950–1953	Borgward Hansa 1500	Sport-Cabriolet	Vierzylinder- Reihenmotor	1498 ccm	66 PS bei 4400 U/min	Zweivergasermotor
1953	Borgward Hansa 1500	Sport-Cabriolet	Vierzylinder- Reihenmotor	1498 ccm	80 PS	Carrera-Motor Verdichtung 1:8,5
1949	Goliath GD 750	Transport- Dreirad	Zweizylinder- Zweitaktmotor	750 ccm		
1950–1952	Goliath GP 700	Limousine 2 Türen	Zweizylinder- Zweitaktmotor	688 ccm	24 PS bei 4000 U/min	
1951–1952	Goliath GP 700	Cabriolet	,,	,,	,,	
1952	Goliath GP 700	Kombi	,,	,,	,,	
1951–1952	Goliath GP 700	Sport-Coupé (Rometsch)	,,	,,	,,	
1950–1952	Lloyd LP 300	Limousine 2 Türen	Zweizylinder- Zweitaktmotor	293 ccm	10 PS bei 4000 U/min	»Leukoplastbomber«
1951	Lloyd LS 300	Kombi	,,	,,	,,	
	Lloyd LC 300	Coupé	,,	,,	,,	
1952	Lloyd LP 300	Limousine	,,	,,	,,	verbesserte Ausführung
	Lloyd LC 300	Coupé	,,	,,	,,	,,
1952–1955	Borgward Hansa 2400	Limousine 4 Türen	Sechszylinder- Viertaktmotor	2337 ccm	82 PS bei 4500 U/min	Hansa-Matic; Automat. Getriebe auf Wunsch
1953–1955		Pullmann- Limousine	,,	,,	,,	,,
1952–1954	Borgward Hansa 1800	Limousine 2 Türen 4 Türen Hebmüller- Cabriolet Kombi, 2 Türen	Vierzylinder- Viertakt- Reihenmotor	1758 ccm	60 PS bei 4200 U/min	
1953–1954	Borgward Hansa 1800	Sport-Cabriolet	,,	1758 ccm	,,	wie Hansa 1500 Sport-Cabriolet
1953–1954	Borgward Hansa 1800 Diesel	Limousine 2 Türen 4 Türen Kombi, 2 Türen	Vierzylinder- Wirbelkammer- Dieselmotor	1758 ccm	42 PS bei 3700 U/min	Bosch-Einspritzpumpe
1953–1955	Goliath GP 700 E	Limousine 2 Türen Cabrio- Limousine Kombi, 2 Türen	Zweitakt- Zweizylinder- Einspritzmotor	688 ccm	29 PS bei 4000 U/min	Bosch-Einspritzpumpe

Baujahr	Typenbezeichnung		Motor	Hubraum	Leistung	Bemerkungen
1953–1957	Lloyd LP 400 Lloyd LS 400	Limousine 2 Türen Kombi, 2 Türen	Zweizylinder- Zweitaktmotor	386 ccm	13 PS bei 3750 U/min	Wandlung der Karosserie in Stahlblech
ab Sept. 1955	Lloyd LC 400	Cabrio- Limousine	,,	,,	,,	
1954–1961	Borgward Isabella	Limousine 2 Türen Kombi, 2 Türen Cabriolet	Vierzylinder- Viertakt- Reihenmotor	1493 ccm	60 PS bei 4700 U/min	Kombi ab Okt. 1960 55 PS bei 4200 U/min
1955–1961	Borgward Isabella TS	Limousine 2 Türen Cabriolet 2/2 Sitze	Vierzylinder- Viertakt- Reihenmotor	1493 ccm	75 PS bei 5200 U/min	
1957–1961	Borgward Isabella TS de Luxe	Limousine 2 Türen	,,	,,	,,	
1957–1961	Borgward Isabella Coupé	2/2 Sitze	,,	,,	,,	ab 1959 auf Wunsch mit Heckflossen
1955–1957	Goliath GP 900 E	Limousine 2 Türen Kombi, 2 Türen	Zweizylinder- Zweitakt- Einspritzmotor	886 ccm	40 PS bei 4000 U/min	Bosch-Einspritzpumpe
1955–1957	Goliath GP 700	Limousine 2 Türen Kombi, 2 Türen	Zweitakt- Zweizylinder- Vergasermotor	688 ccm	25,5 PS bei 4000 U/min	ab Okt. 1956: 29 PS bei 4500 U/min
1956–1957	Goliath GP 900 V	Limousine 2 Türen Kombi, 2 Türen	Zweitakt- Zweizylinder- Vergasermotor	886 ccm	38 PS	
1955	Goli	Transport- Dreirad Ganzstahl- karosserie	Zweitakt- Zweizylinder- motor	500 ccm	15 PS	Wassergekühlt
1957	Express 1100	Vierrad-Liefer- wagen für 1 t Nutzlast	Vierzylinder- Boxer-Motor	1093 ccm	40 PS bei 4250 U/min	Auch als Luxus-Bus
1956–1957	Lloyd LP 250	Limousine 2 Türen	Zweitakt- Zweizylinder- Motor	250 ccm	11 PS bei 5000 U/min	»Prüfungsangstauto« einfache Ausstattung
1955–1961	Lloyd LP 600 Lloyd LC 600 Lloyd LS 600	Limousine 2 Türen Cabrio- Limousine Kombi	Zweizylinder- Viertaktmotor	596 ccm	19 PS bei 4500 U/min	
1957–1961	Lloyd-Alexander	Limousine 2 Türen Kombi, 2 Türen	Zweizylinder- Viertaktmotor	596 ccm	19 PS bei 4500 U/min	
1955–1958	Borgward Hansa 2400	Pullman- Limousine	Sechszylinder- Viertaktmotor	2337 ccm Ab März 1957: 2240 ccm	100 PS 100 PS bei 5000 U/min	Auf Wunsch: Hansa-Matic, Trennwand
1960–1961	Borgward 2,3 Liter (P 100)	Limousine 4 Türen	Sechszylinder- Viertaktmotor	2240 ccm	100 PS bei 5000 U/min	Ab Januar 1960 mit Luftfederung

Baujahr	Typenbezeichnung		Motor	Hubraum	Leistung	Bemerkungen
1957–1958	Goliath 1100	Limousine 2 Türen Cabrio- Limousine Kombi, 2 Türen	Vierzylinder- Viertaktmotor (Boxer) Leichtmetallblock	1093 ccm	40 PS bei 4250 U/min	
		Luxus- Limousine Coupé	,, 2 Vergaser	,,	55 PS bei 5000 U/min	
1958–1959	Hansa 1100	Limousine 2 Türen Cabrio- Limousine	Vierzylinder- Viertaktmotor (Boxer)	,,	40 PS bei 4250 U/min	
		Luxus- Limousine				Ab März 1959
		Coupé				Ab März 1959
		Limousine 2 Türen Luxus- Limousine 2 Türen Coupé, 2 Sitze	,,	,,	55 PS bei 5000 U/min	
		Kombi, 2 Türen				Ab März 1959
1959–1961	Hansa 1100	Limousine 2 Türen Luxus- Limousine Coupé, 2 Sitze Kombi, 2 Türen	,,	,,	40 PS bei 4250 U/min	
		Limousine, 2 Türen Luxus- Limousine Coupé, 2 Sitze Kombi, 2 Türen	,,	,,	55 PS bei 5000 U/min	
1958–1961	Lloyd Alexander TS	Limousine 2 Türen Kombi, 2 Türen	Zweizylinder- Viertaktmotor	596 ccm	25 PS bei 5000 U/min	
1959–1963	Lloyd Arabella	Limousine 2 Türen	Vierzylinder- Viertaktmotor	897 ccm	38 PS bei 4800 U/min	
Ab. Nov. 1960	Lloyd Arabella de Luxe	Limousine 2 Türen	(Boxer) Leichtmetallblock	897 ccm	45 PS bei 5300 U/min	

Anhang

BORGWARD-CLUBS HEUTE

1974 bildeten Liebhaber alter Borgward-Fahrzeuge eine ›Borgward-Interessengemeinschaft‹, der sich Gleichgesinnte mit über 1000 Fahrzeugen anschlossen, die nicht nur in Deutschland, sondern auch in Skandinavien, Südafrika und in den USA zu finden sind und jährlich einmal zu einem großen Treffen zusammenkommen.

Die Gemeinschaft arbeitet unbürokratisch ohne Satzungen und gibt ausschließlich der Erhaltung noch existierender Fahrzeuge der Marken Borgward, Goliath und Lloyd den Vorzug. Sie widmet sich primär der Ersatzteilbeschaffung und dem Erfahrungsaustausch zwecks Reparatur und Restaurierung der Fahrzeuge. Sie verfügt zur Wahrnehmung dieser Aufgabe über einen eigenen Ersatzteil-, Reparatur- und technischen Beratungsdienst, dessen Leitung einem erfahrenen Fachmann obliegt.

Der Vorstand besteht aus den Herren Hartmut Loges, Ulrich Kotte, Lothar Adei, Wolfgang Reimann und Wilhelm Hesse.

Anschrift:
Borgward-Interessengemeinschaft,
Hartmut Loges, Paul-Goerens-Str. 30
D – 4300 Essen 1. Tel.: 0201/701165

Weitere Kontakt-Adressen:

Karl-Heinz Bädeker,
Lloyd Motoren Werke
Duckwitzstr., 2800 Bremen
Tel.: 0421/5 16 11

Wolfgang Reimann,
Hohenzollerndamm 193, 1000 Berlin 31

Willi Wolf
Hauptstr. 14, 6943 Birkenau

LITERATUR UND QUELLEN

AAZ, Allgemeine Automobil-Zeitschrift, Berlin, 1906–1939
Das Auto, Stuttgart, 1947–1951
Das Auto + Motor + Sport, Stuttgart, 1951
Automobilrundschau, Berlin, 1906–1938
Der Auto- und Motorradmarkt, Coburg 1949
Borgward-Kurier, Carl F. W. Borgward GmbH, Bremen 1960–1961
Borgward, Dr. Peter C. F.: Der Wettbewerb auf dem westdeutschen Automobilmarkt seit 1948, Inaugural-Dissertation, Kiel, 1967
Bremer Nachrichten, Bremen, 1906–1963
Deutsche Kraftfahrt NSKK, Berlin, 1934–1938
Deutsche Kraftfahrt und Motorwelt, Berlin, 1938–1940
Fersen, Hans-Heinrich von: Autos in Deutschland 1885–1920, Stuttgart, 1965
Fersen, Hans-Heinrich von: Autos in Deutschland 1920–1939, Stuttgart, 1963
Flieger, Heinz: Der Weg zur Isabella, Düsseldorf, 1959
FAZ, Frankfurter Allgemeine Zeitung, Frankfurt/M
Handbuch der deutschen Aktiengesellschaften, Darmstadt, 1905–1959
Handbuch der Groß-Unternehmen, Darmstadt 1958/59
Handelskammer Bremen, Mitteilungen 1921–1961
Handelsblatt, Deutsche Wirtschaftszeitung, Düsseldorf
Hilker, Christian: 2 PS machen Karriere, Berlin, 1941
Industriekurier, Düsseldorf
Kraftfahrzeug – Anzeiger, Krefeld, 1955
Motorwelt, München 1935–1938
Motorwelt (ADAC), München, 1948–1961
Motor-Rundschau, Stuttgart, Frankfurt/M 1947–1959

Norddeutsche Volkszeitung, Bremen
Oswald, Werner: Autos in Deutschland 1945–1966, Stuttgart 1966
Oswald, Werner: Deutsche Autos 1945–1975, Stuttgart, 1976
Petzet, Arnold: Heinrich Wiegand, Bremen, 1952
Der Presse-Spiegel, Goliath-Werk GmbH, 1957–1960, Bremen
Pritzkoleit, Kurt: Bosse Banken Börsen, München 1954
Der Rhombus, Jahrgänge 1954–1960, Bremen
Der Rhombus, Borgward-Interessengemeinschaft Jahrgang 1978, Essen
Schenk, Gustav: Aus lebendem Erz, Hannover, 1952
Simsa, Dr. Paul: Mein Auto heißt Arabella, Stuttgart 1961
Der Spiegel, Hamburg
Staatsarchiv, Bremen
Stuttgarter Zeitung, Stuttgart
Süddeutsche Zeitung, München
Weser-Kurier, Bremen
Das Zweitakt-Echo, Goliath-Werk GmbH, Bremen, 1956–1958

DANKSAGUNG

Für Auskünfte und Unterstützung während der Arbeit sei an dieser Stelle besonderer Dank gesagt:

Frau Elisabeth Borgward
Dr. Peter C. F. Borgward
Adolf Brudes
Albert Doeding
Rita Elfenbein
Wilhelm Gieschen
Hans-Hugo Hartmann
Franz Meinken
Karl Monz
Erwin Plog
Ewald Rohlfs
Ludwig Töbe

REGISTER